中国工程物理研究院研究生教材

Lectures on Quantum Optics

量子光学讲义

于 敏 ◎著

图书在版编目 (CIP) 数据

量子光学讲义 / 于敏著 . -- 北京：北京大学出版社，2025.10. -- ISBN 978-7-301-36625-7

Ⅰ. O431.2

中国国家版本馆 CIP 数据核字第 2025NU6302 号

书　　　名	量子光学讲义
	LIANGZI GUANGXUE JIANGYI
著作责任者	于敏　著
责 任 编 辑	班文静
标 准 书 号	ISBN 978-7-301-36625-7
出 版 发 行	北京大学出版社
地　　　址	北京市海淀区成府路 205 号　100871
网　　　址	http://www.pup.cn
电 子 邮 箱	zpup@pup.cn
新 浪 微 博	@北京大学出版社
电　　　话	邮购部 010-62752015　发行部 010-62750672
	编辑部 010-62765014
印　刷　者	北京九天鸿程印刷有限责任公司
经　销　者	新华书店
	730 毫米 × 980 毫米　16 开本　12.75 印张　251 千字
	2025 年 10 月第 1 版　2025 年 10 月第 1 次印刷
定　　　价	75.00 元

未经许可，不得以任何方式复制或抄袭本书之部分或全部内容。
版权所有，侵权必究
举报电话：010-62752024　电子邮箱：fd@pup.cn
图书如有印装质量问题，请与出版部联系，电话：010-62756370

"中国工程物理研究院研究生教材" 总序

中国工程物理研究院 (以下简称 "中物院") 是我国唯一的核武器研制生产单位, 是一个集理论、实验、设计和工程为一体的尖端科技综合研究院. 在追求科技自立自强的征途中, 中物院始终将基础研究视为科技创新的源泉, 基于最底层的科学基础, 构建保障国家战略需求且安全可靠的科技链, 自主应对复杂多变的国际局势. 这一宏伟蓝图的实现, 离不开高水平、特色鲜明的研究生教育体系的强力支撑.

中物院在特色教育和教学方面的耕耘可追溯至半个多世纪前. 自 1958 年建院开始, 中物院先后汇聚了国内顶尖的科研力量, 如彭桓武、王淦昌和郭永怀等科学巨匠, 他们不仅以非凡的智慧和勇气攻克了一个又一个技术难关, 更是亲自站上讲台, 传授知识的火种, 为后来的科研工作者点亮了前行的道路. 受钱三强先生的安排, 邓稼先先生率领 28 位平均年龄只有 23 岁的刚毕业的大学生率先进行原子弹理论的探索, 并为他们讲授核物理基础知识. 有的外文书只有一本, 他便组织大家一起阅读, 一人念, 大家译, 连夜印刷. 彭桓武先生曾先后在中国科学技术大学、北京大学等学校开设核物理等相关课程, 不断开辟新的研究方向, 带出来一批又一批杰出的年轻学者. 作为彭桓武先生的学生, 周光召先生回国后非常重视科研人员的专业知识培训和科学素质提高, 每周都在研究所内开设讲座 (如高温高压下的等离子体物理), 亲自撰写讲稿, 并在授课过程中不断删改、添加, 最后形成讲义. 这种薪火相传的精神, 成为中物院研究生教育最为宝贵的财富.

1984 年 9 月, 随着九所 (后更名为北京应用物理与计算数学研究所) 研究生部的正式运行, 中物院的研究生教育迈出了坚实的一步. 在这一时期, 科研一线的优秀专家骨干纷纷走上讲台, 亲自担任主讲教师. 他们不仅传授专业知识, 更将多年的科研成果和宝贵经验融入教学之中. 面对教材短缺的困境, 他们勇于担当、敢于创新, 一边教学一边编写讲义. 这些最初以简陋油印形式出现的讲义, 虽然形式朴素、内容不够标准, 但却凝聚了专家的心血与智慧, 成为研究生学习的重要资料.

随着时间的推移和研究生教育需求的日益增长, 这些讲义逐渐演变为更规范的文本, 部分讲义正式出版, 成为 "中国工程物理研究院科技丛书" 的重要组成部分. 这一转变不仅是对这些讲义学术价值的肯定, 而且对有中物院特色的知识传承、研究生教育和人才培养发挥了重要作用. 据统计, 自 1984 年以来, 中物院共编写了 70 余本研究生教材, 涵盖了数学、物理学、材料科学、核科学与技术等多个学科领域.

这些教材不仅内容丰富、体系完整，而且紧跟学科前沿动态，为研究生提供了全面、系统、不可或缺的学习资源.

在这些教材和讲义中，不乏具有里程碑意义的经典之作，例如，1985 年前后，于敏先生亲自编写的《量子光学讲义》. 二十世纪七十年代以来，自由电子激光因其独特的高输出功率、高效率及可调谐波长范围，被列入"星球大战计划". 作为其可能的基础，量子光学研究和教学当时在国内尚处于空白期. 于敏先生及时编写讲义，并为头几届研究生和九所等单位的研究人员系统地讲解了量子光学. 于敏先生的讲义不仅体系完整，而且选材非常具有前瞻性，内容独具特色，即使与当前国内外的量子光学教材相比也毫不逊色. 于敏先生的《量子光学讲义》作为"中国工程物理研究院研究生教材"系列的第一卷出版，不仅彰显了一代战略科学家对于我国科教协同发展的远见卓识，而且对当下我国量子光学的教学和科研意义重大.

2015 年，中物院研究生院正式成立，并确定了新的发展定位和使命，中物院的研究生教育也迎来了前所未有的发展机遇，课程教学质量与研究生教材建设在研究生教育工作中被置于前所未有的高度. 中物院研究生教育始终坚持科研与教学紧密结合的原则，将科研成果及时转化为教学资源. 我们鼓励工作在一线的、年富力强的科研骨干亲自担任主讲教师，编写课程讲义，传授有国家需求特色的科学知识.

出版"中国工程物理研究院研究生教材"系列，是深入实施国家创新驱动发展战略的具体而有力的实践，旨在为科技创新与知识传承之间架起坚实的桥梁. 在新教材的建设过程中，研究生院始终坚持基础性、前瞻性、严谨性和宜用性（"四性"）的原则，精心策划、严格评审，鼓励编写者将最新的科研成果转化成教学语言，融入教材之中. 这一举措不仅极大地丰富了研究生的学习资源，提升了教育质量，更为中物院在核武器研制生产等关键领域的人才供给与人才链安全提供了坚实保障. 希望通过这种科教深度融合的实践模式，不仅能够为一般的研究生教育教学提供参考，而且能够为国防科工领域乃至更广泛的高等教育领域提供一个范例.

中国共产党第二十次全国代表大会上指出："教育、科技、人才是全面建设社会主义现代化国家的基础性、战略性支撑."站在新的历史起点，我们将立德树人作为教育和教学的核心使命，并将这一使命贯穿于研究生培养的全过程，以培养具有国际视野、创新精神和"科学家精神"的传承者. 在此过程中，研究生教材建设作为传授专业知识、塑造研究能力的基石，其重要性不言而喻. 教材不仅仅是知识的载体，更是科学精神的传承和孕育发展的园地. "中国工程物理研究院研究生教材"系列的出版，正是对这一时代需求的积极响应. 该系列教材严格遵循"四性"原则，旨在引领研究生深刻体会面向国家战略基础研究的知识内涵，理解科学精神和学术民主的重要性，培养其独立思考和质疑精神. 希望通过系列教材的建设和使用，激发研究生更好地投身于国家和民族需要的科技事业,真正实现教育、科技、人才的战略性支撑作用.

孙昌璞

2024 年于中国工程物理研究院研究生院

序　　言

　　于敏院士是我国著名的理论物理学家,"两弹一星"元勋,他为我国核武器理论研究和国防高技术发展做出了卓越贡献. 特别是在氢弹研制中,他解决了一系列热核武器物理的重要基础问题,并开创性地提出了从原理到构型的完整设想,为氢弹的突破做出了重大贡献. 1985—1986 年,于敏先生在北京九所研究生部 (2006 年更名为中国工程物理研究院 (下称中物院) 研究生部,2015 年升级为中国工程物理研究院研究生院) 为首届研究生和科研人员开设了"量子光学"课程,并形成了完整的讲义. 在北京应用物理与计算数学研究所所史馆建设和研究生院为纪念中物院研究生教育 40 周年梳理教材的过程中,我们发现了这本撰写于近 40 年前的珍贵的《量子光学讲义》.

　　当时中物院研究生教育刚刚起步,而量子光学作为一个学科还没有完全成熟,世界上也没有几本标准的量子光学教科书. 直到二十世纪九十年代初期,量子光学才逐渐发展为一个完全成熟的学科. 随后,由于量子信息科技的大规模发展,量子光学作为其基础学科,才成为一个"显学". 于敏先生作为一位核武器专家,如此前瞻性地开设这样一门科学前沿的基础课程,并形成了知识系统几近完备、颇具特色的《量子光学讲义》,实在令人惊叹.

　　为了深入了解于敏先生开课的背景,我们进一步走访了当年听过该课的前辈科学家和同事,如杜祥琬先生、贺贤土先生、张信威先生、朱少平研究员和裴文兵研究员等. 据他们回忆,二十世纪八十年代中期,于敏先生等前辈科学家积极推动惯性约束核聚变和自由电子激光、X 射线激光等科学前沿问题的研究,围绕这些国防科技相关的领域开展高技术探索 ("863" 计划). 从二十世纪八十年代中后期开始,于敏先生组织指导这方面的研究工作,发表了《惯性约束核聚变的展望》和《自由电子激光各类纵模的统一描述》等相关文章. 这些新光源与物质相互作用的物理基础自然是量子光学,因此开展量子光学的研究和教学是科教协同、面向国家需求开展基础研究的典型例证. 于敏先生开设这样一门课程,彰显了一位战略科学家的远见卓识. 他亲自系统讲解这一领域的基础和前沿工作,就更显得难能可贵.

　　众所周知,1984 年前后,美国启动了俗称"星球大战计划"的"战略防御"计划. 美国希望通过新的尖端科技,对打击美国本土的苏联弹道导弹进行态势感知和拦截摧毁,从而取得战略优势. 为了实现这个目标,美国在适量保证核武器战略平衡的基础上,大力发展可以同时胜任防御和突防双重作用的定向能武器 (Directed-Energy Weapon),当时自由电子激光和 X 射线激光被认为是该领域的潜在候选者. 另一方面,二十世纪七八十年代,美苏两国经历长时间的核军备竞赛,已经完全掌握了核武器全链条工程技术的实验数据,全面禁止核试验迫在眉睫. 禁核试后,如何继续推进核武器发展和保持战略装备长期有效,给科学技术带来了新的挑战. 利用强激光进行惯性约束核聚变,不仅可以用来模拟武器的特定动作过程,而且可能实现新的可控聚变能源. 无论是在对自由电子激光和 X 射线激光的科学探索中,还是在惯性约束核聚变的工程技术发展中,光与物质相互作用的研究是实现这些工程技术的关键所在. 而在二十世纪七八十年代后才发展成熟起来的量子光学,正是研究光与物质相互作用的基础学科. 于敏先生进行量子光学的教学恰逢其时,前瞻性、基础性和国家需求导向性十分明显.

该讲义是他人 (具体是谁今天已经难以考证了) 当时根据于敏先生的系列讲课过程整理而成的,其内容精练前瞻,逻辑推理严谨,物理概念清晰,科学见解独到,很能体现于敏先生做学问的个人风格和特色. 现在我们整理并出版这本讲义,不仅是为了缅怀和记录于敏先生教书育人的重要贡献,还因为其内容对今天的教学和科研依然具有重要的参考价值. 在整理这本讲义的过程中,我们发现,该讲义的内容很多来自原始论文,而不是从书本到书本,人云亦云. 在逻辑阐述和科学论证方面,充分展现了于敏先生授课的独特魅力和学术造诣:"强调物理图像",以简洁清晰的方式直击问题本质;"知其然更要知其所以然",仔细推导物理概念和物理公式;"善于抓主要矛盾",掌握关键难点问题,使听者能以最短的路径进入量子光学的科学研究. 把原始论文的内容组织成教学素材,使得听者易于接受,于敏先生显然花了不少工夫和心思. 对于于敏先生讲课,很多接触过他的人都有这样的感受:"听于先生讲课是一种享受."

于敏先生讲授量子光学,是研究性教学的实际行动,使得本讲义特色颇多. 例如,讲解高斯 (Gauss) 光场时用了与热导方程的类比,讲解相干态时强调特殊波包不扩散的物理特性,讨论相干原子态时,应用群论杨图的方法给出了各类对称性的完整分类;而分析超辐射时几乎给出了当前研究最前沿的准自旋波态 —— 时间 - 狄克 (Dicke) 态;该讲义对量子开放系统 (本书称为开式系统) 的各种处理方法有系统性的讨论,从海森伯 (Heisenberg) 表象中的朗之万 (Langevin) 方程,到薛定谔 (Schrödinger) 表象中的密度矩阵方法,乃至福克尔 - 普朗克 (Fokker–Planck) 方程. 作为应用,该讲义分别讨论半经典和全量子的激光理论,特别强调它们各自的应用范围和方便性,并讨论了多模竞争锁模的基本原理. 第六章是很有特色的一章,主要讨论相干光波包在介质中的传播,并特别指出群速度可以超光速,这在 20 年后

序 言

的实验中才得以发现. 从特色鲜明、选材得当和讲解精辟等方面看, 于敏先生的讲义都可以与当前国内外优秀的量子光学教材相媲美!

当然, 由于本讲义的成稿时间较早, 为了便于阅读, 并保证知识体系、讲授逻辑等方面的完整性, 由孙昌璞撰写了全书的导读, 并与整理者一道适量增加了附录内容, 以帮助读者更好地理解和掌握于敏先生《量子光学讲义》的内容, 全面了解量子光学的发展. 由于第八章 "光之相干性" 已经遗失, 为了讲义知识体系的完备, 孙昌璞、岳鑫和易淼森根据上下文, 以及于敏先生讲义的风格补写了这一部分.

孙昌璞全面负责本讲义的整理工作. 各章节的具体整理人分别是乔国健 (第一章, 以及第四、六章附录), 崔廉相 (第二章), 许康 (第三章及其附录), 袁红 (第四章), 翟若迅 (第五章, 以及第一、五章附录), 李韬 (第六章), 张智磊 (第七章, 以及第二章附录). 他们和易淼森重新推导了于敏先生《量子光学讲义》的全部内容, 并补充了必要的文字. 翟若迅和崔廉相负责全书的绘图工作. 孙昌璞负责全部的审读验算工作, 乔国健协助完成了相关内容的修改. 王建国、傅立斌、单剑辉、平婧、董琳琳和王川西为本书的出版做了大量的具体协调工作. 王川西参与了文字审读工作. 对于他们的诸多付出, 我们表示由衷的感谢. 最后, 感谢于敏先生的家人 (于辛、于元), 他们慷慨应允、信任我们整理出版该讲义.

孙昌璞, 王建国, 傅立斌
2024 年 10 月 1 日于北京

导　　读

　　光作为最简单的物理系统, 是宇宙中最常见的物质. 因此, 理解光的行为对于物理学的发展具有重要意义. 事实上, 物理学中的许多重要观念都源于光学. 例如, 费马 (Fermat) 通过 "光在介质中两点之间的传播时间是最短的" 这一发现, 提出了最小作用量原理. 这一原理不仅引发了经典力学中变分原理的建立, 还启发了薛定谔方程的提出, 进而奠定了量子力学的基础. 量子物理的第一次概念革命也是源于对黑体辐射的研究. 量子信息是当前研究的热门领域, 其中, 许多量子通信协议都是在光学系统中实现的. 由于光学系统的简单性, 其物理实现往往比其他系统更为容易, 因此研究光的基本性质和效应也有助于我们探索其他物理系统.

　　经典光学的发展已有数百年历史, 麦克斯韦 (Maxwell) 的电磁理论是光物理学的顶峰, 它的解给出了光场的各种形态 (见第一章). 然而, 量子光学是在最近几十年才发展起来的, 并在二十世纪九十年代后成为物理学中一个快速发展的新兴分支, 与原子分子物理的发展紧密相连. 量子光学以半经典和全量子的方式研究光的各种现象及其与微观物质相互作用的效应. 它能够解释迄今为止观察到的所有光学现象, 是研究光的最完整的理论. 与粒子物理学、凝聚态物理学和理论物理学等其他传统分支相比, 量子光学与精密测量实验和现代技术 (例如, 激光、光纤和互联网等) 互动更加紧密, 也是近 30 年获得诺贝尔 (Nobel) 物理学奖最多的领域, 例如, 2022 年的阿斯佩 (Aspect)、克劳泽 (Clauser) 和蔡林格 (Zeilinger); 2012 年的阿罗什 (Haroche) 和瓦恩兰 (Wineland); 2005 年的黑施 (Hänsch)、格劳伯 (Glauber) 和霍尔 (Hall); 2001 年的克特勒 (Ketterle)、康奈尔 (Cornell) 和威曼 (Wieman); 1997 年的朱棣文、科恩 – 塔努吉 (Cohen–Tannoudji) 和菲利普斯 (Phillips).

　　二十世纪六十年代, 在激光理论的发展, 以及汉布里·布朗 (Hanbury Brown) 和特威斯 (Twiss) 实验[1]的推动下, 人们对光子关联和量子相干性的研究逐渐深入, 量子光学由此诞生. 然而, 其起源可以追溯到量子物理发展的开端. 普朗克的黑体辐射理论涉及光在原子发射和吸收中的能量量子化. 他假设原子发射或吸收光的能量只能是某个小量的整数倍. 1905 年, 爱因斯坦 (Einstein) 进一步引入了光量子

---

[1] HANBURY BROWN R, TWISS R Q. LXXIV. A new type of interferometer for use in radio astronomy [J]. The London, Edinburgh, and Dublin Philosophical Magazine and Journal of Science, 1954, 45: 663.

的概念, 以解释光电效应. 这一概念涉及光场的量子化, 与原子本身无直接关系. 因此, 人们普遍认为普朗克于 1900 年提出的黑体辐射理论是量子理论的开端, 也是量子光学形成的起点.

值得注意的是, 爱因斯坦在 1909 年[①]研究了黑体辐射中的能量涨落, 这隐含了光的波粒二象性. 这一结果早于德布罗意 (de Broglie) 提出的实物粒子具有波粒二象性的观点. 从普朗克的黑体辐射能谱公式出发, 爱因斯坦应用热力学原理, 得出了形为 $\overline{(\Delta E)^2} = h\nu \bar{E} + \eta \bar{E}^2$ 的能量涨落公式. 爱因斯坦假设了黑体辐射的光场由独立的粒子 (即光子) 组成, 其随机统计给出总能量涨落的第一项, 其中粒子数涨落正比于 $\bar{E}$, $h\nu$ 是光子的能量; 而第二项 $\eta \bar{E}^2$ 假设了黑体辐射场由独立的平面波组成. 从而可以看出, 黑体辐射的能量涨落体现了光的波粒二象性. 因此, 他特别强调, "下一个阶段的理论物理学发展将为我们带来一种波动理论与发射理论融合的光的理论", 并将对 "光的本质研究进行必要且深刻的变革".

这种全新的光理论必须统一粒子和波的概念, 而这在经典光学框架下是不可能的. 量子力学的出现使得狄拉克 (Dirac) 等人开始探索电磁场或光场的量子化 (见第二章). 后来, 施温格 (Schwinger)、朝永振一郎 (Sinitiro Tomonaga) 和费曼 (Feynman) 通过重正化方法解决了无限发散问题, 爱因斯坦的理想才得以实现, 从而建立了光与物质相互作用的全量子理论 —— 量子电动力学 (简称 QED). QED 是迄今为止最完整且经过最精密检验的量子理论. QED 最著名的预言之一是氢原子的 2s 和 2p 能级之间辐射的兰姆 (Lamb) 移位, 已被实验证实. 兰姆和雷瑟福 (Retherford) 得到的谱线移位为 1057.77 ± 0.10 MHz, 与 QED 预言的 1057.56 ± 0.10 MHz 高度相符.

然而, 早期对 QED 的研究主要集中在单个光子和单个电子的行为上. 对于多光子的情况, 仅简单假设光子彼此独立, 集体行为只是个体行为的简单加和. 然而, 1956 年, 汉布里·布朗和特威斯的实验表明情况并非如此 (见第八章). 由于量子统计, 多光子的集体行为与多个独立光子的行为截然不同, 而与光子的位置和时间关联有关. 在二十世纪五十年代, 人们发展了光学相干理论, 以解决经典光学的关联问题, 但该理论源于经典光的波动理论, 能够处理复杂的光学干涉现象, 但无法直接解释汉布里·布朗和特威斯实验首次展示的光场强度关联. 格劳伯于 1963 年发展了光学相干的量子理论, 光场强度相关性等问题才得以根本解决. 格劳伯首先基于 QED 研究了光电探测理论, 然后定义了类似于量子场论中的格林 (Green) 函数的多阶关联函数. 他指出, 当光场处于相干态时 (见第二章), 光电探测的效率最高. 这是一个关于光的完全的量子力学理论, 是当代量子光学的基础 (见第八章). 当时

[①] EINSTEIN A. Zum gegenwärtigen stand des strahlungsproblems [J]. Phys. Zeits, 1909, 10: 185.

刚刚发现的激光光场的强度关联效应进一步促进了量子光学关于光子数关联统计的研究. 1977 年, 金布尔 (Kimble) 等人演示了单个原子一次发射单个光子的实验, 进一步佐证了光场是由光子组成的.

需要指出的是, 是薛定谔首先提出相干态概念的. 1926 年, 量子力学刚刚建立, 薛定谔就进一步思考波动方程可否正确描述一个质点的运动. 如果用一个波包来描述它, 则波包的扩散行为与直观物理相矛盾, 因为质点是不会扩散的. 而薛定谔发现, 在谐振子势中, 一个特殊叠加出来的波包 —— 相干态是不会扩散的, 其中, 质心的运动代表了谐振子的经典运动. 因此相干态通常被描述为在动态上最接近经典谐振子振荡行为的状态, 且在整个时间演化过程中保持了波包的形状. 在数学上, 作为湮灭算符的本征态, 相干态给出的动量 – 坐标不确定关系最小. 但后来人们发现, 不确定关系最小的态并不都是相干态. 对这个问题的思考导致了压缩态概念的诞生[1], 由此发现了不少与经典状态不同的光量子态, 例如, 二模相干态和压缩态等. 相干态在实际物理中的应用很广, 可以覆盖从量子场论到量子光学, 从冷原子的玻色 (Bose) – 爱因斯坦凝聚到激光和超导等领域[2]. 作为数学物理的重要概念, 它被推广为 SU(2) 李群相干态 —— 相干原子态 (见第三章) 等, 抽象后被应用路径积分的方法所计算[3], 进而成为数学物理和应用数学中的一个重要课题.

也是源于激光物理发展的推动, 1963 年, 杰恩斯 (Jaynes) 和卡明斯 (Cummings) 提出了一个可以精确求解的理论模型 —— J-C 模型, 它描述了一个二能级原子与光学腔 (或玻色子场) 的量子化模式的相互作用. 其精确解表明, 即使光场处于真空中, 强度为零, 也会发生独特的量子效应, 例如, 自发辐射、真空拉比 (Rabi) 劈裂和拉比振荡 (见第三章). 与早期仅对原子的动力学进行量子力学处理的半经典方法相比, J-C 模型展示了光场量子化的不可或缺性. 这个工作开启了量子光学的一个重要分支 —— 腔量子电动力学: 受限于微腔中的电磁场模式会因腔的模体积减小或边界制约而被增强或抑制. 因为真空被改变了, 所以当原子处于受控微腔的真空场内时, 光子可能无法存在于腔场中而使得原子长时间处于激发态, 导致其自发辐射被抑制. 其实, 早在 1946 年, 珀塞尔 (Purcell) 就提出了这种腔量子电动力学效应. 近年来, 腔量子电动力学实验及相关应用技术等方面都得到了极大的开拓和发展, 形成了一个进行量子物理研究和量子信息处理的实验平台, 例如, 基于平面腔量子电动力学的超导量子计算.

---

[1] YUEN H P. Two-photon coherent states of the radiation field [J]. Physical Review A, 1976, 13: 2226.
[2] 孙昌璞. 量子力学现代教程 [M]. 北京: 北京大学出版社, 2024.
[3] KLAUDER J R. The action option and a Feynman quantization of spinor fields in terms of ordinary c-numbers [J]. Annals of Physics, 1960, 11: 123.

导 读

如前所述, 量子光学发展的另一个推动力来自激光理论的建立 (见第五章). 1917 年, 爱因斯坦提出原子的光辐射包含诱导吸收、诱导辐射和自发辐射三个基本过程. 由此, 人们不断探索如何通过粒子数布居反转, 利用诱导辐射来放大光的可能性. 第二次世界大战中高性能雷达的研究启发了微波波谱学的诞生, 人们探索了如何实现粒子数布居反转, 通过诱导辐射实现微波相干辐射的放大, 因此 1954 年前后美苏两国成功研制了氨分子微波激射器. 这一进展激发了将频率推向光频的进一步探索, 从而制成光波段的相干激射器 —— 激光器. 激光器与以往的热光源的根本区别在于激光光场遵从完全不同于经典光的量子统计性质, 这大大增加了对光的量子统计性质的理论研究需求. 这又是量子光学诞生的重要推动力. 需要指出的是, 激光的半经典理论不涉及光场的量子化, 因此其虽然能描述激光的产生, 但不能描述光子数统计代表的涨落, 也不能描述光场如何从真空过渡过来, 并具有固定的线宽. 为此人们必须建立基于光场量子化的全量子理论 (见第七章), 而量子光学正是向此而生的.

在激光发展的过程中, 除了用原子、分子、离子中的束缚电子的诱导相干发射来工作的激光器外, 还必须提到另一类基于不同机制的激光器, 即利用高速运动的自由电子将动能转变成激光能量的自由电子激光器 (简称 FEL). 1984 年前后, 美国启动的 "星球大战计划", 把自由电子激光器当成能够胜任防御和突防双重作用的定向能武器的候选者. 早在 1951 年, 人们就提出可以用一个磁摆动器使得高速电子束通过时形成周期性摆动, 而且在合适条件下会产生相干电磁辐射. 1977 年, 马代 (Madey) 等人成功研制了第一台 FEL. 现在 FEL 已经发展成一类有重要价值的激光器. 当时 FEL 发展的需求在一定程度上也要求发展光与物质相互作用的全量子理论 —— 量子光学.

量子光学将光场和构成增益介质的原子系统都用量子电动力学理论加以统一处理, 并计及周边环境 —— "热库" (本讲义称之为热池) 导致的阻尼及其带来的量子涨落 (见第四章), 使得人们更深入地理解了光探测和光子统计. 为此, 量子光学引入了相干态和压缩态的概念来解决激光、热光的本质问题, 因为人们已经认识到光不仅仅是经典图像中描述波的电磁场. 此外, 在技术方面, 通过 Q 开关和锁模技术开发了短脉冲和超短脉冲激光, 这一发展开启了超快过程的研究. 激光的发展也反过来促进了光与物质的相互作用过程和物质 (多原子介质) 的量子效应研究. 这不仅涉及多原子的超辐射问题 (辐射强度不是单体辐射的简单加和) (见第三章), 而且涉及由回波效应导致的自诱导透明和由原子能级相干结构调控导致的电磁诱导透明和暗态 (见第六章). 这些工作为后来的量子信息存储和电子中继的研究提供了物理基础.

导 读

从量子光学的发展历史看,其不仅探索光场的各种经典和非经典现象的物理本质,还探究光场与物质相互作用的非线性效应. 由于高功率激光使得非线性光学效应容易被观察到,因此二十世纪八十年代人们通过激光泵浦非线性晶体产生的自发参量下转换获得了双光子纠缠态. 有了量子纠缠光源,量子光学领域开展了许多有关量子力学基本规律的实验,例如,验证贝尔 (Bell) 不等式、惠勒 (Wheeler) 的延迟选择实验等. 在量子技术方面,推动了量子通信和量子传感等相关研究领域的发展.

二十一世纪以来,半导体器件、计算机和电子技术的迅速发展,大大拓宽了实验室对光现象精密探测的视野,促进了实验量子光学的发展. 量子光学也推动了其他新兴学科的发展. 激光冷却技术可以操控和俘获原子分子,实现了玻色 – 爱因斯坦凝聚,这推动了冷原子物理和原子光学的发展. 后者借鉴了量子光学中的理论方法来描述物质波. 光学系统的量子非破坏测量、光信号的无噪声放大和克服真空涨落极限的压缩态的研究可用于极微弱信号的高精度光学测量,例如,测量引力波. 由于光传播速度快且不易受干扰的特性,使得其成为最佳的信息载体. 对电磁诱导透明模型的研究有助于解决光量子信号的存储问题,因此量子光学对光的量子本性的研究是现代量子信息技术、量子通信和量子计算的基础.

由于于敏先生的《量子光学讲义》成稿时间较早,为了知识体系和讲授逻辑的完整,并反映量子光学的当代发展,我们在整理该讲义时适当增加了若干个附录.

第一章关于高斯光束的讨论展示了经典光场具有不同于电磁场的模与态,其中,高斯光束 (高斯模) 在量子光学中占据特殊的地位. 在激光谐振腔中,这种常见的具有束腰形状分布的光束是麦克斯韦方程在傍轴条件下的近似解,高斯光束的传播方式与透镜相似. 通过增加附录 1A,用于讨论透镜及其对高斯光束的变换,补充了这方面的证明.

在第二章, 对相干态的讨论从自由电磁场的量子化开始. 作为福克 (Fock) 态的相干叠加态,相干态有多种表示方法和应用. 附录 2A 补充了压缩态的详细讨论. 就质量为 $m=1$,频率为 $\omega=1$ 的谐振子而言,在相干态 $|\alpha\rangle$ 下,动量的涨落 Δp 和坐标的涨落 Δx 有最小的不确定关系 $\Delta x \Delta p = \hbar/2$,而且 $\Delta x = \Delta p$. 很容易想到有一个不同于 $|\alpha\rangle$ 的态,它的动量涨落 Δp 很大,但 Δx 被压得很窄 (小),即对 x 测得很准,这个态就是压缩态. 二十世纪八九十年代后,压缩态的研究是量子光学的热点和前沿问题,它对量子测量很有用. 在引力波的测量中,压缩态的使用将大大提高测量精度.

第三章关于相干原子态的讨论是基于量子化电磁场与原子的相互作用. 由于电磁场是量子化的,单模电磁场也可以与多原子关联起来,形成所谓的狄克多原子相干态, 因此它可以产生超辐射. 也就是说, 一个原子的辐射可以被另一个在波长距离内的原子相干吸收, 导致光子辐射的群体效应. 后来发现, 这种效应通常发生在原子和原子之间的有效耦合强度超过一定值的时候, 这个现象意味着某种量子相变, 今天我们称之为超辐射相变.

第四章讨论开式系统, 在与一个无穷自由度的大系统耦合时, 一个有限自由度的小系统可以视为开式系统. 大系统 —— 热池对小系统的影响是不可逆的. 小系统的运动可以由布朗 (Brown) 运动描述, 在它的能量损失 (耗散) 到热池里的同时, 它还受到一个随机的力. 有各种方法可以描述这种运动, 而本书介绍的这些方法将被广泛地应用到激光理论和量子退相干的讨论中.

第五章介绍半经典激光理论. 本章内容可以视为以前各章所讨论的量子光学理论的应用. 它从光场与激光物质 (我们可以把它想象成多个二能级原子) 的基本方程 —— 兰姆方程出发, 在平均场的意义下, 把原子的算符处理成经典变量. 这个做法能够描述激光如何从 "真空" 中产生, 但不能正确描述自发辐射、光子数的关联统计, 从而不能刻画激光谱为什么有内禀展宽. 附录 5A 补充了半经典理论对锁模的描述.

第六章介绍了关于相干脉冲的传播 —— 自诱导透明, 并给出了超辐射的进一步讨论. 本章继续讨论激光光场和各种介质的相互作用对光本身传播的影响, 例如, 自诱导透明、光子回波和群速度超光速等新奇量子相干现象. 在附录 6A 中, 我们介绍了近年来研究的另一类群体相干效应 —— 电磁诱导透明. 当一束经典光和单模量子光分别与三能级 Λ- 型原子耦合时, 通过经典光调控, 可以控制量子光状态在原子系统中的写入和读出. 这个观念导致了量子信息存储和电子中继技术的发展.

第七章阐述量子激光理论. 由于半经典理论的上述不足, 我们必须对激光的机理模型进行全量子处理. 在这里, 原子自由度不再被描述成经典量, 由此不仅能正确描述激光产生的概率方程, 还能描述过渡阶段的原子演化、激光的固有线宽、自发辐射和光子数的关联统计等.

第八章 "光之相干性" 是量子光学的核心部分之一. 由于原稿遗失, 我们补写了这一章, 其重要意义我们在 "导读" 开始就做了明确介绍.

目 录

第一章 高斯光束 1
- 1.1 电磁场的模与态 2
- 1.2 高斯光束 (高斯模) 4
- 1.3 厄米 – 高斯模 6
- 1.4 高斯光束的传播 7
- 附录 1A 反射镜对高斯光束的变换 9

第二章 相干态 13
- 2.1 自由空间中的电磁场的量子化 14
- 2.2 福克态 16
- 2.3 相干态 18
- 2.4 相干态的性质 19
- 2.5 相干态表示 24
- 2.6 多模相干态 29
- 附录 2A 压缩态 31

第三章 相干原子态 35
- 3.1 电磁场中原子的哈密顿量 36
- 3.2 电偶极近似 38
- 3.3 二能级原子 39
- 3.4 单原子运动方程 41
  - 3.4.1 海森伯表象 41
  - 3.4.2 薛定谔表象 42
- 3.5 单原子与电磁场相互作用 (一) 43
- 3.6 单原子与电磁场 (外场) 相互作用 (二) 44
- 3.7 多原子系统 (一) —— 狄克态 47
- 3.8 多原子系统 (二) —— 相干原子态 51
- 3.9 相干原子态表示和物理图像 54
- 附录 3A 腔量子电动力学与 J-C 模型 57
- 附录 3B 从耦合谐振子到狄克模型 59
- 思考题 61

第四章　开式系统　量子热池 · · · · · · 63
4.1　布朗运动与朗之万方程 · · · · · · 64
4.2　福克尔 – 普朗克方程 · · · · · · 67
4.3　量子热池理论 —— 海森伯表象 · · · · · · 69
4.4　量子热池理论 —— 薛定谔表象, 约化密度矩阵 · · · · · · 76
附录 4A　量子开式系统的波函数描述 · · · · · · 80

第五章　古典激光理论 · · · · · · 85
5.1　引言 · · · · · · 86
5.2　激光方程 (兰姆方程) · · · · · · 87
5.3　单模理论 · · · · · · 90
5.4　多模竞争理论 I —— 双模 · · · · · · 93
5.5　多模竞争理论 II —— 三模、锁模 · · · · · · 98
附录 5A　激光锁模 · · · · · · 100
    5A.1　三模相干叠加 · · · · · · 100
    5A.2　模牵引的效应 · · · · · · 102
    5A.3　多个模式的锁模 · · · · · · 103

第六章　相干脉冲传播 —— 自诱导透明和超辐射 · · · · · · 107
6.1　布洛赫 – 麦克斯韦方程 · · · · · · 108
6.2　BM 方程的不稳定性与混沌 · · · · · · 109
6.3　速率方程近似 · · · · · · 111
6.4　面积定理 · · · · · · 115
6.5　自诱导透明 · · · · · · 120
6.6　超辐射 · · · · · · 124
6.7　回波 · · · · · · 129
附录 6A　电磁诱导透明 · · · · · · 130
附录 6B　自旋回波 · · · · · · 136

第七章　量子激光理论 · · · · · · 141
7.1　电磁场的约化密度矩阵 · · · · · · 142
7.2　物理意义 · · · · · · 145
7.3　光子分布 · · · · · · 147
    7.3.1　线性近似 · · · · · · 147
    7.3.2　非线性近似 · · · · · · 148
7.4　过渡阶段 · · · · · · 150
7.5　激光的固有线宽 · · · · · · 152
7.6　相干态表示, 福克尔 – 普朗克方程 · · · · · · 154
    7.6.1　线性近似 · · · · · · 154

目　录

    7.6.2　非线性近似 · 156

第八章　光之相干性 · 159
  8.1　经典相干性 · 160
  8.2　相干性的量子理论 · 162
    8.2.1　单原子探测器 · 163
    8.2.2　双原子探测器 · 164
    8.2.3　量子关联函数 · 166
    8.2.4　光子聚束与反聚束 · 170
  8.3　汉布里·布朗 – 特威斯实验与量子光学 · 172

参考文献 · 179

索引 · 181

第一章

高斯光束

第一章 高斯光束

本讲义讨论的光场不限于真空中, 为了增强与原子的耦合, 光场常常被边界约束在一定的空间内. 例如, 在激光谐振腔内, 纵向可以无限延伸, 而横向的形式将非常复杂, 最典型的是横向的高斯模.

1.1 电磁场的模与态

以下采取厘米 – 克 – 秒 (CGS) 单位制. 电磁场满足麦克斯韦方程组:

$$\frac{1}{c}\frac{\partial \boldsymbol{B}}{\partial t} = -\nabla \times \boldsymbol{E}, \quad \nabla \cdot \boldsymbol{B} = 0,$$

$$\frac{1}{c}\frac{\partial \boldsymbol{E}}{\partial t} = \nabla \times \boldsymbol{B} - 4\pi \boldsymbol{j}, \quad \nabla \cdot \boldsymbol{E} = 4\pi \rho,$$

其中, $\boldsymbol{B}$ 和 $\boldsymbol{E}$ 分别是磁感应强度和电场强度, $\boldsymbol{j}$ 和 ρ 分别是电流密度和电荷密度, c 是光速. 电流满足连续性方程

$$\nabla \cdot \boldsymbol{j} + \frac{1}{c}\frac{\partial \rho}{\partial t} = 0.$$

利用麦克斯韦方程组, 可以得到电场强度 $\boldsymbol{E}$ 满足的方程:

$$\Box \boldsymbol{E} - \nabla(\nabla \cdot \boldsymbol{E}) = \frac{4\pi}{c}\frac{\partial \boldsymbol{j}}{\partial t},$$

其中,

$$\Box = \nabla^2 - \frac{1}{c^2}\frac{\partial^2}{\partial t^2}$$

是四维拉普拉斯 (Laplace) 算符.

在自由空间中, $\boldsymbol{j} = \boldsymbol{0}, \rho = 0$, 则

$$\nabla \cdot \boldsymbol{B} = 0, \quad \nabla \cdot \boldsymbol{E} = 0, \quad \Box \boldsymbol{E} = \boldsymbol{0}, \tag{1.1}$$

其中的前两个方程表明真空中的电磁场是横场.

根据完备正交归一的基 (模) $\boldsymbol{E}_{\omega,\lambda}(\boldsymbol{r})$, 电磁场可以展开为

$$\boldsymbol{E} = \sum_{\omega,\lambda} e^{-i\omega t} A_{\omega,\lambda} \boldsymbol{E}_{\omega,\lambda}(\boldsymbol{r}) + \text{c.c.},$$

其中, ω 是光场的本征频率, $\lambda = 1, 2$ 代表垂直于光传播方向的极化, 展开系数 $A_{\omega,\lambda}$ 是相应的振幅. 基矢满足亥姆霍兹 (Helmholtz) 方程:

$$\left(\nabla^2 + \frac{\omega^2}{c^2}\right)\boldsymbol{E}_{\omega,\lambda}(\boldsymbol{r}) = \boldsymbol{0}.$$

上述每一个基矢都是光场的一个模.

给定亥姆霍兹方程及其齐次边界条件, 其特征解和相应的本征值用 (ω,λ) 标记. 它们构成了电磁场的一组完备正交基, 所以我们称之为光场的一组模. 通常, 在无穷空间中有连续模, 在受限空间中存在间断模, 即 $(\omega,\lambda) = (\omega,\lambda)_1, (\omega,\lambda)_2, \cdots$, 而在光学谐振腔中存在所谓的准模. 准模存在于衰变率为 $\kappa = \omega/Q$ 的腔中 (见图 1.1), 这里, Q 是腔的品质因子. 通常品质因子 $Q \gg 1$. 在理想情况下, $Q \to \infty$, 间断模变成理想的分立谱线, 即 $\omega = \omega_1, \omega_2, \cdots$. 对于有的受限情况, ω 还是连续的, 但在 $\omega = \omega_i \pm \kappa$ 的范围内, 它存在有宽度的峰, 叫作准模.

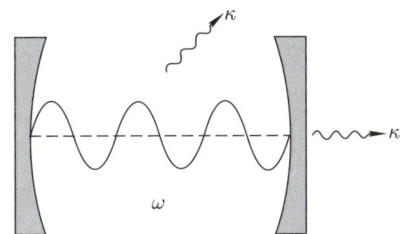

图 1.1　光学谐振腔中的模

在 $t = 0$ 时刻, 若光场局限在谐振腔中, 则用连续模展开的系数具有洛伦兹 (Lorentz) 谱型, 也即

$$\frac{1}{(\omega - \omega_i)^2 + (\kappa/2)^2}.$$

将其变换到用时间表示, 则它对应有衰减的振荡 (见图 1.2):

$$E \propto e^{-i\omega_i t - \frac{\kappa}{2}t}.$$

光场的状态有纯态和混合态 (分别由分布概率和密度矩阵描述) 两种情况.

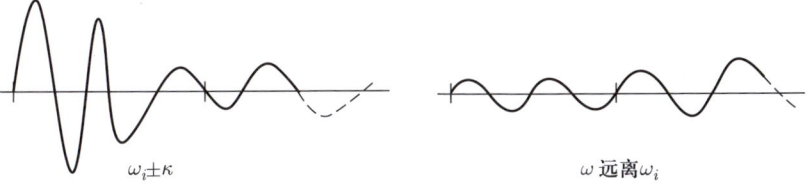

图 1.2　准模

1.2 高斯光束 (高斯模)

作为电磁场的一种形态, 光场的状态通常有平面波 (模)、球面波和高斯光束等类型. 电场矢量的分量 E 为标量光场, 它满足

$$\nabla^2 E + k^2 E = 0,$$

其中, $k = \omega/c$ 为波矢. 对于沿 z 方向传播的标量光场 E, 上述方程有如下形式的解:

$$E = \mathrm{e}^{-\mathrm{i}kz}\psi(x, y, z),$$

其中, $\psi(x, y, z)$ 是沿 z 方向的包络. 在傍轴近似

$$\left|\frac{\partial^2 \psi}{\partial z^2}\right| \ll \frac{\partial^2 \psi}{\partial x^2}, \frac{\partial^2 \psi}{\partial y^2}$$

下, 即忽略二阶导数项 $\partial^2\psi/\partial z^2$, 可以得到如下近似的光场方程:

$$2k\mathrm{i}\frac{\partial \psi}{\partial z} = \frac{\partial^2 \psi}{\partial x^2} + \frac{\partial^2 \psi}{\partial y^2}.$$

这是一个薛定谔型的方程, 叫作傍轴方程.

已知热导方程

$$\frac{\partial T}{\partial t} = D\left(\frac{\partial^2 T}{\partial x^2} + \frac{\partial^2 T}{\partial y^2}\right)$$

有特解

$$T = \frac{1}{4\pi D(t - t_0)}\mathrm{e}^{-\frac{x^2+y^2}{4D(t-t_0)}}.$$

为了与傍轴方程类比, 做如下代换:

$$D \to \frac{1}{2\mathrm{i}k}, \quad t \to z, \quad t_0 \to 常量 = -\frac{\mathrm{i}kw_0^2}{2},$$

从而得到光场方程的特解:

$$\begin{aligned}\psi(x,y,z) &= \frac{常量}{[2\pi/(\mathrm{i}k)](z + \mathrm{i}kw_0^2/2)}\exp\left\{-\frac{x^2+y^2}{[2/(\mathrm{i}k)](z+\mathrm{i}kw_0^2/2)}\right\}\\ &= \frac{常量}{\pi w_0 w}\mathrm{e}^{\mathrm{i}\varphi}\exp\left[-(x^2+y^2)\left(\frac{1}{w^2} + \frac{\mathrm{i}k}{2R}\right)\right],\end{aligned} \quad (1.2)$$

其中,

$$w^2 = w_0^2 + \frac{4z^2}{k^2 w_0^2}, \quad R = z\left(1 + \frac{k^2 w_0^4}{4z^2}\right), \quad \varphi = \tan^{-1}\frac{2z}{kw_0^2}.$$

1.2 高斯光束 (高斯模)

下面指出 (1.2) 式中各项的意义: $\exp[-(x^2+y^2)/w^2]$ 是横向的高斯分布, $-\mathrm{i}k(x^2+y^2)/(2R)$ 是球面波的相位, φ 是相对于理想球面波的相位修正 (慢变量). 由 (1.2) 式可以看出, 在 x,y 方向的特征长度为 w_0, z 方向为 kw_0^2, 因此傍轴近似条件为 $kw_0 \gg 1$.

由 (1.2) 式给出光场的标量形式为

$$E = \varepsilon \frac{w_0}{w} \mathrm{e}^{-\mathrm{i}kz+\mathrm{i}\varphi} \exp\left[-(x^2+y^2)\left(\frac{1}{w^2}+\frac{\mathrm{i}k}{2R}\right)\right], \tag{1.3}$$

其中, ε, k, w_0 是基本参数, w_0/w 代表扩束引起的振幅衰减. 由傍轴近似解给出的高斯光束 (见图 1.3) 有以下性质: 在光束腰部 $z=0$ 处, $E = \varepsilon \exp[-(x^2+y^2)/w_0^2]$, 这表明波阵面在 xy 平面 (等相位面) 内, 且面内振幅是宽度为 w_0 的高斯分布. 在 $z \neq 0$ 处, 高斯光束的宽度变为 $w^2 = w_0^2 + 4z^2/(k^2 w_0^2)$, 并且波阵面由以下方程给出:

$$kz - \varphi + \frac{x^2+y^2}{2}\frac{k}{R} = 常量.$$

因为 $kw_0 \gg 1$, 所以

$$z' := \frac{\mathrm{d}z}{\mathrm{d}\rho} = \frac{1}{k}\left(-\frac{k\rho}{R}+\frac{\rho^2}{2}\frac{k}{R^2}R'\right) \approx -\frac{\rho}{R}, \quad z'' \approx -\frac{1}{R},$$

其中, $\rho = \sqrt{x^2+y^2}$. 进一步利用曲率半径等于 $-(1+z'^2)^{3/2}/z''$ 的公式可验证 R 就是波阵面的曲率半径. 此外, 高斯光束有以下渐近行为: 当 $z \ll kw_0^2/2$ 时, $w \approx w_0, R \approx k^2 w_0^4/(4z), \varphi \approx 0$, 因此光场在 z 方向可以近似看成平面波:

$$E \approx \varepsilon \exp\left[-(x^2+y^2)/w_0^2\right] \mathrm{e}^{-\mathrm{i}kz},$$

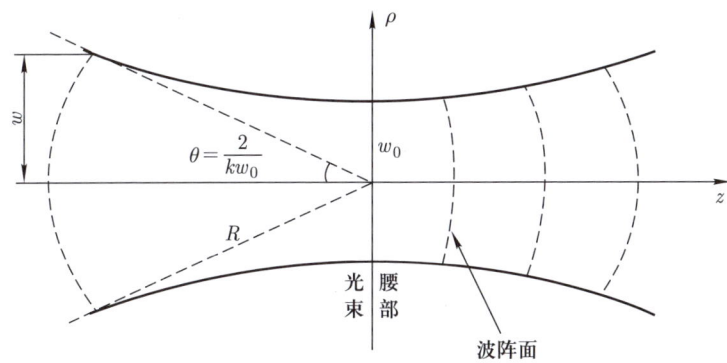

图 1.3 高斯光束

内禀的衍射角为 $2/(kw_0)$; 当 $z \gg kw_0^2/2$ 时, $w^2 \approx 4z^2/(k^2w_0^2), R \approx z, \varphi \approx \pi/2$, 因此光场可以近似为球面波 (球心处于 $z = 0$):

$$E \approx \varepsilon \frac{kw_0^2}{2R} e^{-ikR+i\frac{\pi}{2}}.$$

这相当于有几何光学的发射角:

$$\tan\theta = \frac{w}{z} = \frac{2}{kw_0}\sqrt{1 + \left(\frac{k^2w_0}{2z}\right)^2} \approx \frac{2}{kw_0} \Rightarrow \theta = \frac{2}{kw_0}.$$

1.3 厄米 – 高斯模

更一般地, 傍轴方程也存在更高阶的横向高斯模. 在直角坐标系下, 通常采用厄米 (Hermite) – 高斯模:

$$E = \frac{w_0}{w}\varepsilon_{mn}(k)H_m\left(\frac{\sqrt{2}x}{w}\right)H_n\left(\frac{\sqrt{2}y}{w}\right)e^{-ikz+i\varphi}$$
$$\times \exp\left[-(x^2+y^2)\left(\frac{1}{w^2} + \frac{ik}{2R}\right)\right], \qquad (1.4)$$

其中,

$$w^2 = w_0^2 + \frac{4z^2}{k^2w_0^2}, \qquad R = z\left(1 + \frac{k^2w_0^4}{4z^2}\right), \qquad \varphi = (m+n+1)\tan^{-1}\frac{2z}{kw_0^2},$$

H_n 代表如下厄米多项式:

$$H_{2n}(\sqrt{2}x)e^{-x^2} = (-1)^n 2^n (2n-1)!![\cos\sqrt{8n+2}x + O(n^{-1/4})],$$
$$H_{2n+1}(\sqrt{2}x)e^{-x^2} = (-1)^n 2^{n+\frac{1}{2}} (2n-1)!![\sin\sqrt{8n+6}x + O(n^{-1/4})].$$

当 $m = n = 0$ 时, (1.4) 式给出了 1.2 节中光场的标量形式 (见 (1.3) 式). 对于高斯模, x 方向的光束宽度正比于

$$\overline{x^2} = \frac{\int_{-\infty}^{\infty} x^2 H_m^2\left(\sqrt{2}\frac{x}{w}\right)e^{-\frac{2x^2}{w}}\frac{dx}{w}}{\int_{-\infty}^{\infty} H_m^2\left(\sqrt{2}\frac{x}{w}\right)e^{-\frac{2x^2}{w}}\frac{dx}{w}} = \frac{w^2}{2}\left(m + \frac{1}{2}\right),$$

其中, 节点数为 m. 这表明分布线度:

$$w\sqrt{m+\frac{1}{2}} \xrightarrow{z \gg kw_0^2/2} z\frac{2}{kw_0}\sqrt{2m+1}.$$

当 $z \to \infty$ 时, 发散角为 $\theta \approx \dfrac{2}{kw_0}\sqrt{2m+1}$. 因此, 要接近衍射极限必须限制节点数 m, 以减小发散角. 此外, 在柱坐标系 (z, ρ, θ) 下, 高阶的高斯光束可以用拉盖尔 (Laguerre) – 高斯模描述.

1.4 高斯光束的传播

下面定义复光束参数 q:
$$\frac{1}{q} \equiv \frac{1}{R} - \frac{2\mathrm{i}}{kw^2}, \tag{1.5}$$

由此可得

$$q = z + \mathrm{i}kw_0^2/2. \tag{1.6}$$

在几何光学中, 由点光源发射的球面波在相距 Δz 的两波阵面处的曲率半径满足 $R_2 = R_1 + \Delta z$, 而当球面波通过焦距为 f 的薄透镜或反射镜后, 出射的曲率半径 R_2 与入射的曲率半径 R_1 满足

$$\frac{1}{R_1} + \frac{1}{R_2} = \frac{1}{f}.$$

同样, 对于高斯光束, 相距 Δz 的任意两个波阵面的复光束参数满足 $q_2 = q_1 + \Delta z$, 而通过薄透镜或反射镜后, 复光束参数 q 满足 (见附录 1A)

$$\frac{1}{q_2} + \frac{1}{q_1} = \frac{1}{f},$$

且要求高斯光束的宽度保持不变, 即 $w_2 = w_1$.

若已知高斯光束的腰部位置 (即 $z = 0$ 处) 和腰部宽度 w_0, 则可以得到复光束参数 $q = z + \mathrm{i}kw_0^2/2$. 反之, 在任一位置, 知道了波阵面的曲率半径 R 和光束宽度 w, 就可以利用 (1.5) 式和 (1.6) 式, 或由

$$w_0^2 = \frac{w^2}{1 + [kw^2/(2R)]^2}, \quad 4Rz = k^2 w_0^2 w^2 \tag{1.7}$$

得到 z 和 w_0.

R 的符号规则: 因为曲率半径的公式为 $R = z[1 + k^2 w_0^4/(4z^2)]$, 所以当 $z > 0$ 时, 半径为正, 即 $R > 0$; 当 $z < 0$ 时, 半径为负, 即 $R < 0$ (见图 1.4). 下面考虑在理想 (忽略损耗) 光腔 (球面镜) 中, 高斯光束在传播过程中复光束参数的改变. 由 A 点出射光束 q_1 到 B 点变为 q_2, 则有

$$q_2 = q_1 + d,$$

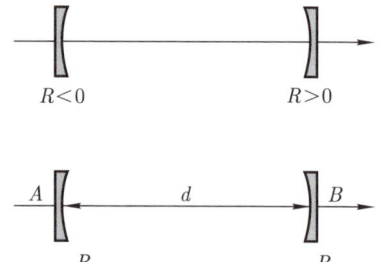

图 1.4 R 的符号规则和高斯光束在光腔中的稳定模

由 B 点反射光束, 使之变为 q_3, 则有

$$\frac{1}{q_3} + \frac{1}{q_2} = \frac{2}{R_B},$$

再传播到 A 点, 使之变为 q_4, 则有

$$q_4 = q_3 - d,$$

再由 A 点反射为 q_5, 则有

$$\frac{1}{q_5} + \frac{1}{q_4} = -\frac{2}{R_A},$$

其中, $R_A, R_B > 0$. 光腔中模稳定、自洽结构要求

(1) $q_1 = q_5$; \hfill (1.8)

(2) A 点 $\to$ B 点的相位差为 π 的整数倍.

联立上述复光束参数方程和 (1.8) 式, 可得

$$\frac{1}{q_1} = -\frac{1}{R_A} \pm \frac{1}{R_A}\sqrt{1 - \frac{R_A(R_A + R_B - 2d)}{(R_B - d)d}}.$$

因为 A 点和 B 点对称, 所以由 B 点出射光束做同样的运算, 可得

$$\frac{1}{q_2} = -\frac{1}{R_B} \pm \frac{1}{R_B}\sqrt{1 - \frac{R_B(R_A + R_B - 2d)}{(R_A - d)d}}.$$

因为 $1/q = 1/R - 2\mathrm{i}/(kw^2)$ 必须有负虚部, 所以

$$\frac{R_A(R_A + R_B - 2d)}{(R_B - d)d} > 1, \quad \frac{R_B(R_A + R_B - 2d)}{(R_A - d)d} > 1,$$

进而得到
$$\frac{R_A - d}{R_B - d} + 1 > \frac{d}{R_A}, \quad \frac{R_B - d}{R_A - d} + 1 > \frac{d}{R_B}.$$

因此得到稳定腔条件:
$$0 < \left(1 - \frac{d}{R_A}\right)\left(1 - \frac{d}{R_B}\right) < 1, \quad 或 \quad d = R_A = R_B.$$

由复光束参数的定义可知, 当 $R = -R_A$, 即在镜面上时, 光束的曲率半径等于镜面半径. 此时, 镜面上 A 点处的光斑大小满足
$$w_A^4 = \frac{4R_A^2}{k^2}\frac{(R_B - d)d}{(R_A - d)(R_A + R_B - d)}.$$

由 (1.7) 式可得, 光束腰部满足
$$z_{OA} = \frac{(R_B - d)d}{R_A + R_B - 2d},$$
$$w_0^4 = \left(\frac{2}{k}\right)^2 \frac{d(R_A - d)(R_B - d)(R_A + R_B - d)}{(R_A + R_B - 2d)^2}.$$

又因为 A 点 $\to B$ 点的相位差为 π 的整数倍, 所以
$$kd - (m+n+1)\left[\tan^{-1}\frac{2(-z_{OA}+d)}{kw_0^2} + \tan^{-1}\frac{2z_{OA}}{kw_0^2}\right] = \pi(P+1),$$

这里, P 是整数, 标记纵模; m, n 标记不同的横模. 注意: 中括号中的两项与 k 无关, 所以纵模间隔 $\Delta k = \pi/d$, 或者 $\Delta \nu = c/(2d)$.

附录 1A　反射镜对高斯光束的变换

本附录将证明高斯光束通过薄凹面反射镜后仍然是高斯光束, 并给出经过反射后复光束参数的变换公式. 在傍轴近似下, 波矢为 k, 沿着 z 轴正方向传播的光场的菲涅耳 (Fresnel) 衍射积分为

$$E(\boldsymbol{\rho}, z+\Delta z) = e^{-ik\Delta z}\int d^2\boldsymbol{\rho}' K(\boldsymbol{\rho}, z+\Delta z; \boldsymbol{\rho}', z)E(\boldsymbol{\rho}', z), \quad (1.9)$$

其中, $E(\boldsymbol{\rho}', z)$ 是 z 平面的光场, $\boldsymbol{\rho} = (x, y)$. $K(\boldsymbol{\rho}, z+\Delta z; x', y', z)$ 是光场从 z 平面到 $z+\Delta z$ 平面的传播子:

$$K(\boldsymbol{\rho}, z+\Delta z; \boldsymbol{\rho}', z) = -\frac{k}{2\pi i\Delta z}\exp\left[-\frac{ik}{2\Delta z}(\boldsymbol{\rho}-\boldsymbol{\rho}')^2\right].$$

对于 z 平面的任意光场 $E(\boldsymbol{\rho}',z)$,容易验证,当 $\Delta z \to 0$ 时,其传播到 $z+\Delta z$ 平面的光场为

$$E(\boldsymbol{\rho}', z+\Delta z) \approx \mathrm{e}^{-\mathrm{i}k\Delta z} E(\boldsymbol{\rho}', z), \tag{1.10}$$

即相距 Δz 的两个平面的光束振幅近似相同,但是具有大小等于 $k\Delta z$ 的相位延迟.

当光束在 $z=z_0$ 平面上入射到薄凹面反射镜上时,其反射光的振幅不变,波矢反向. 经薄凹面镜反射后,在 $z=z_0$ 平面出射光的复振幅由 (1.10) 式给出,即 $E_\mathrm{out} = \mathrm{e}^{-\mathrm{i}k_\mathrm{in}\Delta z_\mathrm{in}} \mathrm{e}^{-\mathrm{i}k_\mathrm{out}\Delta z_\mathrm{out}} E_\mathrm{in}$,其中,$k_\mathrm{in}$ 和 k_out,Δz_in 和 Δz_out 分别为入射光和出射光的波矢和横向传播的位移. 对于反射镜,有 $k_\mathrm{in} = -k_\mathrm{out} = k$,$\Delta z_\mathrm{in} = -\Delta z_\mathrm{out} = d(\boldsymbol{\rho})$,其中,$d(\boldsymbol{\rho})$ 是反射镜在 $\boldsymbol{\rho}$ 位置的厚度. 于是得到

$$E_\mathrm{out} = \mathrm{e}^{-\mathrm{i}2kd(\boldsymbol{\rho})} E_\mathrm{in},$$

根据图 1.5,设 R 是薄凹面镜的半径,在傍轴条件下,$\rho \ll R$,$d(\boldsymbol{\rho})$ 近似为

$$d(\boldsymbol{\rho}) = \Delta z_0 - \sqrt{R^2 - \boldsymbol{\rho}^2} \approx \Delta z_0 - \frac{\boldsymbol{\rho}^2}{2R},$$

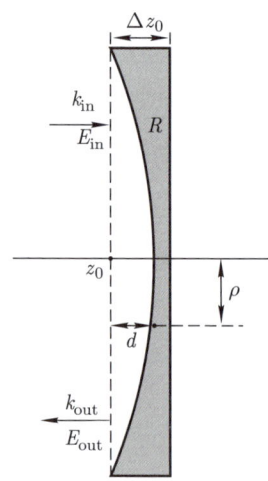

图 1.5 薄凹面镜的相位延迟

其中,Δz_0 是薄凹面镜的宽度. 将薄凹面镜对任意光束的变换做如下总结:

$$E_\mathrm{out} = E_\mathrm{in} \exp\left(\mathrm{i}\frac{k}{R}\boldsymbol{\rho}^2\right), \quad k_\mathrm{out} = -k_\mathrm{in},$$

附录 1A 反射镜对高斯光束的变换

其中，忽略了包括半波损失在内的与 $\boldsymbol{\rho}$ 无关的整体相位变换。我们定义反射镜的焦距 $f = R/2$。

现在考虑在 z_0 平面入射的高斯光束，其光场分布为

$$E(\boldsymbol{\rho}, z_0) = \varepsilon \frac{w_0}{w_{\mathrm{in}}} \exp\left(-\frac{\mathrm{i}k_{\mathrm{in}}}{q_{\mathrm{in}}} \boldsymbol{\rho}^2\right), \tag{1.11}$$

其中，q_{in} 是在 z_0 平面的复光束参数。在经薄凹面镜反射后，在 z_0 平面以波矢 $-k$ 出射的光场的复振幅为

$$E_{\mathrm{out}} = \varepsilon \frac{w_0}{w_{\mathrm{in}}} \exp\left(-\frac{\mathrm{i}k_{\mathrm{in}}}{2q_{\mathrm{in}}} \boldsymbol{\rho}^2 + \frac{\mathrm{i}k_{\mathrm{in}}}{2f} \boldsymbol{\rho}^2\right) = \varepsilon \frac{w_0}{w_{\mathrm{in}}} \exp\left(-\frac{\mathrm{i}k_{\mathrm{in}}}{2q_{\mathrm{out}}} \boldsymbol{\rho}^2\right),$$

其中，q_{out} 是出射光的复光束参数，满足

$$\frac{1}{q_{\mathrm{out}}} = \frac{1}{f} - \frac{1}{q_{\mathrm{in}}}.$$

到此，我们证明了复光束参数的成像公式。由此可见，高斯光束经薄凹面反射镜变换后仍是高斯光束，且其复光束参数满足类似于几何光学的成像规律。由于 f 是实数，薄凹面反射镜只对复光束参数的实部做变换，因此不会改变其宽度 w_{in}。

第二章

相干态

第二章 相干态

本章从自由空间中的电磁场的量子化讲起，介绍描述电磁场量子化相关的福克态和相干态的概念，并讨论相干态表示和性质.

2.1 自由空间中的电磁场的量子化

除了电场强度 $\boldsymbol{E}$ 和磁感应强度 $\boldsymbol{B}$ 外，标量势 $\varphi(\boldsymbol{r},t)$ 和矢量势 $\boldsymbol{A}(\boldsymbol{r},t)$ 也能用来描述自由空间中的电磁场. 对于无源磁场 ($\nabla \cdot \boldsymbol{B} = 0$)，以下方程定义了磁感应强度 $\boldsymbol{B}$：

$$\boldsymbol{B} = \nabla \times \boldsymbol{A}.$$

由麦克斯韦方程 $\frac{1}{c}\partial_t \boldsymbol{B} = -\nabla \times \boldsymbol{E}$，可以进一步得到电场强度 $\boldsymbol{E}$ 满足的方程：

$$\frac{1}{c}\nabla \times \dot{\boldsymbol{A}} = -\nabla \times \boldsymbol{E} \Rightarrow \boldsymbol{E} = -\frac{1}{c}\dot{\boldsymbol{A}} - \nabla\varphi.$$

对于自由空间中的电磁场，选取 $\varphi = 0$ 和 $\nabla \cdot \boldsymbol{A} = 0$ 的规范，则

$$\boldsymbol{B} = \nabla \times \boldsymbol{A}, \qquad \boldsymbol{E} = -\frac{1}{c}\dot{\boldsymbol{A}}.$$

再利用麦克斯韦方程 $\frac{1}{c}\partial_t \boldsymbol{E} = \nabla \times \boldsymbol{B}$，可以得到矢量势 $\boldsymbol{A}$ 满足的方程：

$$\nabla^2 \boldsymbol{A} - \frac{1}{c^2}\ddot{\boldsymbol{A}} = \boldsymbol{0}.$$

定义四维电磁场势 $A_\mu = (\varphi, -\boldsymbol{A})$ 和电磁场张量 $F_{\mu\nu} = \partial_\mu A_\nu - \partial_\nu A_\mu$，这里，$\partial_\mu = (c^{-1}\partial_t, \nabla)$，度规 $g_{\mu\nu} = \text{diag}(1,-1,-1,-1)$. 由场的拉氏密度

$$\mathscr{L} = -\frac{1}{16\pi}F_{\mu\nu}F^{\mu\nu} = \frac{1}{8\pi}\left[-(\nabla \times \boldsymbol{A})^2 + \frac{1}{c^2}\dot{\boldsymbol{A}}^2\right] = \frac{1}{8\pi}(-\boldsymbol{B}^2 + \boldsymbol{E}^2)$$

定义拉氏函数

$$L = \int \mathscr{L} \mathrm{d}^3\boldsymbol{r},$$

则场的正则动量为

$$\boldsymbol{\Pi} = \frac{\delta L}{\delta \dot{\boldsymbol{A}}} = \frac{1}{4\pi c^2}\dot{\boldsymbol{A}},$$

相应的电磁场的哈密顿 (Hamilton) 量是

$$H = -L + \int \boldsymbol{\Pi} \cdot \dot{\boldsymbol{A}}\, \mathrm{d}^3\boldsymbol{r} = \frac{1}{8\pi}\int \left[\frac{1}{c^2}\dot{\boldsymbol{A}}^2 + (\nabla \times \boldsymbol{A})^2\right]\mathrm{d}^3\boldsymbol{r}$$

$$= \frac{1}{8\pi}\int (\boldsymbol{E}^2 + \boldsymbol{B}^2)\,\mathrm{d}^3\boldsymbol{r} = 2\pi c^2 \int \boldsymbol{\Pi}^2 \mathrm{d}^3\boldsymbol{r} + \frac{1}{8\pi}\int (\nabla \times \boldsymbol{A})^2 \mathrm{d}^3\boldsymbol{r}.$$

2.1 自由空间中的电磁场的量子化

由哈密顿运动方程

$$\dot{\boldsymbol{A}} = \frac{\delta H}{\delta \boldsymbol{\Pi}} = 4\pi c^2 \boldsymbol{\Pi},$$

$$\dot{\boldsymbol{\Pi}} = -\frac{\delta H}{\delta \boldsymbol{A}} = \frac{1}{4\pi} \nabla^2 \boldsymbol{A},$$

可以推出矢量势满足的方程:

$$\nabla^2 \boldsymbol{A} - \frac{1}{c^2} \ddot{\boldsymbol{A}} = \boldsymbol{0}.$$

电磁场的量子化 把经典共轭量 $\boldsymbol{A}$ 和 $\boldsymbol{\Pi}$ 变为 q-数或算符 $\hat{\boldsymbol{A}}, \hat{\boldsymbol{\Pi}}$, 并使它们的等时对易关系为

$$\left[\hat{A}_i(\boldsymbol{r},t), \hat{\Pi}_j(\boldsymbol{r}',t)\right] = \mathrm{i}\hbar \delta_{ij} \delta^3(\boldsymbol{r}-\boldsymbol{r}'), \tag{2.1}$$

这里, $i, j = 1, 2, 3$. 相应的海森伯方程为

$$\dot{\hat{A}}_j = \frac{\mathrm{i}}{\hbar}[\hat{H}, \hat{A}_j] = 4\pi c^2 \hat{\Pi}_j,$$

$$\dot{\hat{\Pi}}_j = \frac{\mathrm{i}}{\hbar}[\hat{H}, \hat{\Pi}_j] = \frac{1}{4\pi} \nabla^2 \hat{A}_j.$$

这与哈密顿方程有相同的形式.

将矢量势在完备正交归一基 $\boldsymbol{A}_\lambda(\boldsymbol{r})$ 上展开, 即

$$\hat{\boldsymbol{A}}(\boldsymbol{r},t) = \sum_\lambda \hat{q}_\lambda(t) \boldsymbol{A}_\lambda(\boldsymbol{r}), \tag{2.2}$$

其中, $\boldsymbol{A}_\lambda, \hat{q}_\lambda$ 满足

$$\nabla^2 \boldsymbol{A}_\lambda + k^2 \boldsymbol{A}_\lambda = \boldsymbol{0}, \qquad \ddot{\hat{q}}_\lambda + \omega^2 \hat{q}_\lambda = 0,$$

且 $k = \omega/c$. 注意: 若 $\boldsymbol{A}_\lambda$ 是一个解, 则 $\boldsymbol{A}_\lambda^*$ 也是一个解. 定义 $\boldsymbol{A}_\lambda^* \equiv \boldsymbol{A}_{-\lambda}$, 例如, 对于平面波, 有

$$\boldsymbol{A}_\lambda = \frac{\boldsymbol{\mathcal{E}}_\lambda}{\sqrt{V}} \mathrm{e}^{\mathrm{i}\boldsymbol{k}\cdot\boldsymbol{r}}, \qquad \boldsymbol{A}_{-\lambda} = \frac{\boldsymbol{\mathcal{E}}_{-\lambda}}{\sqrt{V}} \mathrm{e}^{-\mathrm{i}\boldsymbol{k}\cdot\boldsymbol{r}},$$

其中, $\boldsymbol{\mathcal{E}}_\lambda$ 表示电磁场单位偏振方向. 通过量纲分析: $[\hat{A}] \sim [E]^{1/2}/[L]^{1/2}$, $[\boldsymbol{A}_\lambda] \sim 1/[L]^{3/2}$, 则 $[\hat{q}_\lambda] \sim [E]^{1/2}[L]$. 因此可用 $\hbar, c$ 和 ω 构造一个量纲为 $[E]^{1/2}[L]$ 的量 $\sqrt{\hbar c^2/\omega}$ 得到 $\hat{q}_\lambda(t)$:

$$\hat{q}_\lambda(t) = \sqrt{\frac{2\pi c^2 \hbar}{\omega}} \left(\hat{a}_\lambda \mathrm{e}^{-\mathrm{i}\omega t} + \hat{a}_{-\lambda}^\dagger \mathrm{e}^{\mathrm{i}\omega t} \right),$$

其中，$\hat{a}_\lambda$ 和 $\hat{a}^\dagger_{-\lambda}$ 分别为光场的湮灭算符和产生算符，并且 $[\hat{a}_\lambda] \sim 0$. 将上式代入 (2.2) 式，得到量子化的矢量势：

$$\hat{A} = \sum_\lambda \sqrt{\frac{2\pi c^2 \hbar}{\omega}} \left[\hat{a}_\lambda e^{-i\omega t} \boldsymbol{A}_\lambda(\boldsymbol{r}) + \hat{a}^\dagger_{-\lambda} e^{i\omega t} \boldsymbol{A}_\lambda(\boldsymbol{r}) \right]$$

$$= \sum_\lambda \sqrt{\frac{2\pi c^2 \hbar}{\omega}} \left[\hat{a}_\lambda e^{-i\omega t} \boldsymbol{A}_\lambda(\boldsymbol{r}) + \hat{a}^\dagger_\lambda e^{i\omega t} \boldsymbol{A}^*_\lambda(\boldsymbol{r}) \right], \tag{2.3}$$

这里，第二个等号由 $\boldsymbol{A}_\lambda = \boldsymbol{A}^*_{-\lambda}$ 得到. 可以验证，上述 $\hat{A}$ 是厄米算符. 进一步利用 $\hat{\boldsymbol{E}} = -\frac{1}{c}\partial_t \hat{\boldsymbol{A}}$，得到电磁场的量子化形式：

$$\hat{\boldsymbol{E}} = i\sum_\lambda \sqrt{2\pi\hbar\omega} \left(\hat{a}_\lambda e^{-i\omega t} \boldsymbol{A}_\lambda - \hat{a}^\dagger_\lambda e^{i\omega t} \boldsymbol{A}^*_\lambda \right). \tag{2.4}$$

再由

$$\left[\hat{A}_i(\boldsymbol{r},t), \dot{\hat{A}}_j(\boldsymbol{r}',t) \right] = 4\pi c^2 i\hbar \delta_{ij}\delta^3(\boldsymbol{r}-\boldsymbol{r}')$$

乘以积分 $\int \boldsymbol{A}^*_\lambda(\boldsymbol{r})\mathrm{d}^3\boldsymbol{r} \int \boldsymbol{A}_{\lambda'}(\boldsymbol{r}')\mathrm{d}^3\boldsymbol{r}'$，得到

$$\left[\hat{a}_\lambda, \hat{a}^\dagger_{\lambda'} \right] = \delta_{\lambda\lambda'}, \qquad \left[\hat{a}_\lambda, \hat{a}_{\lambda'} \right] = 0. \tag{2.5}$$

由此，电磁场的哈密顿量写为

$$\hat{H} = \frac{1}{8\pi} \int \left[\frac{1}{c^2}\dot{\boldsymbol{A}}^2 + (\nabla \times \boldsymbol{A})^2 \right] \mathrm{d}^3\boldsymbol{r} = \sum_\lambda \hbar\omega \left(\hat{a}^\dagger_\lambda \hat{a}_\lambda + \frac{1}{2} \right).$$

2.2 福 克 态

对于互相独立的谐振子系统，在讨论单模时可忽略下标 "λ" 和记号 "^"[①]. 由 $[a, a^\dagger] = 1$ 可以证明 $N = a^\dagger a$ 的本征方程为

$$N|n\rangle = n|n\rangle,$$

其中，N 是粒子数算符，$|n\rangle$ 是该算符的本征矢量，且对应的本征值为 $n = 0, 1, 2, \cdots$.

证明：设 $|v\rangle$ 是 N 的本征矢量，对应的本征值为 v，则

$$a^\dagger a a|v\rangle = (aa^\dagger a - a)|v\rangle = (v-1)a|v\rangle.$$

[①] 为简单，后续的算符记号 "^" 同样将被省略.

2.2 福克态

故 $a|v\rangle$ 也是 N 的本征矢量, 对应的本征值为 $v-1$. 再由

$$|a|v\rangle|^2 = \langle v|a^\dagger a|v\rangle = v \geqslant 0,$$

可得 $v = 0, 1, 2, \cdots$, 即其必为非负整数. 证毕.

下面讨论福克态 $|0\rangle, |1\rangle, \cdots, |n\rangle, \cdots$ 的性质. 由产生算符和湮灭算符的对易关系可以证明

$$a|n\rangle = \sqrt{n}|n-1\rangle,$$
$$a^\dagger|n\rangle = \sqrt{n+1}|n+1\rangle,$$

其中, 福克态为

$$|n\rangle \equiv \frac{a^{\dagger n}}{\sqrt{n!}}|0\rangle. \tag{2.6}$$

下面考虑单模光场

$$\boldsymbol{E} = \mathrm{i}\sqrt{2\pi\hbar\omega}(a\boldsymbol{A}_\lambda - a^\dagger \boldsymbol{A}_\lambda^*)$$

在福克态上的平均值和涨落:

$$\langle n|\boldsymbol{E}|n\rangle = \boldsymbol{0}, \quad \langle n|\boldsymbol{E}^2|n\rangle = 4\pi\hbar\omega\left(n+\frac{1}{2}\right)|\boldsymbol{A}_\lambda|^2.$$

显然, 量子化的电场不再是古典场, 它的振幅的平均值为零, 但强度均值 (涨落) 不为零 (相位任意).

将产生算符和湮灭算符分别写为 $a = \mathrm{e}^{-\mathrm{i}\varphi}\sqrt{N}$ 和 $a^\dagger = \sqrt{N}\mathrm{e}^{\mathrm{i}\varphi}$. 由它们的对易关系 $[a, a^\dagger] = 1$ 得到

$$N\mathrm{e}^{\mathrm{i}\varphi} - \mathrm{e}^{\mathrm{i}\varphi}N = \mathrm{e}^{\mathrm{i}\varphi}.$$

因此可以推导出相位和粒子数算符满足

$$[N, \varphi] = -\mathrm{i},$$

以及它们的不确定关系:

$$\Delta N \Delta \varphi \geqslant \frac{1}{2}.$$

2.3 相干态

在电流对电磁场的驱动下,系统的哈密顿量为

$$H = H_0 + H_{\text{int}} = \sum_\lambda \hbar\omega \left(a_\lambda^\dagger a_\lambda + \frac{1}{2}\right) - \int \boldsymbol{j}(t) \cdot \boldsymbol{A} \mathrm{d}^3\boldsymbol{r},$$

这里,电流密度的展开形式为

$$\boldsymbol{j}(t) = \sum_\lambda j_\lambda(t) \boldsymbol{A}_\lambda + j_\lambda^*(t) \boldsymbol{A}_\lambda^*,$$

其中, $j_\lambda(t)$ 为 c-数,并且矢量势 $\boldsymbol{A}$ 的表达式是

$$\boldsymbol{A} = \sum_\lambda \sqrt{\frac{2\pi c^2 \hbar}{\omega}} (a_\lambda \boldsymbol{A}_\lambda + a_\lambda^\dagger \boldsymbol{A}_\lambda^*).$$

将 $\boldsymbol{j}(t)$ 和 $\boldsymbol{A}$ 代入哈密顿量中,得到

$$H = \sum_\lambda \hbar\omega \left(a_\lambda^\dagger a_\lambda + \frac{1}{2}\right) - \sum_\lambda \left[j'(t) a_\lambda^\dagger + j'^*(t) a_\lambda\right],$$

其中, $j'(t) \equiv \sqrt{2\pi c^2 \hbar/\omega} j_\lambda(t)$. 显然,整个电磁场按自由度 λ 分为了独立的部分. 下面只考虑一个 λ 并去掉下标,即单模哈密顿量为

$$H = \hbar\omega \left(a^\dagger a + \frac{1}{2}\right) - \left[j'(t) a^\dagger + j'^*(t) a\right].$$

现将系统从薛定谔表象变换到相互作用表象. 从薛定谔方程

$$\mathrm{i}\hbar \frac{\partial \psi_\mathrm{s}}{\partial t} = H \psi_\mathrm{s}$$

出发,把电磁场的态做如下幺正变换:

$$\psi_\mathrm{I}(t) = \mathrm{e}^{\mathrm{i} H_0 t/\hbar} \psi_\mathrm{s}(t),$$

则相应的哈密顿量变为

$$H_\mathrm{I}(t) = \mathrm{e}^{\mathrm{i} H_0 t/\hbar} H_{\text{int}} \mathrm{e}^{-\mathrm{i} H_0 t/\hbar} = -[j'(t) \mathrm{e}^{\mathrm{i}\omega t} a^\dagger + j'^*(t) \mathrm{e}^{-\mathrm{i}\omega t} a],$$

从而得到了相互作用表象中的薛定谔方程 $\mathrm{i}\hbar \frac{\partial \psi_\mathrm{I}}{\partial t} = H_\mathrm{I} \psi_\mathrm{I}$.

设 $t=0$ 时刻，电磁场处于真空态 $|\psi_\mathrm{I}\rangle = |\psi_\mathrm{s}\rangle = |0\rangle$，由此可以得到 t 时刻相互作用表象中系统的态为

$$\psi_\mathrm{I}(t) = \prod_{l=1}^{t/\Delta t} \exp\left\{\frac{\mathrm{i}}{\hbar}[j'(t_l)\mathrm{e}^{\mathrm{i}\omega t_l}a^\dagger + j'^*(t_l)\mathrm{e}^{-\mathrm{i}\omega t_l}a]\Delta t\right\}|0\rangle,$$

这里，0 到 t 的演化被离散为 n 段时间，其中，$t_l = l\Delta t$ ($l=1,2,\cdots,n=t/\Delta t$)。根据贝克 – 豪斯多夫 (Baker–Hausdorff) 定理 (简称 B–H 定理)，当 $[A,B]=C$, $[C,A]=[C,B]=0$ 时，有

$$\mathrm{e}^{A+B} = \mathrm{e}^A \mathrm{e}^B \mathrm{e}^{-[A,B]/2},$$

则相互作用表象中的态为

$$\psi_\mathrm{I}(t) = \exp\left[\frac{\mathrm{i}}{\hbar}\sum_i \left(j'\mathrm{e}^{\mathrm{i}\omega t_i}\Delta t a^\dagger + j'^*\mathrm{e}^{-\mathrm{i}\omega t_i}\Delta t a\right)\right]$$

$$\times \exp\left\{-\frac{1}{2\hbar^2}\sum_i\sum_{j>i}(\Delta t)^2 \left[j'(t_i)j'^*(t_j)\mathrm{e}^{\mathrm{i}\omega(t_i-t_j)} - j'^*(t_i)j'(t_j)\mathrm{e}^{-\mathrm{i}\omega(t_i-t_j)}\right]\right\}|0\rangle$$

$$= \mathrm{e}^{\mathrm{i}\varphi(t)}\exp\left\{\frac{\mathrm{i}}{\hbar}\left[\int_0^t j'(t')\mathrm{e}^{\mathrm{i}\omega t'}\mathrm{d}t' a^\dagger + \int_0^t j'^*(t')\mathrm{e}^{-\mathrm{i}\omega t'}\mathrm{d}t' a\right]\right\}|0\rangle.$$

不计整体相位 $\varphi(t)$，并定义 $v(t) \equiv \frac{\mathrm{i}}{\hbar}\int_0^t j'(t')\mathrm{e}^{\mathrm{i}\omega t'}\mathrm{d}t'$，则相互作用表象中的态为

$$\psi_\mathrm{I}(t) = \mathrm{e}^{va^\dagger - v^*a}|0\rangle \equiv U|0\rangle, \tag{2.7}$$

其中，

$$v(t) = \mathrm{i}\sqrt{\frac{2\pi c^2}{\hbar\omega}}\int\int_0^t \boldsymbol{j}(\boldsymbol{r},t')\cdot \boldsymbol{A}_\lambda^*(\boldsymbol{r})\mathrm{e}^{\mathrm{i}\omega t'}\mathrm{d}^3\boldsymbol{r}\mathrm{d}t',$$

若变换回薛定谔表象，则态成为

$$\psi_\mathrm{s}(t) = \mathrm{e}^{-\mathrm{i}H_0 t/\hbar}\psi_\mathrm{I}(t) = \exp\left(v\mathrm{e}^{-\mathrm{i}\omega t}a^\dagger - v^*\mathrm{e}^{\mathrm{i}\omega t}a\right)|0\rangle,$$

其中，把 $v \longrightarrow v\exp(-\mathrm{i}\omega t)$。这表明电磁场演化到一个相干态 (见后面的讨论)。

2.4 相干态的性质

(1) U 算符的性质。由 U 的幺正性可证：$(va^\dagger - v^*a)^\dagger = -(va^\dagger - v^*a)$ 是反厄米的，且 $|v\rangle$ 是归一化的，即 $\langle v|v\rangle = \langle 0|U^\dagger U|0\rangle = \langle 0|0\rangle = 1$。由 U 的定义和 B–H 定理：

$$U = \mathrm{e}^{va^\dagger}\mathrm{e}^{-v^*a}\mathrm{e}^{-|v|^2/2}, \tag{2.8}$$

可以证明
$$U^{-1}aU = a + v, \qquad U^{-1}a^\dagger U = a^\dagger + v^*, \tag{2.9}$$
即 U 是 a 的平移算符.

(2) 相干态 $|v\rangle$ 是 a 的本征态, 对应的本征值为 v.

证明:
$$a|v\rangle = aU|0\rangle = UU^{-1}aU|0\rangle = U(a+v)|0\rangle = v|v\rangle,$$
故 $|v\rangle$ 是 a 的本征态, 且对应的本征值为 v. 证毕.

对于 $a^\dagger$, 有
$$a^\dagger|v\rangle = \left(\frac{\partial}{\partial v} + \frac{1}{2}v^*\right)|v\rangle. \tag{2.10}$$

证明: 由 U 的表达式可知
$$a^\dagger|v\rangle = a^\dagger U|0\rangle = a^\dagger e^{va^\dagger} e^{-v^*a} e^{-\frac{1}{2}vv^*}|0\rangle, \tag{2.11}$$

并对 $|v\rangle$ 求偏导, 有
$$\frac{\partial}{\partial v}|v\rangle = \left(a^\dagger - \frac{1}{2}v^*\right) e^{va^\dagger} e^{-v^*a} e^{-\frac{1}{2}vv^*}|0\rangle,$$

可得 (2.10) 式. 证毕.

通过取厄米共轭, 可以进一步得到
$$\langle v|a^\dagger = \langle v|v^*, \qquad \langle v|a = \langle v|\left(\frac{\overleftarrow{\partial}}{\partial v^*} + \frac{1}{2}v\right).$$

利用上述相干态的性质, 容易得到电场
$$\boldsymbol{E} = \mathrm{i}\sqrt{2\pi\hbar\omega}\left[a\boldsymbol{A}_\lambda(\boldsymbol{r}) - a^\dagger \boldsymbol{A}_\lambda^*(\boldsymbol{r})\right]$$

在相干态下的平均值是经典电磁场, 即
$$\langle v|\boldsymbol{E}|v\rangle = \mathrm{i}\sqrt{2\pi\hbar\omega}\left[v\mathrm{e}^{-\mathrm{i}\omega t}\boldsymbol{A}_\lambda(\boldsymbol{r}) - v^*\mathrm{e}^{\mathrm{i}\omega t}\boldsymbol{A}_\lambda^*(\boldsymbol{r})\right],$$

其中, $v = |v|\exp(-\mathrm{i}\varphi)$ 是由振幅 $|v|$ 和相位 φ 所定义的.

(3) 相干态 $|v\rangle$ 的福克表示为
$$\begin{aligned}|v\rangle &= \mathrm{e}^{-\frac{1}{2}|v|^2} \mathrm{e}^{va^\dagger} \mathrm{e}^{-v^*a}|0\rangle \\ &= \mathrm{e}^{-\frac{1}{2}|v|^2} \mathrm{e}^{va^\dagger}|0\rangle = \sum_n \mathrm{e}^{-\frac{1}{2}|v|^2} \frac{v^n}{\sqrt{n!}}|n\rangle,\end{aligned} \tag{2.12}$$

2.4 相干态的性质

粒子数的概率分布满足泊松 (Poisson) 分布, 即

$$p(n) = |\langle n|v\rangle|^2 = \mathrm{e}^{-|v|^2}\frac{|v|^{2n}}{n!}.$$

在相干态下, 由平均粒子数

$$\langle n\rangle = \langle v|a^\dagger a|v\rangle = |v|^2$$

和

$$\langle n^2\rangle = \langle v|a^\dagger a a^\dagger a|v\rangle = |v|^2(|v|^2+1) = \langle n\rangle^2 + \langle n\rangle,$$

可以得到粒子数的涨落为

$$\langle (\Delta n)^2\rangle \equiv \langle n^2\rangle - \langle n\rangle^2 = \langle n\rangle.$$

对于热平衡态, 有

$$p(n) = \frac{\mathrm{e}^{-n\hbar\omega/(k_\mathrm{B}T)}}{\sum_m \mathrm{e}^{-m\hbar\omega/(k_\mathrm{B}T)}} = \mathrm{e}^{-n\beta\hbar\omega}(1-\mathrm{e}^{-\beta\hbar\omega}),$$

其中, $\beta \equiv 1/(k_\mathrm{B}T)$, 平均粒子数

$$\langle n\rangle = \frac{1}{\mathrm{e}^{\beta\hbar\omega}-1}$$

满足普朗克分布, 并且

$$\langle n^2\rangle = \frac{2}{(\mathrm{e}^{\beta\hbar\omega}-1)^2} + \frac{1}{\mathrm{e}^{\beta\hbar\omega}-1} = 2\langle n\rangle^2 + \langle n\rangle.$$

此时, 粒子数的涨落为

$$\langle (\Delta n)^2\rangle = \langle n\rangle^2 + \langle n\rangle,$$

其中, $\langle n\rangle^2$ 代表波动性, $\langle n\rangle$ 代表粒子性.

热平衡态和相干态下的粒子数的概率分布见图 2.1.

(4) 正则动量和正则坐标. 通过定义正则 "坐标" Q 和正则 "动量" P (以下分别简称为坐标和动量):

$$P = \sqrt{\frac{\hbar\omega}{2}}\mathrm{i}(a^\dagger - a), \qquad Q = \sqrt{\frac{\hbar}{2\omega}}(a^\dagger + a), \tag{2.13}$$

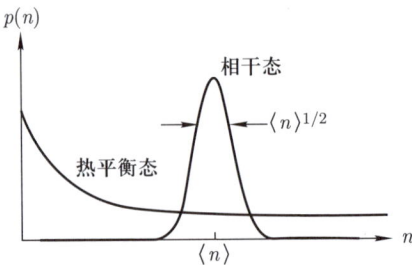

图 2.1 热平衡态和相干态下的粒子数的概率分布

可将哈密顿量改写为

$$H = \hbar\omega\left(a^\dagger a + \frac{1}{2}\right) = \frac{1}{2}(P^2 + \omega^2 Q^2),$$

这相当于"质量"为 1 的谐振子系统. 其中坐标和动量为一组厄米算符, 且满足 $[Q,P] = \mathrm{i}\hbar$. 同样, 产生算符和湮灭算符也可以用坐标和动量表示为

$$a = \frac{1}{\sqrt{2\hbar\omega}}(\omega Q + \mathrm{i}P), \quad a^\dagger = \frac{1}{\sqrt{2\hbar\omega}}(\omega Q - \mathrm{i}P).$$

在相干态 $\psi_\mathrm{s} = ||v|\mathrm{e}^{-\mathrm{i}(\omega t+\varphi)}\rangle$ 下, 坐标和动量的平均值为

$$\langle\psi_\mathrm{s}|Q|\psi_\mathrm{s}\rangle = \sqrt{\frac{\hbar}{2\omega}}2|v|\cos(\omega t+\varphi) \equiv q(t),$$

$$\langle\psi_\mathrm{s}|P|\psi_\mathrm{s}\rangle = -\sqrt{2\hbar\omega}|v|\sin(\omega t+\varphi) \equiv p(t).$$

容易验证 $p(t) = \dot{q}(t)$, 即平均坐标及动量做古典谐振子振动, 其相应的能量为 $\hbar\omega|v|^2 = \langle n\rangle\hbar\omega$.

(5) 相干态的"坐标"表示. 在坐标表象中, 坐标和动量算符分别满足

$$Q|x\rangle = x|x\rangle, \quad \langle x|Q = \langle x|x, \quad \langle x|P\,\rangle = -\mathrm{i}\hbar\frac{\partial}{\partial x}\langle x|\,\rangle,$$

则相干态在坐标表象中表示为 (见图 2.2)

$$\langle x|v\rangle = \langle x|\mathrm{e}^{va^\dagger - v^*a}|0\rangle = \langle x|\mathrm{e}^{\mathrm{i}(pQ-qP)/\hbar}|0\rangle = \langle x|\mathrm{e}^{\mathrm{i}pQ/\hbar}\mathrm{e}^{-\mathrm{i}qP/\hbar}\mathrm{e}^{-\mathrm{i}\frac{pq}{2\hbar}}|0\rangle$$

$$= \mathrm{e}^{-\mathrm{i}\frac{pq}{2\hbar}+\mathrm{i}\frac{px}{\hbar}}\langle x|\mathrm{e}^{-\mathrm{i}qP/\hbar}|0\rangle = \mathrm{e}^{-\mathrm{i}\frac{pq}{2\hbar}+\mathrm{i}\frac{px}{\hbar}}\langle x-q|0\rangle$$

$$= \left(\frac{\omega}{\pi\hbar}\right)^{1/4}\exp\left[-\mathrm{i}\frac{pq}{2\hbar}+\mathrm{i}\frac{px}{\hbar}-\frac{(x-q)^2}{(2q_0)^2}\right], \tag{2.14}$$

2.4 相干态的性质

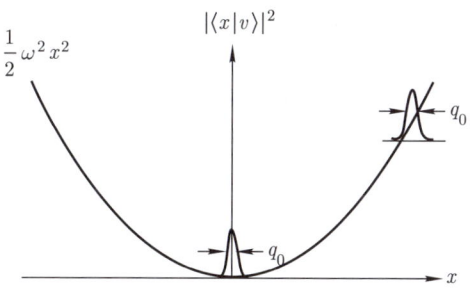

图 2.2 相干态的坐标表示

这里, 指数中的第一项为相位, 第二项为平均动量 p, 最后一项为重心位置 q. $2q_0$ 为波包宽度, 且不随时间变化, 其中, $q_0 = \sqrt{\hbar/(2\omega)}$ 是零点振动振幅 ($\omega^2 q_0^2 = \hbar\omega/2$).

此外,

$$q_{\max} = \sqrt{\frac{2\hbar}{\omega}}|v| = 2q_0|v|, \quad q = q_{\max}\cos(\omega t + \varphi),$$

$$p_{\max} = \sqrt{\frac{2\hbar}{\omega}}\omega|v| = \frac{\hbar}{q_0}|v|, \quad p = -p_{\max}\sin(\omega t + \varphi),$$

也表明系统沿古典轨道振动, 而振动过程中, 形状不变, 即初始波包不扩散.

(6) 相干态是最小不确定态. 根据算符 O 涨落的定义 $\langle(\Delta O)^2\rangle \equiv \langle(O-\langle O\rangle)^2\rangle = \langle O^2\rangle - \langle O\rangle^2$ 可知, 在相干态 $|v\rangle$ 下, 坐标算符和动量算符的涨落分别为

$$\langle(\Delta Q)^2\rangle = q_0^2, \quad \langle(\Delta P)^2\rangle = \hbar^2/(4q_0^2),$$

它们与时间和 v 都无关, 且满足最小不确定关系, 即 $\sqrt{\langle(\Delta Q)^2\rangle\langle(\Delta P)^2\rangle} = \hbar/2$. 下面将给出算符 Q 和 P 满足最小不确定关系的证明. 若 $[A,B] = \mathrm{i}C$, 且 A, B 和 C 均为厄米算符, 则

$$\langle A^2\rangle\langle B^2\rangle \geqslant \frac{\langle C\rangle^2}{4}.$$

证明: 记 f 和 g 的内积为 (f,g), 在施瓦茨 (Schwarz) 不等式中, 有

$$(f,f)(g,g) \geqslant (f,g)(g,f).$$

令 $f = A|\psi\rangle$, $g = B|\psi\rangle$, 对于任意 $|\psi\rangle$, 有

$$\langle\psi|A^2|\psi\rangle \cdot \langle\psi|B^2|\psi\rangle \geqslant \langle\psi|AB|\psi\rangle\langle\psi|BA|\psi\rangle$$
$$= |\langle\psi|AB|\psi\rangle|^2 = \left|\left\langle\psi\left|\frac{AB-BA}{2}+\frac{AB+BA}{2}\right|\psi\right\rangle\right|^2$$
$$= \frac{|\langle\psi|AB-BA|\psi\rangle|^2}{4}+\frac{|\langle\psi|AB+BA|\psi\rangle|^2}{4}$$
$$\geqslant \frac{\langle\psi|C|\psi\rangle^2}{4}.$$

当 $A|\psi\rangle = \mathrm{i}\alpha B|\psi\rangle$ 时，等号成立，其中，α 为实量. 取 $A = Q - \langle Q\rangle$, $B = P - \langle P\rangle$, 可以得到

$$C = [Q - \langle Q\rangle, P - \langle P\rangle] = \mathrm{i}\hbar.$$

因此可得

$$\sqrt{\langle(\Delta Q)^2\rangle\langle(\Delta P)^2\rangle} \geqslant \frac{\hbar}{2}.$$

证毕.

2.5 相干态表示

将复数 v 写为振幅和相位的形式: $v = |v|\mathrm{e}^{-\mathrm{i}\varphi}$，由此可在复平面上找到对应点，而 v 平面中的一个点对应一个态，见图 2.3. 因此，一个很自然的问题是: 全部点代表的态是否正交、归一和完备？是否超完备？

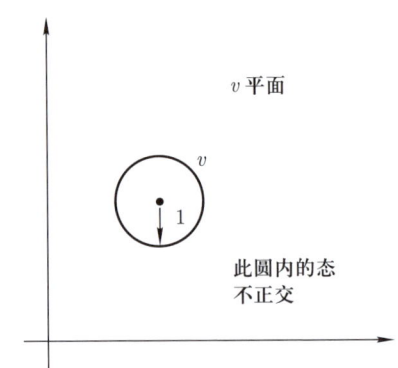

图 2.3　用复平面内的一个点表示一个相干态

显然，归一性 $\langle v|v\rangle = 1$ 得到满足，而正交性

$$\langle v'|v\rangle = \sum_m \mathrm{e}^{-\frac{1}{2}|v|^2-\frac{1}{2}|v'|^2}\frac{v'^{*m}v^m}{m!} = \exp\left[-\frac{1}{2}(|v|^2+|v'|^2-2v'^*v)\right] \qquad (2.15)$$

2.5 相干态表示

只在 $|v-v'| \to \infty$ 时近似得到满足，这是因为

$$|\langle v'|v\rangle|^2 = \mathrm{e}^{-|v-v'|^2} \to 0.$$

为了讨论完备性，需要计算

$$\int |v\rangle\langle v| \mathrm{d}^2 v = \iint \mathrm{e}^{-|v|^2} \sum_{m,n} \frac{v^{*n}v^m}{\sqrt{n!m!}} |n\rangle\langle m| \cdot |v| \mathrm{d}|v| \mathrm{d}\varphi$$

$$= 2\pi \sum_n \int_0^\infty \mathrm{e}^{-|v|^2} \frac{|v|^{2n}}{n!} |v| \mathrm{d}|v| \cdot |n\rangle\langle n|$$

$$= \pi \sum_n |n\rangle\langle n| \equiv \pi I,$$

其中，在第二个等号处使用了 $\int \mathrm{d}\varphi\, v^{*n}v^m = \int \mathrm{d}\varphi\, |v|^{m+n}\mathrm{e}^{\mathrm{i}(m-n)\varphi} = |v|^{2n}\delta_{nm}$，$I$ 是恒等算符，也就是说

$$\frac{1}{\pi} \int |v\rangle\langle v| \mathrm{d}^2 v = I. \tag{2.16}$$

因此任何波函数都可以用相干态展开:

$$|f\rangle = I|f\rangle = \frac{1}{\pi} \int |v\rangle\langle v|f\rangle \mathrm{d}^2 v.$$

对于已知的 $|f\rangle = \sum_n f_n |n\rangle$，由 $|v\rangle$ 的定义可以得到

$$\langle v|f\rangle = \sum_n \mathrm{e}^{-\frac{|v|^2}{2}} \frac{v^{*n}}{\sqrt{n!}} f_n \equiv \mathrm{e}^{-\frac{|v|^2}{2}} f(v^*),$$

于是

$$|f\rangle = \int |v\rangle f(v^*) \mathrm{e}^{-\frac{|v|^2}{2}} \frac{\mathrm{d}^2 v}{\pi}. \tag{2.17}$$

当 n 足够大时，f_n 随 n 增大而显著减小，并且

$$\frac{v^{*n+1}/\sqrt{(n+1)!}}{v^{*n}/\sqrt{n!}} = \frac{v^*}{\sqrt{n+1}} \to 0,$$

所以 $f(v^*)$ 是 v^* 的全纯函数. 因此 $|f\rangle$ 在相干态下的展开系数是 $\mathrm{e}^{-\frac{|v|^2}{2}} \times (v^*$ 之全纯函数).

下面证明以上展开是超完备的，即展开式不唯一. 证明:

(1) 可将 $|v\rangle$ 展开为

$$|v\rangle = \frac{1}{\pi}\int d^2v' |v'\rangle\langle v'|v\rangle = \frac{1}{\pi}\int d^2v' \, e^{-\frac{1}{2}|v|^2 - \frac{1}{2}|v'|^2 + v'^* v}|v'\rangle.$$

(2) 由 $|f\rangle$ 展开得到 $f(v^*)$，但把 $f(v^*)$ 变成 $f(v^*) + \sum_m a_m v^m$ (a_m 为任意常量)，则还是对应同一个 $|f\rangle$. 这是因为

$$\int |v\rangle e^{-\frac{1}{2}|v|^2} v^m d^2v = \sum_n \int |n\rangle e^{-|v|^2} \frac{v^n}{\sqrt{n!}} v^m |v| dv d\varphi = 0,$$

所以 $|v\rangle$ 并不线性独立.

(3) $|f\rangle$ 与 $f(v^*) = \sum_n f_n \dfrac{v^{*n}}{\sqrt{n!}}$ (v^* 之全纯函数) 是一一对应的. 如果

$$|f\rangle = \int |v\rangle \frac{d^2v}{\pi} e^{-\frac{1}{2}|v|^2} f_1(v^*) = \int |v\rangle \frac{d^2v}{\pi} e^{-\frac{1}{2}|v|^2} f_2(v^*),$$

令 $f_1(v^*) = f_2(v^*) + \sum_m c_m v^{*m}$ (c_m 为任意常量)，则

$$0 = \int |v\rangle \frac{d^2v}{\pi} e^{-\frac{1}{2}|v|^2} [f_1(v^*) - f_2(v^*)]$$
$$= \int |v\rangle \frac{d^2v}{\pi} e^{-\frac{1}{2}|v|^2} \sum_m c_m v^{*m},$$

进一步有

$$\int \langle n|v\rangle \frac{d^2v}{\pi} e^{-\frac{1}{2}|v|^2} \sum_m c_m v^{*m} = 0$$
$$= \sum_m c_m \int e^{-|v|^2} \frac{v^n}{\sqrt{n!}} v^{*m} \frac{d^2v}{\pi}$$
$$= \sum_m \frac{c_m}{\sqrt{n!}} \int |v| d|v| e^{-|v|^2} |v|^{n+m} \int_{-\pi}^{\pi} e^{-i\varphi(n-m)} \frac{d\varphi}{\pi}$$
$$= \frac{c_n}{\sqrt{n!}} 2 \int |v| d|v| e^{-|v|^2} |v|^{2n},$$

所以对于任意的 n，都有 $c_n = 0$，即 $f_1(v^*)$ 和 $f_2(v^*)$ 是同一个函数. 证毕.

下面讨论算符的展开及其解析性质. 算符 $O = \sum_{n,m} |n\rangle O_{nm}\langle m|$ 在相干态下的展

2.5 相干态表示

开为

$$O = \iint |v'\rangle \frac{\mathrm{d}^2 v'}{\pi} \langle v'|O|v\rangle \frac{\mathrm{d}^2 v}{\pi} \langle v|,$$

其中,

$$\begin{aligned}\langle v'|O|v\rangle &= \sum_{m,n} \langle v'|n\rangle O_{nm} \langle m|v\rangle \\ &= \sum_{m,n} O_{nm} \frac{v'^{*n} v^m}{\sqrt{n!m!}} \mathrm{e}^{-\frac{1}{2}|v'|^2 - \frac{1}{2}|v|^2} \equiv \mathrm{e}^{-\frac{1}{2}|v'|^2 - \frac{1}{2}|v|^2} O(v'^*, v), \quad (2.18)\end{aligned}$$

这里, $O(v'^*, v)$ 是 v'^* 和 v 的双变数解析全纯函数. 算符 O 的展开式不唯一. 但如果把

$$O(v'^*, v) = \mathrm{e}^{\frac{1}{2}|v'|^2 + \frac{1}{2}|v|^2} \langle v'|O|v\rangle$$

限制为 v'^* 和 v 的双变数解析全纯函数, 则展开式唯一确定. 这里还有另一种表示方法 —— 对角表示. 如果一个双变数函数 $f(z^*, w)$ 在原点附近的一个区域中, 对于 z^* 和 w 都是解析的, 并在 $z = w$ 子域上等于 0 (即 $f(z^*, z) = 0$), 则 $f(z^*, w)$ 恒等于 0. 也就是说, 对于双变数解析全纯函数 $O(v'^*, v)$, 若 $O(v^*, v) = 0$, 则 $O(v'^*, v) \equiv 0$. 在相干态表示下, 任一算符 O 都被它的对角矩阵元 $\langle v|O|v\rangle$ 唯一确定. 对于两个算符 O_1 和 O_2, 若它们的对角矩阵元相等, 即 $\langle v|O_1|v\rangle = \langle v|O_2|v\rangle$, 则算符 $O_1 \equiv O_2$. 所以, 我们自然可以提出问题: 利用相干态表示, 是否可以把任一算符表示成对角表示? 答案是可以的, 也就是

$$O = \int f(v) |v\rangle \frac{\mathrm{d}^2 v}{\pi} \langle v|,$$

但 $f(v)$ 不再是解析函数, 并且有时可能有很高的奇异性.

接下来讨论密度矩阵 ρ 的相干态表示. 密度矩阵的福克表示为

$$\rho = \sum_{m,n} \rho_{mn} |m\rangle\langle n|,$$

而在相干态表示下, 有

$$\rho = \iint \frac{\mathrm{d}^2 v'}{\pi} |v'\rangle \langle v| \frac{\mathrm{d}^2 v}{\pi} \mathrm{e}^{-\frac{1}{2}|v'|^2 - \frac{1}{2}|v|^2} \rho(v'^*, v),$$

其中,

$$\rho(v'^*, v) = \sum_{m,n} \rho_{mn} \frac{v'^{*m} v^n}{\sqrt{n!m!}}.$$

假设有对角表示

$$\rho = \int \varphi(v)|v\rangle\langle v| \mathrm{d}^2 v, \tag{2.19}$$

则有

$$\mathrm{tr}\rho = 1 = \int \varphi(v) \sum_n \langle n|v\rangle\langle v|n\rangle \mathrm{d}^2 v = \int \varphi(v) \mathrm{d}^2 v.$$

为了求 $\varphi(v)$, 需要利用卷积定理:

$$\langle v'|\rho|v'\rangle = \int \varphi(v) \mathrm{e}^{|v-v'|^2} \mathrm{d}^2 v.$$

令 $v = (q + \mathrm{i}p)/\sqrt{2}$, 将之代入上式, 则有

$$\rho(p', q') = \int \varphi(p, q) \mathrm{e}^{-\frac{(q-q')^2}{2} - \frac{(p-p')^2}{2}} \frac{\mathrm{d}p\mathrm{d}q}{2},$$

这里, $\langle q', p'|\rho|q', p'\rangle \equiv \rho(p', q')$. 通过傅里叶 (Fourier) 变换

$$\tilde{\rho}(x, k) \equiv \frac{1}{2\pi} \int \mathrm{e}^{\mathrm{i}(xp-kq)} \rho(p, q) \mathrm{d}p\mathrm{d}q,$$

$$\tilde{\varphi}(x, k) \equiv \frac{1}{2\pi} \int \mathrm{e}^{\mathrm{i}(xp-kq)} \varphi(p, q) \mathrm{d}p\mathrm{d}q,$$

并利用

$$\frac{1}{2\pi} \int \mathrm{e}^{\mathrm{i}(xp-kq)} \mathrm{e}^{-\frac{1}{2}(q^2+p^2)} \mathrm{d}p\mathrm{d}q = \mathrm{e}^{-\frac{1}{2}(x^2+k^2)},$$

可以得到

$$\tilde{\rho}(x, k) = \pi \mathrm{e}^{-\frac{1}{2}(x^2+k^2)} \tilde{\varphi}(x, k),$$

$$\tilde{\varphi}(x, k) = \frac{1}{\pi} \mathrm{e}^{\frac{1}{2}(x^2+k^2)} \tilde{\rho}(x, k).$$

于是通过傅里叶逆变换, 可得

$$\varphi(p, q) = \frac{1}{2\pi} \int \mathrm{e}^{-\mathrm{i}(xp-kq)} \tilde{\varphi}(x, k) \mathrm{d}x\mathrm{d}k.$$

下面给出相干态和热平衡态在福克表示和相干态表示下的比较, 见表 2.1.

表 2.1 相干态和热平衡态在福克表示和相干态表示下的比较

	相干态 $|v_0\rangle\langle v_0|$	热平衡态 $(k_{\mathrm{B}}T = \beta^{-1})$
福克表示	$\sum\limits_{n,m} \mathrm{e}^{-|v_0|^2} \dfrac{v_0^n v_0^{*m}}{\sqrt{n!m!}} |n\rangle\langle m|$	$\sum\limits_{n} |n\rangle\langle n| \mathrm{e}^{-n\beta\hbar\omega}(1 - \mathrm{e}^{-\beta\hbar\omega})$ $= \sum\limits_{n} |n\rangle\langle n| \dfrac{1}{\bar{n}+1}\left(\dfrac{\bar{n}}{\bar{n}+1}\right)^n$
相干态表示	$\varphi(v) = \delta(v - v_0)$	$\varphi(v) = \dfrac{1}{\pi\bar{n}} \mathrm{e}^{-|v|^2/\bar{n}}$ (高斯分布)

利用对角表示,有时可以很方便地计算统计平均值. 例如,对于算符 $a^{\dagger m}a^n$ 的平均值的计算可以变成普通的积分, 即

$$\langle a^{\dagger m}a^n \rangle = \mathrm{tr}(\rho a^{\dagger m}a^n) = \mathrm{tr}\left[\int \varphi(v)|v\rangle\langle v|a^{\dagger m}a^n \mathrm{d}^2 v\right]$$
$$= \int \varphi(v) v^{*m} v^n \mathrm{d}^2 v.$$

对于任一算符 $f(a^\dagger, a)$,它的平均值为

$$\langle f \rangle = \mathrm{tr}\left[\int \varphi(v) f(a^\dagger, a) |v\rangle\langle v| \mathrm{d}^2 v\right] = \int \varphi(v) \langle v|f(a^\dagger, a)|v\rangle \mathrm{d}^2 v$$
$$= \int \varphi(v) \langle 0|U^{-1}(v) f(a^\dagger, a) U(v)|0\rangle \mathrm{d}^2 v = \int \varphi(v) \langle 0|f(U^{-1}a^\dagger U, U^{-1}aU)|0\rangle \mathrm{d}^2 v$$
$$= \int \varphi(v) \langle 0|f(a^\dagger + v^*, a + v)|0\rangle \mathrm{d}^2 v = \int \varphi(v) f(v^*, v) \mathrm{d}^2 v + \text{真空涨落},$$

其中, 最后一个等号右边的第一项类似于古典平均, 而真空涨落项来自 $[a, a^\dagger] = 1$ 的对易关系. $\varphi(v)$ 类似于古典场的振幅、相位的统计分布.

2.6 多模相干态

下面考虑各种不同的模式: $\lambda_1, \lambda_2, \cdots$, 对应古典场中的表示为

$$\boldsymbol{A}(\boldsymbol{r}, t) = \sum_i v_{\lambda_i} \mathrm{e}^{-\mathrm{i}\omega_i t} \boldsymbol{A}_{\lambda_i}(\boldsymbol{r}) + \text{c.c.}$$
$$= u_{\mu_1} \boldsymbol{A}_{\mu_1}(\boldsymbol{r}, t) + \text{c.c.},$$

其中,$u_{\mu_1} = \left(\sum_j |v_{\lambda_j}|^2\right)^{1/2}$,且

$$\boldsymbol{A}_{\mu_1}(\boldsymbol{r},t) = \left(\sum_j |v_{\lambda_j}|^2\right)^{-1/2} \sum_i v_{\lambda_i} \mathrm{e}^{-\mathrm{i}\omega_i t} \boldsymbol{A}_{\lambda_i}(\boldsymbol{r}).$$

补足其余正交归一基可以构成完备的新模:$\boldsymbol{A}_{\mu_1}(\boldsymbol{r},t), \boldsymbol{A}_{\mu_2}(\boldsymbol{r},t), \boldsymbol{A}_{\mu_3}(\boldsymbol{r},t), \cdots$,即

$$\boldsymbol{A}_{\mu_i} = \sum_j c_{\mu_i,\lambda_j} \mathrm{e}^{-\mathrm{i}\omega_j t} \boldsymbol{A}_{\lambda_j}(\boldsymbol{r}).$$

特别地,对于 μ_1,有

$$c_{\mu_1,\lambda_j} = \frac{v_{\lambda_j}}{\left(\sum_j |v_{\lambda_j}|^2\right)^{1/2}},$$

其中,c 是幺正矩阵. 因此可以用新模描述单模振荡,即

$$\boldsymbol{A}(\boldsymbol{r},t) = u_{\mu_1} \boldsymbol{A}_{\mu_1}(\boldsymbol{r},t) + \mathrm{c.c.}.$$

对于量子场,它可以在不同的模式下表示为

$$\boldsymbol{A}(\boldsymbol{r},t) = \sum_i \left(a_{\lambda_i} \mathrm{e}^{-\mathrm{i}\omega_i t} \boldsymbol{A}_{\lambda_i} + a^\dagger_{\lambda_i} \mathrm{e}^{\mathrm{i}\omega_i t} \boldsymbol{A}^*_{\lambda_i}\right)$$
$$= \sum_i \left(b_{\mu_i} \boldsymbol{A}_{\mu_i} + b^\dagger_{\mu_i} \boldsymbol{A}^*_{\mu_i}\right),$$

其中,a_{λ_i} 和 $a^\dagger_{\lambda_i}$ 分别为湮灭算符和产生算符. 由于新模可以用原来的模展开为

$$\boldsymbol{A}_{\mu_i} = \sum_j c_{\mu_i,\lambda_j} \mathrm{e}^{-\mathrm{i}\omega_j t} \boldsymbol{A}_{\lambda_j},$$

因此算符之间有如下变换方式:

$$b_{\mu_j} = \sum_i c^*_{\mu_j,\lambda_i} a_{\lambda_i},$$

其中,b_{μ_j} 是在新模表示下的湮灭算符. 不难验证:$[b_{\mu_i}, b^\dagger_{\mu_j}] = \delta_{ij}$, $[b_{\mu_i}, b_{\mu_j}] = 0$. 对于多模相干态 (纯态),有

$$|v_{\lambda_1}, v_{\lambda_2}, \cdots\rangle = \prod_i |v_{\lambda_i}\rangle = \prod_i \mathrm{e}^{v_{\lambda_i} a^\dagger_{\lambda_i} - v^*_{\lambda_i} a_{\lambda_i}} |0\rangle$$
$$= \mathrm{e}^{\sum_i (v_{\lambda_i} a^\dagger_{\lambda_i} - v^*_{\lambda_i} a_{\lambda_i})} |0\rangle = \mathrm{e}^{u_{\mu_1} b^\dagger_{\mu_1} - u^*_{\mu_1} b_{\mu_1}} |0\rangle.$$

在新模表示下,单模相干态与古典场对应,而在其他表示 (例如, 福克表示) 下, 没有这样的性质.

附录 2A 压 缩 态

本章介绍了相干态的概念,并证明了相干态满足最小不确定关系. 因此一个自然的问题是: 是否存在其他满足最小不确定关系的态. 下面我们介绍压缩态的概念, 它是相干态在这个意义下的推广. 若存在两个厄米算符 A 和 B, 它们满足如下对易关系:

$$[A, B] = \mathrm{i}C,$$

则根据海森伯不确定关系可知

$$\Delta A \Delta B \geqslant \frac{1}{2}|\langle C \rangle|, \tag{2.20}$$

其中, $\Delta M = \sqrt{\langle M^2 \rangle - \langle M \rangle^2}$ 表示算符 M 在给定态下的涨落. 我们定义使得 (2.20) 式中的等号成立且 $\Delta A \neq \Delta B$ 的态为压缩态.

考虑量子化的单模电磁场 ($a^\dagger$ 和 a 分别为单模电磁场的产生算符和湮灭算符), 下面将证明

$$|0, \xi\rangle = S(\xi)|0\rangle \equiv \exp\left(\frac{\xi^*}{2}a^2 - \frac{\xi}{2}a^{\dagger 2}\right)|0\rangle$$

是压缩态, 其中, $\xi = r\mathrm{e}^{\mathrm{i}\theta}$, $|0\rangle$ 为真空态. 利用以下公式:

$$S^\dagger(\xi) a S(\xi) = a \cosh r - a^\dagger \mathrm{e}^{\mathrm{i}\theta} \sinh r,$$
$$S^\dagger(\xi) a^\dagger S(\xi) = a^\dagger \cosh r - a \mathrm{e}^{-\mathrm{i}\theta} \sinh r,$$

可以计算 $|0, \xi\rangle$ 态上的期望值:

$$\begin{aligned} \langle a \rangle &= \langle a^\dagger \rangle = 0, \\ \langle a^2 \rangle &= \langle a^{\dagger 2} \rangle^* = -\cosh r \sinh r \mathrm{e}^{\mathrm{i}\theta}, \\ \langle a^\dagger a \rangle &= \sinh^2 r. \end{aligned} \tag{2.21}$$

进一步定义厄米算符

$$Y_1 = \frac{1}{2}\left(a\mathrm{e}^{-\mathrm{i}\frac{\theta}{2}} + a^\dagger \mathrm{e}^{\mathrm{i}\frac{\theta}{2}}\right), \quad Y_2 = \frac{1}{2\mathrm{i}}\left(a\mathrm{e}^{-\mathrm{i}\frac{\theta}{2}} - a^\dagger \mathrm{e}^{\mathrm{i}\frac{\theta}{2}}\right), \tag{2.22}$$

可以证明二者满足 $[Y_1, Y_2] = -1/(2\mathrm{i})$, 因此在任一态上, Y_1 和 Y_2 的不确定关系为

$$\Delta Y_1 \Delta Y_2 \geqslant \frac{1}{4}.$$

对于特殊的态 $|0,\xi\rangle$，利用 (2.21) 式和 (2.22) 式可得，Y_1 和 Y_2 的涨落分别为

$$\Delta Y_1 = \frac{1}{2}e^{-r}, \quad \Delta Y_2 = \frac{1}{2}e^{r}, \tag{2.23}$$

即上述不确定关系取极小值 $\Delta Y_1 \Delta Y_2 = 1/4$，并且 $\Delta Y_1 \neq \Delta Y_2$，即不同"方向"上的涨落不一样，所以 $|0,\xi\rangle$ 是压缩态．这是最简单的压缩态 —— 压缩真空态，$S(\xi)$ 为压缩态的产生算符 (压缩算符)，r 为压缩参数．

若定义一组特定的算符

$$X_1 = \frac{1}{2}\left(a + a^\dagger\right), \quad X_2 = \frac{1}{2i}\left(a - a^\dagger\right),$$

则 Y_1 和 Y_2 可以表示为

$$\begin{pmatrix} Y_1 \\ Y_2 \end{pmatrix} = \begin{pmatrix} \cos\dfrac{\theta}{2} & \sin\dfrac{\theta}{2} \\ -\sin\dfrac{\theta}{2} & \cos\dfrac{\theta}{2} \end{pmatrix} \begin{pmatrix} X_1 \\ X_2 \end{pmatrix}.$$

因此 $\theta/2$ 可以视为 (Y_1, Y_2) 相对于 (X_1, X_2) 这组基旋转的角度，且 θ 被称为压缩角，见图 2.4．

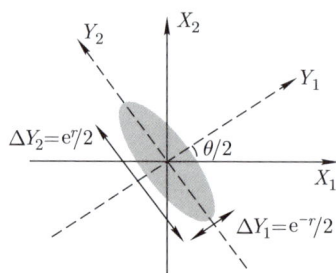

图 2.4 压缩真空态的示意图

压缩态的一般形式可以通过将平移算符作用到压缩真空态上得到，即

$$|\alpha,\xi\rangle \equiv D(\alpha)S(\xi)|0\rangle = \exp\left(\alpha a^\dagger - \alpha^* a\right) \exp\left(\frac{\xi^*}{2}a^2 - \frac{\xi}{2}a^{\dagger 2}\right)|0\rangle,$$

其中，$\alpha = |\alpha|\exp(i\varphi)$．在此压缩态上，有

$$\langle a \rangle = \langle a^\dagger \rangle^* = \alpha,$$
$$\langle a^2 \rangle = \langle a^{\dagger 2} \rangle^* = \alpha^2 - \cosh r \sinh r\, e^{i\theta},$$
$$\langle a^\dagger a \rangle = \sinh^2 r + |\alpha|^2.$$

利用上述表达式可得

$$\langle Y_1^2 \rangle = \frac{1}{4}\mathrm{e}^{-2r} + \frac{1}{4}\left(\alpha \mathrm{e}^{-\mathrm{i}\frac{\theta}{2}} + \alpha^* \mathrm{e}^{\mathrm{i}\frac{\theta}{2}}\right)^2, \quad \langle Y_1 \rangle^2 = \frac{1}{4}\left(\alpha \mathrm{e}^{-\mathrm{i}\frac{\theta}{2}} + \alpha^* \mathrm{e}^{\mathrm{i}\frac{\theta}{2}}\right)^2,$$

$$\langle Y_2^2 \rangle = \frac{1}{4}\mathrm{e}^{2r} - \frac{1}{4}\left(\alpha \mathrm{e}^{-\mathrm{i}\frac{\theta}{2}} - \alpha^* \mathrm{e}^{\mathrm{i}\frac{\theta}{2}}\right)^2, \quad \langle Y_2 \rangle^2 = -\frac{1}{4}\left(\alpha \mathrm{e}^{-\mathrm{i}\frac{\theta}{2}} - \alpha^* \mathrm{e}^{\mathrm{i}\frac{\theta}{2}}\right)^2,$$

因此

$$\Delta Y_1 = \frac{1}{2}\mathrm{e}^{-r}, \quad \Delta Y_2 = \frac{1}{2}\mathrm{e}^r, \quad \Delta Y_1 \Delta Y_2 = \frac{1}{4},$$

即 $|\alpha, \xi\rangle$ 也是压缩态 (见图 2.5).

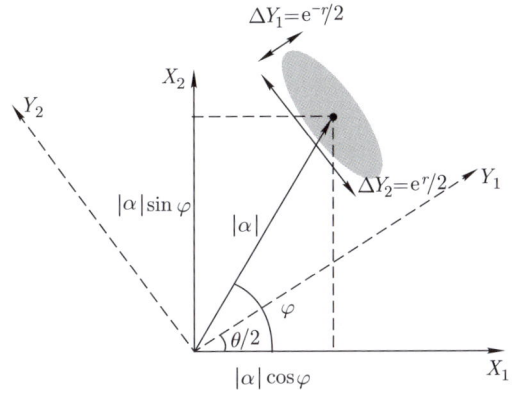

图 2.5 压缩态的示意图, 其中, $\langle X_1 \rangle = |\alpha|\cos\varphi$, $\langle X_2 \rangle = |\alpha|\sin\varphi$, 当 $r = 0$ 时, 压缩态变成相干态

下面证明: 压缩态是某个表象中的相干态. 考虑对算符 a 做如下变换:

$$b = S(\xi) a S^\dagger(\xi) = \mu a + \nu \mathrm{e}^{\mathrm{i}\theta} a^\dagger, \quad \mu = \cosh r, \quad \nu = \sinh r,$$

则新的产生算符和湮灭算符仍然满足玻色子的对易关系, 即 $[b, b^\dagger] = 1$. 可以证明压缩真空态是湮灭算符 b 的基态, 即

$$b|0, \xi\rangle \equiv b|0\rangle_s = S(\xi) a S^\dagger(\xi) S(\xi)|0\rangle = 0,$$

并且压缩态

$$|\alpha, \xi\rangle = D(\alpha) S(\xi)|0\rangle = D(\alpha)|0\rangle_s = \mathrm{e}^{\beta b^\dagger - \beta^* b}|0\rangle_s \equiv D_s(\beta)|0\rangle_s$$

是 $(b, b^\dagger)$ 表象中的相干态, 其中, $\beta = \alpha\mu + \alpha^*\nu \exp(\mathrm{i}\theta)$.

参考文献

[1] YUEN H P. Two–photon coherent states of the radiation field [J]. Physical Review A, 1976, 13: 2226.

[2] 郭光灿, 周祥发. 量子光学 [M]. 北京: 科学出版社, 2022.

[3] SCULLY M O, ZUBAIRY M S. Quantum optics [M]. Cambridge: Cambridge University Press, 1997.

第三章

相干原子态

第三章 相干原子态

本章将讨论电磁场与原子或原子系综的相互作用, 以及由此引起的奇特量子效应, 例如, 原子在电磁场中的相干布局振荡、真空效应, 以及原子的集体相干运动.

3.1 电磁场中原子的哈密顿量

有外电流驱动的电磁场的麦克斯韦方程组是

$$\nabla \times \boldsymbol{E} = -\frac{1}{c}\frac{\partial \boldsymbol{B}}{\partial t},$$

$$\nabla \times \boldsymbol{B} = \frac{1}{c}\frac{\partial \boldsymbol{E}}{\partial t} + 4\pi \boldsymbol{j},$$

$$\nabla \cdot \boldsymbol{E} = 4\pi\rho,$$

$$\nabla \cdot \boldsymbol{B} = 0.$$

引入四维矢量 $(\boldsymbol{A}, \varphi)$, 则有

$$\boldsymbol{B} = \nabla \times \boldsymbol{A}, \quad \boldsymbol{E} = -\frac{1}{c}\dot{\boldsymbol{A}} - \nabla\varphi. \tag{3.1}$$

对应于电磁场的两种常用规范, 用矢量势写出的场方程见表 3.1.

表 3.1 电磁场的两种常用规范

洛伦茨 (Lorenz) 规范	库仑 (Coulomb) 规范
$\nabla \cdot \boldsymbol{A} + \frac{1}{c}\frac{\partial \varphi}{\partial t} = 0$	$\nabla \cdot \boldsymbol{A} = 0$
相对论协变, 纵场、标量场分不开, 不定度规	给定洛伦兹坐标, 纵场、横场分开, 应用方便
$\Box \boldsymbol{A} = -\frac{4\pi}{c}\boldsymbol{j}$	$\Box \boldsymbol{A} - \frac{1}{c}\nabla\dot{\varphi} = -\frac{4\pi}{c}\boldsymbol{j}$
$\Box \varphi = -4\pi\rho$	$\nabla^2 \varphi = -4\pi\rho$

将电磁场分为横向与纵向两部分, 即

$$\boldsymbol{E} = \boldsymbol{E}_\mathrm{t} + \boldsymbol{E}_\mathrm{l}, \quad \boldsymbol{B} = \boldsymbol{B}_\mathrm{t}.$$

横向分量无散, 纵向分量无旋, 即

$$\nabla \cdot \boldsymbol{E}_\mathrm{t} = 0, \quad \nabla \times \boldsymbol{E}_\mathrm{l} = \boldsymbol{0}, \quad \nabla \cdot \boldsymbol{B}_\mathrm{t} = 0.$$

3.1 电磁场中原子的哈密顿量

它们满足

$$\boldsymbol{E}_\mathrm{t} = -\frac{1}{c}\dot{\boldsymbol{A}}, \quad \boldsymbol{E}_\mathrm{l} = -\nabla\varphi, \quad \boldsymbol{B}_\mathrm{t} = \nabla \times \boldsymbol{A}, \tag{3.2}$$

其中,

$$\varphi(\boldsymbol{r}) = \int \frac{\rho(\boldsymbol{r}')}{|\boldsymbol{r}-\boldsymbol{r}'|}\mathrm{d}^3\boldsymbol{r}', \quad \Box \boldsymbol{A} = -4\pi\boldsymbol{j}_\mathrm{t}.$$

带电粒子在外场中的运动方程是

$$\begin{aligned} m\dot{\boldsymbol{v}} &= e(\boldsymbol{E}+\boldsymbol{v}\times\boldsymbol{B}/c), \\ \boldsymbol{p} &= m\boldsymbol{v} + \frac{e}{c}\boldsymbol{A}. \end{aligned} \tag{3.3}$$

据此可写出带电粒子与电磁场相互作用的总哈密顿量:

$$\begin{aligned} H &= \sum_i \frac{1}{2}m\boldsymbol{v}_i^2 + \frac{1}{8\pi}\int(\boldsymbol{E}^2+\boldsymbol{B}^2)\mathrm{d}^3\boldsymbol{r} \\ &= \sum_i \frac{1}{2m}\left[\boldsymbol{p}_i - \frac{e}{c}\boldsymbol{A}(\boldsymbol{r}_i)\right]^2 + \frac{1}{8\pi}\int\left[(\boldsymbol{E}_\mathrm{t}+\boldsymbol{E}_\mathrm{l})^2 + (\boldsymbol{B}_\mathrm{t}+\boldsymbol{B}_\mathrm{l})^2\right]\mathrm{d}^3\boldsymbol{r} \\ &= \sum_i \frac{1}{2m}\left[\boldsymbol{p}_i - \frac{e}{c}\boldsymbol{A}(\boldsymbol{r}_i)\right]^2 + \frac{1}{8\pi}\int(\boldsymbol{E}_\mathrm{t}^2+\boldsymbol{B}_\mathrm{t}^2)\mathrm{d}^3\boldsymbol{r} + \frac{1}{8\pi}\int(\nabla\varphi)^2\mathrm{d}^3\boldsymbol{r} \\ &= \sum_i \frac{1}{2m}\left[\boldsymbol{p}_i - \frac{e}{c}\boldsymbol{A}(\boldsymbol{r}_i)\right]^2 + \frac{1}{8\pi}\int(\boldsymbol{E}_\mathrm{t}^2+\boldsymbol{B}_\mathrm{t}^2)\mathrm{d}^3\boldsymbol{r} + \frac{1}{2}\int\rho\varphi\mathrm{d}^3\boldsymbol{r} \\ &= \sum_i \frac{1}{2m}\left[\boldsymbol{p}_i - \frac{e}{c}\boldsymbol{A}(\boldsymbol{r}_i)\right]^2 + \frac{1}{2}\sum_{i\neq j}\frac{e_ie_j}{r_{ij}} + \frac{1}{8\pi}\int\left[\left(\frac{\dot{\boldsymbol{A}}}{c}\right)^2 + (\nabla\times\boldsymbol{A})^2\right]\mathrm{d}^3\boldsymbol{r}, \end{aligned}$$

其中, $\boldsymbol{p}_i$ 和 e_i 分别为第 i 个带电粒子的动量和电荷量, r_{ij} 表示 $\boldsymbol{r}_i$ 和 $\boldsymbol{r}_j$ 之间的距离, 最后一个等号右边的第一项与第三项只包含横场, 而第二项是消去纵场、标量场后得到的库仑相互作用. 电子携带的电荷为 $-e$, 这里, $e = 4.8 \times 10^{-10}$ e.s.u. (其中, e.s.u. 是 CGS 单位制中电荷的物理单位) 为元电荷量, 原子核携带的电荷为 ze. 考虑到原子核对电子的作用, 最终有

$$H = \sum_i \left\{\frac{1}{2m}\left[\boldsymbol{p}_i + \frac{e}{c}\boldsymbol{A}(\boldsymbol{r}_i)\right]^2 - \frac{ze^2}{r_i}\right\} + \frac{1}{2}\sum_{i\neq j}\frac{e^2}{r_{ij}} + \frac{1}{8\pi}\int\left[\left(\frac{\dot{\boldsymbol{A}}}{c}\right)^2 + (\nabla\times\boldsymbol{A})^2\right]\mathrm{d}^3\boldsymbol{r},$$

或

$$H = \sum_i \left\{\frac{1}{2m}\left[\boldsymbol{p}_i + \frac{e}{c}\boldsymbol{A}(\boldsymbol{r}_i)\right]^2 - e\varphi(\boldsymbol{r}_i)\right\} + \frac{1}{8\pi}\int\left[\left(\frac{\dot{\boldsymbol{A}}}{c}\right)^2 + (\nabla\times\boldsymbol{A})^2\right]\mathrm{d}^3\boldsymbol{r}.$$

由 H 可以得到电磁场的运动方程 (3.2) 和粒子的运动方程 (3.3).

3.2 电偶极近似

当电磁波的波长远大于原子半径时, 原子核周围电子 (位置 r_i) 感受到的电磁场可近似为原子核 (位置 R_i) 处的电磁场, 即

$$A(r_i) \approx A(R_i), \quad \varphi(r_i) = \varphi(r_i),$$

其中, R_i 是电子 i 对应的原子核的位置. 在 R_i 附近对电磁场做如下规范变换:

$$A \to A + \nabla f, \quad \varphi \to \varphi - \frac{1}{c}\dot{f},$$

取 $f = -A(R_i) \cdot r_i$, 则可以得到

$$\nabla f = -A(R_i),$$

其中, ∇ 是对 r_i 的微分, 并且

$$A \to 0, \quad \varphi \to \varphi + \frac{1}{c}\dot{A} \cdot r_i.$$

因此哈密顿量变为

$$\begin{aligned} H &= \sum_i \left[\frac{1}{2m}p_i^2 - e\varphi(r_i) - \frac{e}{c}\dot{A} \cdot r_i\right] + \text{电磁场部分} \\ &= \sum_i \left[\frac{1}{2m}p_i^2 - e\varphi(r_i) + eE_t(R_i) \cdot r_i\right] + \text{电磁场部分}, \end{aligned} \quad (3.4)$$

其中, 电子的坐标和动量, 以及电磁场算符满足

$$[r_i, p_j] = i\hbar\delta_{ij}, \quad \dot{A} = 4\pi c^2 \Pi,$$
$$[A_i(r), \Pi_j(r')] = i\hbar\delta_{ij}\delta^3(r - r'),$$

这里, 量子化的电磁场为

$$A = \sum_\lambda \sqrt{\frac{2\pi c^2 \hbar}{\omega}}(a_\lambda A_\lambda + a_\lambda^\dagger A_\lambda^*),$$
$$E = i\sum_\lambda \sqrt{2\pi\hbar\omega}(a_\lambda A_\lambda - a_\lambda^\dagger A_\lambda^*).$$

3.3 二能级原子

考虑如图 3.1 所示的二能级原子，设它的上能级和下能级分别为

$$|a\rangle = \begin{pmatrix} 1 \\ 0 \end{pmatrix}, \quad |b\rangle = \begin{pmatrix} 0 \\ 1 \end{pmatrix},$$

其哈密顿量 H_0 由以下方程定义：

$$H_0 |a\rangle = \frac{1}{2}\hbar\omega_0 |a\rangle,$$
$$H_0 |b\rangle = -\frac{1}{2}\hbar\omega_0 |b\rangle.$$

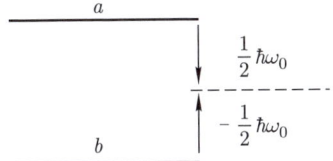

图 3.1　二能级原子的示意图

任意 2×2 矩阵都可以展开成如下泡利 (Pauli) 矩阵和单位矩阵的叠加：

$$\sigma_x = \begin{pmatrix} 0 & 1 \\ 1 & 0 \end{pmatrix}, \quad \sigma_y = \begin{pmatrix} 0 & -\mathrm{i} \\ \mathrm{i} & 0 \end{pmatrix}, \quad \sigma_z = \begin{pmatrix} 1 & 0 \\ 0 & -1 \end{pmatrix}, \quad I = \begin{pmatrix} 1 & 0 \\ 0 & 1 \end{pmatrix}.$$

这些矩阵也可表示成

$$\sigma_x = |a\rangle\langle b| + |b\rangle\langle a|, \quad \sigma_y = \mathrm{i}\left(|b\rangle\langle a| - |a\rangle\langle b|\right),$$
$$\sigma_z = |a\rangle\langle a| - |b\rangle\langle b|, \quad I = \sum_{\alpha=a,b} |\alpha\rangle\langle\alpha|.$$

它们满足以下对易和反对易关系：

$$\sigma_i\sigma_j + \sigma_j\sigma_i = 2\delta_{ij}, \quad [\sigma_i, \sigma_j] = 2\mathrm{i}\epsilon_{ijk}\sigma_k, \quad i,j,k = x,y,z,$$

上述代数关系也可以缩写成

$$\sigma_i\sigma_j = \delta_{ij} + \mathrm{i}\epsilon_{ijk}\sigma_k,$$

其中，ϵ_{ijk} 是莱维 – 齐维塔 (Levi–Civita) 符号. 下面我们记

$$\boldsymbol{\sigma} = \sigma_x\boldsymbol{x} + \sigma_y\boldsymbol{y} + \sigma_z\boldsymbol{z}.$$

为了方便，引入矩阵 $\sigma^\pm$:

$$\sigma^+ \equiv \begin{pmatrix} 0 & 1 \\ 0 & 0 \end{pmatrix} = |a\rangle\langle b|, \qquad \sigma^- \equiv \begin{pmatrix} 0 & 0 \\ 1 & 0 \end{pmatrix} = |b\rangle\langle a|,$$

这里，σ^- 代表将上能级变换到下能级，σ^+ 代表将下能级变换到上能级. 它们之间的对易关系是

$$[\sigma^+, \sigma^-] = \sigma_z, \qquad [\sigma_z, \sigma^\pm] = \pm 2\sigma^\pm.$$

采用上述记号，可将二能级原子的哈密顿量重新写为

$$H_0 = \frac{1}{2}\hbar\omega_0 \sigma_z.$$

可将偶极算符进一步写为矩阵形式：

$$e\boldsymbol{r} = \begin{pmatrix} 0 & \boldsymbol{p}^* \\ \boldsymbol{p} & 0 \end{pmatrix} = \frac{\boldsymbol{p}+\boldsymbol{p}^*}{2}\sigma_x - \mathrm{i}\frac{\boldsymbol{p}-\boldsymbol{p}^*}{2}\sigma_y,$$

其中，$\boldsymbol{p}$ 为电偶极矩，其定义为

$$\boldsymbol{p} = e\langle b|\boldsymbol{r}|a\rangle.$$

根据宇称的要求，有

$$\langle a|\boldsymbol{r}|a\rangle = \langle b|\boldsymbol{r}|b\rangle = \boldsymbol{0}.$$

不失普遍性，可取 $\boldsymbol{p}$ 为实数. 事实上，如果 $|\alpha\rangle$ 是 H_0 的一个本征态，则 $|\alpha\rangle^*$ 也是 H_0 的一个本征态，因此上能级可以改写为实的本征函数：

$$\frac{1}{\sqrt{2}}\left(|\alpha\rangle + |\alpha\rangle^*\right), \qquad \frac{\mathrm{i}}{\sqrt{2}}\left(|\alpha\rangle - |\alpha\rangle^*\right).$$

同样，下能级也可以换成新解，变成实函数，从而 $\boldsymbol{p}$ 是实数. 角动量的本征态通常不是实的波函数. 如果把上下能级都取成角动量的本征态 $|J_a, M_a\rangle, |J_b, M_b\rangle$，则可以把电场取为圆极，即 $\boldsymbol{\varepsilon} = (z, \mp(x\pm\mathrm{i}y)/\sqrt{2})$，则电偶极矩在这三个极化方向上的投影为 $\boldsymbol{r}\cdot\boldsymbol{\varepsilon} = rY_{1m}$，这里，$Y_{1m}$ 是角动量的本征态，并且 $m = 0, \pm 1$. 根据维格纳 – 埃卡特 (Wigner–Eckart) 定理，有

$$\langle J_a, M_a|Y_{1m}|J_b, M_b\rangle = (J_a\|Y_1\|J_b) C^{J_a M_a}_{J_b M_b 1m},$$

选取适当相位，使 $(J_a\|Y_1\|J_b)$ 为实数.

现在电磁场与原子相互作用的哈密顿量是

$$H = \sum_i \frac{1}{2}\hbar\omega_0^{(i)}\sigma_z^{(i)} + \sum_\lambda \hbar\omega\left(a_\lambda^\dagger a_\lambda + \frac{1}{2}\right)$$

$$+ \mathrm{i}\sum_{i,\lambda}\sqrt{2\pi\hbar\omega}\boldsymbol{p}\cdot\sigma_x^{(i)}\left[a_\lambda \boldsymbol{A}_\lambda(\boldsymbol{R}_i) - a_\lambda^\dagger \boldsymbol{A}_\lambda^*(\boldsymbol{R}_i)\right]$$

$$\equiv H_0 + H_{\mathrm{int}}. \tag{3.5}$$

考虑旋转波近似, 在相互作用表象中, 有 $H_\mathrm{I} = \mathrm{e}^{\mathrm{i}H_0 t/\hbar} H_{\mathrm{int}} \mathrm{e}^{-\mathrm{i}H_0 t/\hbar}$, 则

$$\mathrm{e}^{\mathrm{i}H_0 t/\hbar}\sigma^{\pm(i)}\mathrm{e}^{-\mathrm{i}H_0 t/\hbar} = \mathrm{e}^{\pm\mathrm{i}\omega_0^{(i)} t}\sigma^{\pm(i)},$$

$$\mathrm{e}^{\mathrm{i}H_0 t/\hbar}a_\lambda \mathrm{e}^{-\mathrm{i}H_0 t/\hbar} = \mathrm{e}^{-\mathrm{i}\omega t}a_\lambda.$$

忽略高频振荡项 $\exp\left\{\pm\mathrm{i}\left[\omega_0^{(i)}+\omega\right]t\right\}$, 可以得到旋转波近似下的哈密顿量:

$$H_\mathrm{I} = \mathrm{i}\sum_{i,\lambda}\sqrt{2\pi\hbar\omega}\boldsymbol{p}\cdot\left\{\sigma^{+(i)}a_\lambda \mathrm{e}^{\mathrm{i}[\omega_0^{(i)}-\omega]t}\boldsymbol{A}_\lambda - \sigma^{-(i)}a_\lambda^\dagger \mathrm{e}^{-\mathrm{i}[\omega_0^{(i)}-\omega]t}\boldsymbol{A}_\lambda^*\right\}, \tag{3.6}$$

回到薛定谔表象中, 则得到相互作用哈密顿量:

$$H_\mathrm{I} = \mathrm{i}\sum_{i,\lambda}\sqrt{2\pi\hbar\omega}\boldsymbol{p}\cdot\left[\sigma^{+(i)}a_\lambda \boldsymbol{A}_\lambda - \sigma^{-(i)}a_\lambda^\dagger \boldsymbol{A}_\lambda^*\right].$$

3.4 单原子运动方程

3.4.1 海森伯表象

准自旋算符 $\sigma_i(t)$ 满足海森伯方程:

$$\dot{\sigma}_i(t) = \frac{\mathrm{i}}{\hbar}[H, \sigma_i],$$

其中, 哈密顿量为

$$H = \frac{1}{2}\hbar\omega_0\sigma_z + \sum_\lambda \hbar\omega\left(a_\lambda^\dagger a_\lambda + \frac{1}{2}\right) + \boldsymbol{p}\cdot\boldsymbol{E}\sigma_x,$$

由此可以得到量子场中准自旋进动的方程:

$$\dot{\sigma}_x = -\omega_0 \sigma_y,$$
$$\dot{\sigma}_y = \omega_0 \sigma_x - 2\frac{\boldsymbol{p}\cdot\boldsymbol{E}}{\hbar}\sigma_z,$$
$$\dot{\sigma}_z = 2\frac{\boldsymbol{p}\cdot\boldsymbol{E}}{\hbar}\sigma_y.$$

上述方程也可以写成矢量形式. 我们定义矢量准自旋算符 $\boldsymbol{\sigma} = \sum_i \sigma_i \boldsymbol{i}$, 并且记 $\boldsymbol{\omega} = \dfrac{2\boldsymbol{p}\cdot\boldsymbol{E}}{\hbar}\boldsymbol{x} + \omega_0 \boldsymbol{z}$, 则有以下运动方程:

$$\dot{\boldsymbol{\sigma}} = \boldsymbol{\omega} \times \boldsymbol{\sigma}, \tag{3.7}$$

这时, 哈密顿量也有矢量表示:

$$H = \sum_\lambda \hbar\omega\left(a_\lambda^\dagger a_\lambda + \frac{1}{2}\right) + \frac{1}{2}\hbar\boldsymbol{\omega}\cdot\boldsymbol{\sigma},$$

方程 (3.7) 相当于绕 $\boldsymbol{\omega}$ 轴转动的布洛赫 (Bloch) 方程, 其中, $\boldsymbol{\sigma}$ 是准角动量, $\boldsymbol{\omega}$ 是准 (等效) 磁场, 如图 3.2 所示.

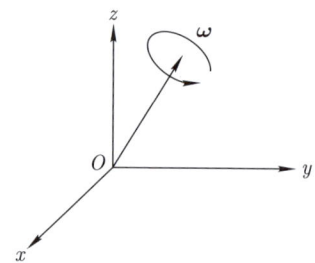

图 3.2 $\boldsymbol{\sigma}$ 的演化

3.4.2 薛定谔表象

在薛定谔表象中, 二能级系统的状态用以下密度矩阵表示:

$$\rho = \begin{pmatrix} \rho_{aa} & \rho_{ab} \\ \rho_{ba} & \rho_{bb} \end{pmatrix} = \frac{\rho_{aa}+\rho_{bb}}{2} I + \frac{\rho_{aa}-\rho_{bb}}{2}\sigma_z + \frac{\rho_{ab}+\rho_{ba}}{2}\sigma_x + \mathrm{i}\frac{\rho_{ab}-\rho_{ba}}{2}\sigma_y.$$

上式可以简化成

$$\rho = \frac{1}{2}\left(I + \boldsymbol{\rho}\cdot\boldsymbol{\sigma}\right),$$

其中,

$$\boldsymbol{\rho} = (\rho_{aa}-\rho_{bb})\boldsymbol{z} + (\rho_{ab}+\rho_{ba})\boldsymbol{x} + \mathrm{i}(\rho_{ab}-\rho_{ba})\boldsymbol{y}$$

是 c-数矢量. 显然, 任意密度矩阵都满足归一化条件, 即 $\mathrm{tr}\rho = \rho_{aa} + \rho_{bb} = 1$. 同时可以验证 $\mathrm{tr}(\rho\boldsymbol{\sigma}) = \boldsymbol{\rho}$, 从而可以得到密度矩阵的时间演化:

$$\begin{aligned}\dot{\rho} &= -\frac{\mathrm{i}}{\hbar}[H,\rho] = -\mathrm{i}\left[\frac{1}{2}\boldsymbol{\omega}\cdot\boldsymbol{\sigma}, \frac{1}{2}(I+\boldsymbol{\rho}\cdot\boldsymbol{\sigma})\right] \\ &= -\frac{\mathrm{i}}{4}[\boldsymbol{\omega}\cdot\boldsymbol{\sigma}, \boldsymbol{\rho}\cdot\boldsymbol{\sigma}] = -\frac{\mathrm{i}}{2}\omega_i\rho_j\epsilon_{ijk}\mathrm{i}\sigma_k = \frac{1}{2}\omega_i\rho_j\epsilon_{ijk}\sigma_k,\end{aligned}$$

或者简化为布洛赫方程:
$$\dot{\boldsymbol{\rho}} = \text{tr}\,(\dot{\rho}\boldsymbol{\sigma}) = \boldsymbol{\omega} \times \boldsymbol{\rho},$$

它与海森伯表象中的运动方程形式一样, 写成矩阵元的形式, 即为

$$\dot{\rho}_{aa} - \dot{\rho}_{bb} = \frac{2\boldsymbol{p}\cdot\boldsymbol{E}}{\hbar}\mathrm{i}(\rho_{ab} - \rho_{ba}),$$

$$\dot{\rho}_{ab} = -\mathrm{i}\omega_0\rho_{ab} + \mathrm{i}\frac{\boldsymbol{p}\cdot\boldsymbol{E}}{\hbar}(\rho_{aa} - \rho_{bb}),$$

$$\dot{\rho}_{ba} = \mathrm{i}\omega_0\rho_{ba} - \mathrm{i}\frac{\boldsymbol{p}\cdot\boldsymbol{E}}{\hbar}(\rho_{aa} - \rho_{bb}).$$

3.5 单原子与电磁场相互作用 (一)

以下我们采用维格纳 – 韦斯科普夫 (Weisskopf) 近似研究原子在电磁场中的自发辐射问题. 有关哈密顿量为

$$H = \frac{1}{2}\hbar\omega_0\sigma_z + \sum_\lambda \hbar\omega_\lambda\left(a_\lambda^\dagger a_\lambda + \frac{1}{2}\right) + \mathrm{i}\sum_\lambda \sqrt{2\pi\hbar\omega_\lambda}\,\boldsymbol{p}\cdot\left(\sigma^+ a_\lambda \boldsymbol{A}_\lambda - \sigma^- a_\lambda^\dagger \boldsymbol{A}_\lambda^*\right).$$

将系统在任意时刻的态按照 H_0 的本征态展开, 即

$$|\psi(t)\rangle = \mathrm{e}^{-\frac{1}{2}\mathrm{i}\sum_\lambda \omega_\lambda t}\left(C_{a,\{0\}}\,|a,0,\cdots\rangle + \sum_\lambda C_{b,\{0,\cdots,1_\lambda,0,\cdots\}}\,|b,0,\cdots,1_\lambda,0,\cdots\rangle\right).$$

系统的初态为 $|\psi(0)\rangle = |a,0,\cdots\rangle$. 于是, $C_{a,\{0\}}(t=0) = 1$, 其余系数为 0. 对含时薛定谔方程

$$\mathrm{i}\hbar\frac{\partial\psi}{\partial t} = H\psi$$

进行微扰处理, 可以得到系数满足的演化方程:

$$\mathrm{i}\hbar\dot{C}_{b,\{0,\cdots,1_\lambda,0,\cdots\}} \approx -\mathrm{i}\sqrt{2\pi\hbar\omega_\lambda}\,\boldsymbol{p}\cdot\boldsymbol{A}_\lambda^* C_{a,\{0\}} + \left(\hbar\omega_\lambda - \frac{1}{2}\hbar\omega_0\right)C_{b,\{0,\cdots,1_\lambda,0,\cdots\}},$$

$$\mathrm{i}\hbar\dot{C}_{a,\{0\}} \approx \frac{1}{2}\hbar\omega_0 C_{a,\{0\}},$$

可以解得

$$C_{a,\{0\}}(t) \approx \mathrm{e}^{-\mathrm{i}\omega_0 t/2},$$

$$C_{b,\{0,\cdots,1_\lambda,0,\cdots\}}(t) \approx -\mathrm{i}\sqrt{2\pi\hbar\omega_\lambda}\,\frac{\boldsymbol{p}\cdot\boldsymbol{A}_\lambda^*(\boldsymbol{r})}{\hbar}\frac{1-\mathrm{e}^{\mathrm{i}(\omega_\lambda-\omega_0)t}}{\omega_\lambda-\omega_0}\mathrm{e}^{-\mathrm{i}(\omega-\omega_0/2)t}.$$

从而可得，跃迁到基态 $|b\rangle$ 并辐射一个光子的概率为

$$\left|C_{b,\{\cdots,1_\lambda,0,\cdots\}}\right|^2 = 2\pi\hbar\omega_\lambda \left|\frac{\boldsymbol{p}\cdot\boldsymbol{A}_\lambda^*}{\hbar}\right|^2 \frac{\sin^2(\omega_\lambda-\omega_0)t/2}{(\omega_\lambda-\omega_0)^2/4}.$$

考虑到所有不同的辐射光子，t 时刻原子跃迁到基态的总概率为

$$|C_b|^2 = \sum_\lambda \left|C_{b,\{\cdots,1_\lambda,0,\cdots\}}\right|^2 = \int 2\pi\hbar\omega_\lambda \left|\frac{\boldsymbol{p}\cdot\boldsymbol{A}_\lambda^*}{\hbar}\right|^2 \frac{\sin^2(\omega_\lambda-\omega_0)t/2}{(\omega_\lambda-\omega_0)^2/4} \frac{2\mathrm{d}^3k\mathrm{d}^3r}{(2\pi)^3}$$

$$\approx \frac{4}{3}\frac{\boldsymbol{p}^2\omega_0^3}{\hbar c^3}t \equiv \gamma t,$$

这里，γ 为爱因斯坦 A 系数：

$$\gamma = A = \frac{4}{3}\frac{\boldsymbol{p}^2\omega_0^3}{\hbar c^3},$$

其中，$p_x^2 = p_y^2 = p_z^2 = \boldsymbol{p}^2/3$，并且电磁场是一个拥有连续谱（广谱）的热池. 以上结果也可直接从费米 (Fermi) 黄金规则 $\gamma = \frac{2\pi}{\hbar}|\langle|H_\text{int}|\rangle|^2 \rho$ 得到.

3.6 单原子与电磁场（外场）相互作用（二）

本节我们将介绍二能级原子在外场的作用下出现的周期性振荡现象，即拉比振荡，该现象的发现驱使了磁共振技术的发展. 此外，我们还将介绍原子在外场作用下的诱导辐射（吸收）问题.

考虑频率为 ω 的古典场：

$$\boldsymbol{E}(t) = \boldsymbol{E}_\lambda \mathrm{e}^{-\mathrm{i}\omega t} + \boldsymbol{E}_\lambda^* \mathrm{e}^{\mathrm{i}\omega t},$$

其中，$\boldsymbol{E}_\lambda$ 是 c-数. 在旋转波近似下，相互作用表象中的哈密顿量是

$$H_\mathrm{I} = \boldsymbol{p}\cdot\boldsymbol{E}_\lambda \mathrm{e}^{\mathrm{i}(\omega_0-\omega)t}\sigma^+ + \boldsymbol{p}\cdot\boldsymbol{E}_\lambda^* \mathrm{e}^{-\mathrm{i}(\omega_0-\omega)t}\sigma^-$$

$$= \boldsymbol{p}\cdot\boldsymbol{E}_\lambda\left[\mathrm{e}^{\mathrm{i}(\omega_0-\omega)t}\sigma^+ + \text{h.c.}\right],$$

可以通过选取时间零点使得 $\boldsymbol{E}_\lambda$ 为实数.

对于原子态 $(C_a(t), C_b(t))^\mathrm{T}$，有

$$\mathrm{i}\hbar\frac{\partial}{\partial t}\begin{pmatrix} C_a(t) \\ C_b(t) \end{pmatrix} = H_\mathrm{I} \begin{pmatrix} C_a(t) \\ C_b(t) \end{pmatrix},$$

3.6 单原子与电磁场 (外场) 相互作用 (二)

也就是说

$$\dot{C}_a = -\mathrm{i}\frac{\boldsymbol{p}\cdot\boldsymbol{E}_\lambda}{\hbar}\mathrm{e}^{\mathrm{i}(\omega_0-\omega)t}C_b,$$

$$\dot{C}_b = -\mathrm{i}\frac{\boldsymbol{p}\cdot\boldsymbol{E}_\lambda}{\hbar}\mathrm{e}^{-\mathrm{i}(\omega_0-\omega)t}C_a.$$

定义失谐量 $\Delta\omega \equiv \omega_0 - \omega$,则上述方程的解可以表示为

$$C_b(t) = A\mathrm{e}^{\mathrm{i}\mu_1 t} + B\mathrm{e}^{\mathrm{i}\mu_2 t},$$

$$C_a(t) = -A\frac{\hbar\mu_1}{pE_\lambda}\mathrm{e}^{\mathrm{i}(\mu_1+\Delta\omega)t} - B\frac{\hbar\mu_2}{pE_\lambda}\mathrm{e}^{\mathrm{i}(\mu_2+\Delta\omega)t},$$

其中,$pE_\lambda = \boldsymbol{p}\cdot\boldsymbol{E}_\lambda$,并且 $\mu_i(i=1,2)$ 满足

$$\mu_i(\mu_i + \Delta\omega) = \left(\frac{pE_\lambda}{\hbar}\right)^2.$$

对上式求解可得

$$\mu_i = \frac{-\Delta\omega \pm \sqrt{(\Delta\omega)^2 + \left(\frac{2pE_\lambda}{\hbar}\right)^2}}{2},$$

因此

$$\mu \equiv \mu_1 - \mu_2 = \sqrt{(\Delta\omega)^2 + \left(\frac{2pE_\lambda}{\hbar}\right)^2}, \qquad \mu_1\mu_2 = -\left(\frac{pE_\lambda}{\hbar}\right)^2.$$

假设初始时刻原子在下能级: $C_b(0) = 1, C_a(0) = 0$,可以得到如下方程:

$$A + B = 1,$$
$$A\mu_1 + B\mu_2 = 0,$$

解得

$$A = -\frac{\mu_2}{\mu}, \quad B = \frac{\mu_1}{\mu}.$$

于是得到满足初值条件的特解为

$$C_a(t) = -\mathrm{i}\frac{2pE_\lambda}{\hbar\mu}\exp\left(\mathrm{i}\frac{\Delta\omega}{2}t\right)\sin\frac{\mu}{2}t,$$

$$C_b(t) = \frac{\mu_1}{\mu}\exp\left(-\mathrm{i}\frac{\Delta\omega+\mu}{2}t\right) - \frac{\mu_2}{\mu}\exp\left(-\mathrm{i}\frac{\Delta\omega-\mu}{2}t\right),$$

由此给出

$$|C_a(t)|^2 = \left(\frac{pE_\lambda}{\hbar}\right)^2 \frac{\sin^2(\mu t/2)}{(\mu/2)^2}. \tag{3.8}$$

这就是所谓的拉比振荡的跃迁概率. 这表明, 即便 $|C_a|^2 > 1/2$, 原子仍能继续吸收电磁场能 (见图 3.3). 共振时, $\Delta\omega = 0$, $\mu = 2pE_\lambda/\hbar$, 则跃迁概率为

$$|C_a|^2 = \sin^2 \frac{pE_\lambda}{\hbar} t.$$

如果经历一个 π 脉冲, 即 $2pE_\lambda t/\hbar = \pi$, 则有 $C_a = 1$, 这意味着原子态完全反转. 如果经历一个 2π 脉冲, 即 $2pE_\lambda t/\hbar = 2\pi$, 则有 $C_b = 1$.

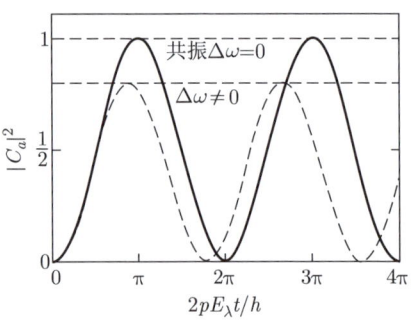

图 3.3 原子在上能级的分布概率随着时间周期的振荡

接下来计算吸收概率. 初始时刻原子处于基态: $C_b(0) = 1, C_a(0) = 0$. 电磁场 E 的频率有一定的宽度, 且不同频率波之间互不相干, 即不同频率电磁场的相位随机, 从而有

$$|C_a(t)|^2 = \int \left[\frac{pE(\omega)}{\hbar}\right]^2 \frac{\sin^2(\mu t/2)}{(\mu/2)^2} d\omega,$$

其中, $E(\omega) = \sqrt{E_\lambda^2 \rho(\omega)}$, 这里, E_λ 是电场强度振幅, $\rho(\omega)$ 是电磁场的模式密度①. 考虑短时间情况下, $2pE_\lambda t/\hbar \ll 1$, 从而有 $C_b \approx 1$. 由于

$$\mu t = \sqrt{(\Delta\omega)^2 + \left(\frac{2pE_\lambda}{\hbar}\right)^2} t \approx |\Delta\omega| t,$$

因此可得, 原子保持在 a 态上的概率为

$$|C_a(t)|^2 \approx \int_{-\infty}^{\infty} \left[\frac{pE(\omega)}{\hbar}\right]^2 \frac{\sin^2(\Delta\omega t/2)}{(\Delta\omega t/2)^2} d(\omega t) \cdot t$$

$$\approx \left[\frac{pE(\omega_0)}{\hbar}\right]^2 \int_{-\infty}^{\infty} \frac{\sin^2(\Delta\omega t/2)}{(\Delta\omega t/2)^2} d(\omega t) \cdot t$$

$$\approx 2\pi \left[\frac{pE(\omega_0)}{\hbar}\right]^2 t.$$

---

①为遵循原稿行文逻辑, 且避免混淆, 这里定义了约化 "光强" 密度 $E^2(\omega) = E_\lambda^2 \rho(\omega)$, 其中, $\rho(\omega)$ 为模式密度, 本书将 $\rho(\omega)$ 吸收进 E^2 中, 并特将其写为 $E^2(\omega)$, 以做区分.

由于 $\sin^2(\Delta\omega t/2)/(\Delta\omega t/2)^2$ 集中在 ω_0 附近, 因此可以将上式中的积分下限延拓至 $-\infty$, 并且取 $pE(\omega) \approx pE(\omega_0)$, 从而得到吸收概率为 $\gamma_{\text{吸}} = 2\pi[\boldsymbol{p}\cdot\boldsymbol{E}(\omega_0)/\hbar]^2$. 同样, 如果 $C_a(0) = 1$, $C_b(0) = 0$, 则诱导辐射概率为

$$\gamma_{\text{诱}} = 2\pi\left[\frac{\boldsymbol{p}\cdot\boldsymbol{E}(\omega_0)}{\hbar}\right]^2.$$

平均能量密度为

$$\frac{1}{8\pi}\int\langle\boldsymbol{E}^2(t,\omega) + \boldsymbol{B}^2(t,\omega)\rangle_t\,\mathrm{d}\omega = \frac{1}{4\pi}\int\langle\boldsymbol{E}^2(t,\omega)\rangle_t\,\mathrm{d}\omega.$$

这表明单位频率间隔内的能量密度是

$$u(\omega) = \frac{1}{4\pi}\langle\boldsymbol{E}^2(t,\omega)\rangle_t = \frac{1}{4\pi}\frac{1}{2}[2E(\omega)]^2,$$

从而可得, 吸收概率或诱导辐射概率为

$$\gamma_{\text{吸}} = \gamma_{\text{诱}} = 2\pi\left[\frac{\boldsymbol{p}\cdot\boldsymbol{E}(\omega_0)}{\hbar}\right]^2 = \frac{2\pi p^2\boldsymbol{E}^2(\omega_0)}{3\hbar^2} = \frac{4\pi^2}{3}\frac{p^2}{\hbar^2}u(\omega_0) = Bu(\omega_0),$$

由此可以给出爱因斯坦 B 系数为

$$B = \frac{4\pi^2}{3}\frac{p^2}{\hbar^2} = A\frac{\pi^2 c^3}{\hbar\omega_0^3}. \tag{3.9}$$

3.7 多原子系统 (一) —— 狄克态

超辐射是多原子辐射关联造成的. 考虑原子与电磁场耦合, 相应的哈密顿量是

$$H = \frac{1}{2}\hbar\omega_0\sum_i\sigma_z^{(i)} + \mathrm{i}\boldsymbol{p}\cdot\sqrt{2\pi\hbar\omega}\sum_i\left[\sigma^{+(i)}a_\lambda\boldsymbol{A}_\lambda(\boldsymbol{R}_i) - \sigma^{-(i)}a_\lambda^\dagger\boldsymbol{A}_\lambda^*(\boldsymbol{R}_i)\right],$$

记上式右边第一项为 H_0, 第二项为 H_{int}. N 个原子共有 2^N 个态:

$$1, 2, 3, \cdots, i, \cdots, N,$$
$$|\cdots, a, \cdots, b, \cdots, a, \cdots\rangle.$$

用这种基描述多原子辐射是不好的, 因为所有原子都和共同电磁场相互作用, 各个原子态并非随机独立且互不相关的.

下面先看极端简单的情况. 在电磁场长波长近似下, $A(R_i) \approx A(R)$, 电磁场与个别原子的位置无关. 这时

$$H = \frac{1}{2}\hbar\omega_0 \sum_i \sigma_z^{(i)} + \boldsymbol{p} \cdot \boldsymbol{E}^- \sum_i \sigma^{+(i)} + \boldsymbol{p} \cdot \boldsymbol{E}^+ \sum_i \sigma^{-(i)},$$

其中,

$$\boldsymbol{E}^- = \mathrm{i}\sqrt{2\pi\hbar\omega}\, a_\lambda \boldsymbol{A}_\lambda(\boldsymbol{R}), \quad \boldsymbol{E}^+ = -\mathrm{i}\sqrt{2\pi\hbar\omega}\, a_\lambda^\dagger \boldsymbol{A}_\lambda^*(\boldsymbol{R}).$$

哈密顿量满足以下对易关系:

$$[H, S_N] = 0, \quad [H, R^2] = 0, \quad [S_N, R_i] = 0,$$

这里, S_N 是置换群元, 并且

$$R_j = \frac{1}{2}\sum_i \sigma_j^{(i)}, \quad j = x, y, z, \quad [R_i, R_j] = \mathrm{i}\epsilon_{ijk} R_k;$$

R^2 是总角动量, 它可以表示为

$$R^2 = R_x^2 + R_y^2 + R_z^2, \quad R^\pm = R_x \pm \mathrm{i}R_y = \sum_i \sigma^{\pm(i)}.$$

于是哈密顿量可以改写为

$$H = \hbar\omega_0 R_z + \boldsymbol{p} \cdot \boldsymbol{E}^- R^+ + \boldsymbol{p} \cdot \boldsymbol{E}^+ R^-.$$

记上式右边第一项为 H_0, 后两项为 H_{int}.

先看 H_0. 它的本征态 $|\alpha, J, M\rangle$ 就是狄克态(基), 即 $H_0|\alpha, J, M\rangle = M\hbar\omega_0|\alpha, J, M\rangle$, 其中, α 是解除退化量子数, 以后略加讨论. 定义

$$M = \frac{1}{2}(N_a - N_b),$$

其中, N_a 和 N_b 分别为处于 a 态和 b 态的原子数, 且 $N_a + N_b = N$. M 的取值从 $-J \to J$, 共 $2J+1$ 个, $J_{\max} = N/2$. 总角动量满足

$$R^2|J, M\rangle = J(J+1)|J, M\rangle,$$
$$R^+|J, M\rangle = \sqrt{(J-M)(J+M+1)}|J, M+1\rangle,$$
$$R^-|J, M\rangle = \sqrt{(J+M)(J-M+1)}|J, M-1\rangle.$$

显然,

$$\langle J, M | H_{\mathrm{int}} | J, M \rangle = 0,$$

3.7 多原子系统 (一) —— 狄克态

而 H_{int} 的主要作用为导致原子的自发辐射, 照搬维格纳 – 韦斯科普夫近似 (或费米黄金规则), 可知

$$|\langle b|\sigma^-|a\rangle|^2 \Rightarrow |\langle J, M-1|R^-|J, M\rangle|^2 = (J+M)(J-M+1).$$

当初态为 $|J, M\rangle$ 时, 辐射功率为

$$P = \frac{\mathrm{d}(M\hbar\omega_0)}{\mathrm{d}t} = \gamma(J+M)(J-M+1)\hbar\omega_0,$$

其中, γ 为单个原子的自发辐射概率 (爱因斯坦 A 系数). 显然, 对于单个原子的情况, $N=1$, $J=1/2$, $M=\pm 1/2$, 辐射功率为 $P_0 = \gamma\hbar\omega_0$. 因此, N 个原子的随机辐射功率为 $\gamma \cdot N\hbar\omega_0 = P = NP_0$, 即为单个原子辐射功率的 N 倍. 而 N 个原子狄克态的辐射功率为

$$P = \gamma(J+M)(J-M+1)\hbar\omega_0 = (J+M)(J-M+1)P_0.$$

(1) 当 $J = J_{\max} = N/2$, $M = J = N/2$ 时, 原子态完全反转, 辐射功率为

$$P = \gamma N\hbar\omega_0.$$

(2) 当 $J = J_{\max} = N/2$, $M = 0$ (或 $\pm 1/2$, N 为奇数) 时, 原子态一半反转, 辐射功率为

$$P = \frac{N(N+2)}{4}\gamma\hbar\omega_0 = \frac{N+2}{2}\gamma \cdot \frac{N}{2}\hbar\omega_0 = \frac{N(N+2)}{4}P_0,$$

比随机辐射功率大约 $N/2$ 倍, 这就是所谓的超辐射.

(3) 当 $J=0$, $M=0$ 时, $N_a = N_b$, 原子态一半反转, $P=0$, 即不发生辐射, 或者称为辐射相干俘获. 下面以 $N=2$ 为例, 列出了各种情况下的辐射功率, 见表 3.2. 注意到

$$|\langle J, M-1|R^-|J, M\rangle|^2 = \langle J, M|R^+R^-|J, M\rangle,$$

由于 $\langle J, M|\sigma^{+(i)}\sigma^{-(j)}|J, M\rangle \neq 0$, 此即表示各原子之间有合作效应.

表 3.2 不同狄克态的辐射功率

		狄克态				原子随机分布	
N_a	M	$J=1$ 态	P	$J=0$ 态	M		P
2	1	$|a,a\rangle$	$2P_0$	$\frac{1}{\sqrt{2}}(|a,b\rangle - |b,a\rangle)$	0		$2P_0$
1	0	$\frac{1}{\sqrt{2}}(|a,b\rangle + |b,a\rangle)$	$2P_0$				P_0
0	-1	$|b,b\rangle$	0				0

上述 2^N 个态 $|\alpha, J, M\rangle$ 是高度简并的. 表 3.3 列出了不同原子数时狄克态的

表 3.3 简并度

N_a	N_b	$M = \dfrac{N_a - N_b}{2}$	态数	J	简并度
N	0	$\dfrac{N}{2}$	C_N^0	$\dfrac{N}{2}$	C_N^0
$N-1$	1	$\dfrac{N}{2}-1$	C_N^1	$\dfrac{N}{2}$	C_N^0
				$\dfrac{N}{2}-1$	$C_N^1 - C_N^0$
$N-2$	2	$\dfrac{N}{2}-2$	C_N^2	$\dfrac{N}{2}$	C_N^0
				$\dfrac{N}{2}-1$	$C_N^1 - C_N^0$
				$\dfrac{N}{2}-2$	$C_N^2 - C_N^1$
$\vdots$	$\vdots$	$\vdots$	$\vdots$	$\vdots$	$\vdots$
$N-m$	m	$\dfrac{N}{2}-m$	C_N^m	$\dfrac{N}{2}$	C_N^0
				$\vdots$	$\vdots$
				$\dfrac{N}{2}-m$	$C_N^m - C_N^{m-1}$

简并度. 为了恰当描述狄克态, 必须解除简并. 为此, 可以采用 S_N 的不可约表示的标准基 —— 杨图. 对于一个配分: $\lambda_1 \geqslant \lambda_2 \geqslant \cdots \geqslant \lambda_m \geqslant 0$, 并且 $\sum\limits_{i=1}^{m} \lambda_i = N$, 有一个杨图

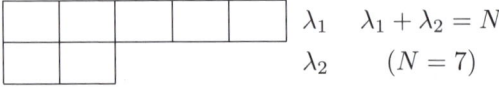

$\lambda_1 \quad \lambda_1 + \lambda_2 = N$
$\lambda_2 \quad\quad (N = 7)$

在原子系统的总态数为 2^N 的情况下, 配分的份数要求 $m \leqslant 2$. 通常一个杨图对应于 S_N 的一个不可约表示 (λ_1, λ_2), 它可以用一个如下所示的杨盘描述:

1	3	5	6	7
2	4			

每一个杨盘对应于不可约表示 (λ_1, λ_2) 的一个基, 其维数 $d = N!(\lambda_1 - \lambda_2 + 1)/[(\lambda_1+1)!\lambda_2!]$. 例如, 一个狄克态 $|\alpha, J, M\rangle$ 可以表示为一个如下的杨盘:

$$\left| \begin{array}{|c|c|c|c|c|} \hline 1 & 3 & 5 & 6 & 7 \\ \hline 2 & 4 \\ \cline{1-2} \end{array}, J, M \right\rangle$$

一个杨盘对应的态仍然是简并的, 这些态又可以用 SU_2 的不可约表示 (即 $|J, M\rangle$) 进行分类. 与配分 $\{\lambda_1, \lambda_2\}$ 对应的 $J = (\lambda_1 - \lambda_2)/2$ 是固定的, M 则从 $-J$ 到 J. 这样就唯一确定了 2^N 空间的每一个量子态:

$$\left| \begin{array}{|c|c|c|c|c|} \hline 1 & 3 & 5 & 6 & 7 \\ \hline 2 & 4 \\ \cline{1-2} \end{array} \begin{array}{c} [\lambda_1] \\ [\lambda_2] \end{array}, J = \frac{\lambda_1 - \lambda_2}{2}, M \right\rangle$$

这样确定的量子态就是最一般的狄克态, 它有更复杂的对称性.

3.8 多原子系统 (二) —— 相干原子态

下面我们首先比较多原子狄克态与福克态, 以及相干原子态与相干态的相似性, 如表 3.4 所示. 根据 3.7 节的内容, 我们已经知道多原子与光场相互作用系统的哈密顿量是

$$H = \hbar\omega_0 R_z + \boldsymbol{p} \cdot \boldsymbol{E}\left(R^+ + R^-\right).$$

在海森伯表象中, 有如下运动方程:

$$\dot{R}_z = \frac{\mathrm{i}}{\hbar}[H, R_z] = \frac{2\boldsymbol{p}\cdot\boldsymbol{E}}{\hbar}R_y,$$

$$\dot{R}_x = \frac{\mathrm{i}}{\hbar}[H, R_x] = -\omega_0 R_y,$$

$$\dot{R}_y = \omega_0 R_x - \frac{2\boldsymbol{p}\cdot\boldsymbol{E}}{\hbar}R_z.$$

上述方程可以改写为

$$\dot{\boldsymbol{R}} = \boldsymbol{\omega} \times \boldsymbol{R}, \tag{3.10}$$

其中,

$$\boldsymbol{\omega} = \frac{2\boldsymbol{p}\cdot\boldsymbol{E}}{\hbar}\boldsymbol{x} + \omega_0 \boldsymbol{z}.$$

(3.10) 式与 (3.7) 式的形式一样, 也是布洛赫方程.

表 3.4 多原子狄克态与福克态的比较

多原子狄克态	光子福克态
$R_z\|J,M\rangle = M\|J,M\rangle$	$a^\dagger a\|n\rangle = n\|n\rangle$
$R^-\|J,M\rangle = \sqrt{(J+M)(J-M+1)}\|J,M-1\rangle$	$a\|n\rangle = \sqrt{n}\|n-1\rangle$
$R^+\|J,M\rangle = \sqrt{(J-M)(J+M+1)}\|J,M+1\rangle$	$a^\dagger\|n\rangle = \sqrt{n+1}\|n+1\rangle$
$R^-\|J,-J\rangle = 0$	$a\|0\rangle = 0$
$\|J,M\rangle = \sqrt{\dfrac{(J-M)!}{(2J)!(J+M)!}} R^{+(J+M)}\|J,-J\rangle$	$\|n\rangle = \dfrac{a^{\dagger n}}{\sqrt{n!}}\|0\rangle$
$H_0 = \hbar\omega_0 R_z$	$H_0 = \hbar\omega\left(a^\dagger a + \dfrac{1}{2}\right)$
外电场 $\boldsymbol{E}(t)$ $\Downarrow$ 相干原子态	外电流 $\boldsymbol{j}(t)$ $\Downarrow$ 格劳伯相干态

在薛定谔表象中，我们可以写出薛定谔方程 $i\hbar\dfrac{\partial \psi_s}{\partial t} = H\psi_s$，相应的相互作用表象中的方程为

$$i\hbar\frac{\partial \psi_I}{\partial t} = H_I \psi_I,$$

其中，

$$H_I = \boldsymbol{p}\cdot\boldsymbol{E}\left(e^{i\omega_0 t}R^+ + e^{-i\omega_0 t}R^-\right)$$

是相互作用表象中的哈密顿量. 假设系统的初态为 $\psi(t=0) = |J,-J\rangle$，它表示所有原子都处于基态，则 t 时刻的波函数为

$$\psi_I = \prod_{j=1}^{t/\Delta t} \exp\left[-\frac{i}{\hbar}\boldsymbol{p}\cdot\boldsymbol{E}(t_j)\Delta t\left(e^{i\omega_0 t_j}R^+ + e^{-i\omega_0 t_j}R^-\right)\right]|J,-J\rangle.$$

注意到

$$e^{i\omega_0 t_j}R^+ + e^{-i\omega_0 t_j}R^- = 2\left(\cos\omega_0 t_j R_x - \sin\omega_0 t_j R_y\right),$$

3.8 多原子系统 (二) —— 相干原子态

则 t 时刻的波函数重新写为

$$\psi_{\mathrm{I}} = \prod_{j=1}^{t/\Delta t} \exp\left[-\mathrm{i}\frac{2\boldsymbol{p}\cdot\boldsymbol{E}(t_j)}{\hbar}\Delta t\left(\cos\omega_0 t_j R_x - \sin\omega_0 t_j R_y\right)\right]|J,-J\rangle$$

$$= \exp\left[\mathrm{i}\theta\left(\cos\varphi R_y - \sin\varphi R_x\right)\right]|J,-J\rangle$$

$$= \exp\left[\frac{\theta}{2}(\mathrm{e}^{-\mathrm{i}\varphi}R^+ - \mathrm{e}^{\mathrm{i}\varphi}R^-)\right]|J,-J\rangle,$$

其中已忽略了相位. 显然, 它是初态 $|J,-J\rangle$ 按照图 3.4 所示的方式转动, 即多次绕随时间变化的轴 $-\sin\omega_0 t_j \boldsymbol{x} + \cos\omega_0 t_j \boldsymbol{y}$ 将态转动 $\Delta\theta = -2\boldsymbol{p}\cdot\boldsymbol{E}\Delta t/\hbar$ 角, 其结果等价于绕 $-\sin\varphi\boldsymbol{x} + \cos\varphi\boldsymbol{y}$ 轴将态转动 θ 角. 从相互作用表象回到薛定谔表象, 有 $\psi_{\mathrm{s}} = \exp\left(-\mathrm{i}H_0 t/\hbar\right)\psi_{\mathrm{I}}$, 并且 $R^\pm$ 变为 $R^\pm\exp(\mp\mathrm{i}\omega_0 t)$, 由此可以定义相干原子态:

$$|\alpha,J,\theta,\varphi\rangle = \exp\left[\frac{\theta}{2}\left(\mathrm{e}^{-\mathrm{i}\varphi}R^+ - \mathrm{e}^{\mathrm{i}\varphi}R^-\right)\right]|\alpha,J,-J\rangle$$

$$\equiv V(\theta,\varphi)|\alpha,J,-J\rangle,$$

其中,

$$V(\theta,\varphi) = \exp\left[\frac{\theta}{2}\left(\mathrm{e}^{-\mathrm{i}\varphi}R^+ - \mathrm{e}^{\mathrm{i}\varphi}R^-\right)\right]$$

$$= \mathrm{e}^{\tau R^+}\mathrm{e}^{\ln(1+|\tau|^2)R_z}\mathrm{e}^{-\tau^* R^-}$$

为幺正算符, 这里, $\tau = \tan(\theta/2)\mathrm{e}^{-\mathrm{i}\varphi}$, 且 $0 \leqslant \theta \leqslant \pi$, $0 \leqslant \varphi \leqslant 2\pi$.

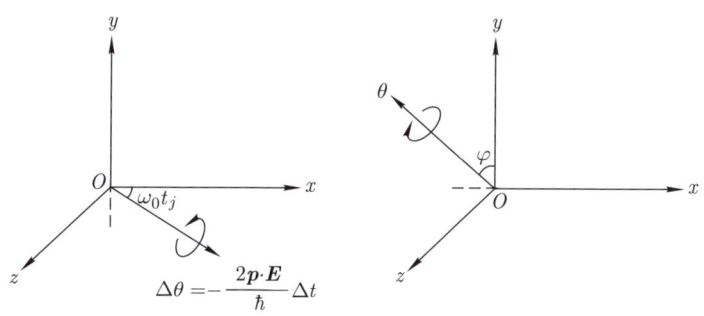

图 3.4 态的时间演化

最后, 在表 3.5 中, 我们给出了原子系统与光场的比较.

表 3.5 原子系统与光场的比较

原子系统	光场
$\|\alpha, J, M\rangle$, 狄克态	$\|n\rangle$, 福克态
$\|J, -J\rangle$, 基态 $\Longrightarrow V\|J, -J\rangle$, 相干原子态	$\|0\rangle$, 基态 $\Longrightarrow U\|0\rangle$, 格劳伯相干态
$V = \mathrm{e}^{\frac{\theta}{2}(\mathrm{e}^{-\mathrm{i}\varphi}R^+ - \mathrm{e}^{\mathrm{i}\varphi}R^-)} =$ $\mathrm{e}^{\tau R^+}\mathrm{e}^{\ln(1+\|\tau\|^2)R_z}\mathrm{e}^{-\tau^* R^-}$, 其中, $\tau = \tan\dfrac{\theta}{2}\cdot\mathrm{e}^{-\mathrm{i}\varphi}$	$U = \mathrm{e}^{va^\dagger - v^* a} = \mathrm{e}^{-\frac{\|v\|^2}{2}}\mathrm{e}^{va^\dagger}\mathrm{e}^{-v^* a}$
$\|\alpha, J, \tau\rangle = \|\alpha, J, \theta, \varphi\rangle =$ $\left(\dfrac{1}{1+\|\tau\|^2}\right)^J \sum_M \sqrt{C_{J+M}^{2J}}\cdot \tau^{J+M}\|M\rangle$	$\|v\rangle = \sum_n \dfrac{v^n}{\sqrt{n!}}\mathrm{e}^{-\frac{\|v\|^2}{2}}\|n\rangle$
$\|M\rangle = \dfrac{R^{+(J+M)}}{\sqrt{C_{J+M}^{2J}\cdot (J+M)!}}\|-J\rangle$	$\|n\rangle = \dfrac{a^{\dagger n}\|n\rangle}{\sqrt{n!}}$
$\langle J, \theta, \varphi\| R_z \|J, \theta, \varphi\rangle = -J\cos\theta$ $\langle J, \theta, \varphi\| R_x \|J, \theta, \varphi\rangle = J\sin\theta\cos\varphi$ $\langle J, \theta, \varphi\| R_y \|J, \theta, \varphi\rangle = J\sin\theta\sin\varphi$	$\langle v\| a^\dagger a \|v\rangle = \|v\|^2$ $\langle v\| a \|v\rangle = v = \|v\|\mathrm{e}^{-\mathrm{i}\varphi}$ $\langle v\| a^\dagger \|v\rangle = v^* = \|v\|\mathrm{e}^{\mathrm{i}\varphi}$
$\langle \boldsymbol{R}\rangle = \boldsymbol{J}$, 赝角动量 $\begin{cases} \text{方向为 } \theta \text{ (与 } z \text{ 轴之间的夹角)}, \varphi \\ \text{大小为 } J \end{cases}$	$\cdots$
$P(M) = (1+\|\tau\|^2)^{-2J} C_{J+M}^{2J} \|\tau\|^{2(J+M)}$	$P(n) = \mathrm{e}^{-\|v\|^2}\dfrac{\|v\|^{2n}}{n!}$
$P_{\max} \Rightarrow M = -J\cos\theta$① $P(M)$ 分布很陡,这时可用古典近似 只讨论平均值 $\boldsymbol{J}(J, \theta, \varphi)$ (称为赝角动量) $\dot{\boldsymbol{J}} = \boldsymbol{\omega}\times\boldsymbol{J}$ (布洛赫方程)	$P_{\max}(n) \Rightarrow n = \|v\|^2$ 当 $\|v\|^2 \gg 1$ 时, $P(n)$ 分布很陡

3.9 相干原子态表示和物理图像

我们简记相干原子态 $\|\alpha, J, \theta, \varphi\rangle = \|\tau\rangle$, 则有态的归一化:

$$\langle\tau|\tau\rangle = \dfrac{1}{(1+|\tau|^2)^{2J}} \sum_M C_{J+M}^{2J}|\tau|^{2(J+M)} = 1,$$

态的正交性:

$$\langle\tau'|\tau\rangle = \dfrac{(1+\tau'^*\tau)^{2J}}{(1+|\tau'|^2)^J(1+|\tau|^2)^J},$$

---

① 该式适用于 $J \gg 1$, $J \pm M \gg 1$ 的情况,应用斯特林 (Stirling) 公式 $n! = n^n \mathrm{e}^{-n}\sqrt{2\pi n}$ 可以证明.

3.9 相干原子态表示和物理图像

以及态的超完备性:

$$\int |\tau\rangle \langle\tau| \sin\theta \mathrm{d}\theta \mathrm{d}\varphi = \sum_{M,M'} |M\rangle \langle M'| \int_0^{2\pi} \int_0^{\pi} \sin\theta \mathrm{d}\theta \mathrm{d}\varphi$$
$$\times \frac{1}{(1+|\tau|^2)^{2J}} \sqrt{C_{J+M'}^{2J} C_{J+M}^{2J}} \cdot \tau^{*J+M'} \cdot \tau^{J+M}, \quad (3.11)$$

其中, $\tau = \exp(-\mathrm{i}\varphi)\tan(\theta/2)$, 对 φ 的积分中仅有 $M = M'$ 部分不等于零, 故 (3.11) 式改写为

$$\sum_M 4\pi |M\rangle \langle M| C_{J+M}^{2J} \int_0^\pi \mathrm{d}\theta \left(\sin\frac{\theta}{2}\right)^{2J+2M+1} \left(\cos\frac{\theta}{2}\right)^{2J-2M+1}$$
$$= \frac{4\pi}{2J+1} \sum_M |M\rangle \langle M| = \frac{4\pi}{2J+1} I,$$

从而

$$I = (2J+1) \int |J,\tau\rangle \langle J,\tau| \frac{\mathrm{d}\Omega}{4\pi},$$

这里, $\mathrm{d}\Omega = \sin\theta \mathrm{d}\theta \mathrm{d}\varphi$, 因此 $|J,\tau\rangle$ 是一组超完备基.

与第二章讨论光之相干态类似, 福克态和狄克态对应的能级都是等间隔的. 令

$$J = \frac{1}{2}\epsilon^{-2}, \quad \epsilon \to 0,$$

狄克态的数目 $2J+1 \to \infty$. 在数学形式上, 我们有如下类比关系:

$$狄克态 \to 福克态,$$
$$相干原子态 \to 相干光子态.$$

下面我们给出相干原子态的物理图像. 相干原子态可以重新表示为

$$|\alpha, J, \tau\rangle = V|\tau=0\rangle = \exp\left[\frac{\theta}{2}\left(\mathrm{e}^{-\mathrm{i}\varphi}R^+ - \mathrm{e}^{\mathrm{i}\varphi}R^-\right)\right]|\tau=0\rangle$$
$$= \prod_i \exp\left\{\frac{\theta}{2}\left[\mathrm{e}^{-\mathrm{i}\varphi}\sigma^{+(i)} - \mathrm{e}^{\mathrm{i}\varphi}\sigma^{-(i)}\right]\right\}|b\rangle^{(i)}.$$

接下来我们计算其生成算符 (忽略 (i) 不写):

$$\exp\left[\frac{\theta}{2}\left(\mathrm{e}^{-\mathrm{i}\varphi}\sigma^+ - \mathrm{e}^{\mathrm{i}\varphi}\sigma^-\right)\right] = \sum_n \frac{(\theta \mathrm{e}^{-\mathrm{i}\varphi}\sigma^+/2 - \theta \mathrm{e}^{\mathrm{i}\varphi}\sigma^-/2)^n}{n!}$$
$$= \sum_n \frac{1}{n!} \begin{pmatrix} 0 & \theta \mathrm{e}^{-\mathrm{i}\varphi}/2 \\ -\theta \mathrm{e}^{\mathrm{i}\varphi}/2 & 0 \end{pmatrix}^n,$$

其中,
$$\begin{pmatrix} 0 & \theta e^{-i\varphi}/2 \\ -\theta e^{i\varphi}/2 & 0 \end{pmatrix}^2 = \begin{pmatrix} -\theta^2/4 & 0 \\ 0 & -\theta^2/4 \end{pmatrix} = -\frac{\theta^2}{4} \cdot I,$$

由此可得
$$\exp\left[\frac{\theta}{2}\left(e^{-i\varphi}\sigma^+ - e^{i\varphi}\sigma^-\right)\right] = \cos\frac{\theta}{2} + \sin\frac{\theta}{2}\begin{pmatrix} 0 & e^{-i\varphi} \\ -e^{i\varphi} & 0 \end{pmatrix}.$$

于是
$$|\alpha, J, \tau\rangle = \prod_j \left[\cos\frac{\theta}{2} + \sin\frac{\theta}{2}\begin{pmatrix} 0 & e^{-i\varphi} \\ -e^{i\varphi} & 0 \end{pmatrix}\right]\begin{pmatrix} 0 \\ 1 \end{pmatrix}^{(j)}$$
$$= \prod_j \begin{pmatrix} \sin(\theta/2)\,e^{-i\varphi} \\ \cos(\theta/2) \end{pmatrix}^{(j)} = \prod_j \left[\sin\frac{\theta}{2}e^{-i\varphi}|a\rangle^{(j)} + \cos\frac{\theta}{2}|b\rangle^{(j)}\right].$$

对于每个原子 j, $\theta = 0$ 对应于所有原子都处于下能级, $\theta = \pi$ 对应于所有原子都处于上能级 (拉比反转). 注意到系数均和 j 无关, 即原子同步跃迁, 对电磁场存在合作效应.

最后讨论超辐射的推广. 当原子系统的尺度远远大于 λ 时, 表明 $\mathbf{A}(\mathbf{R}_i) \neq \mathbf{A}(\mathbf{R})$, 我们选取平面波模为 $\mathbf{A}_\lambda(\mathbf{R}_i) = \varepsilon_k \exp(i\mathbf{k} \cdot \mathbf{R}_i)/\sqrt{V}$, 则相应的哈密顿量为

$$H = \frac{1}{2}\hbar\omega_0 \sum_i \sigma_z^{(i)} + i\sqrt{2\pi\hbar\omega}\frac{\mathbf{p}\cdot\boldsymbol{\varepsilon}_k}{\sqrt{V}}\left[\sum_i \sigma^{+(i)} e^{i\mathbf{k}\cdot\mathbf{R}_i} a_{\mathbf{k}} - a_{\mathbf{k}}^\dagger \sum_i \sigma^{-(i)} e^{-i\mathbf{k}\cdot\mathbf{R}_i}\right]$$
$$= \hbar\omega_0 R_z + i\sqrt{2\pi\hbar\omega}\frac{\mathbf{p}\cdot\boldsymbol{\varepsilon}_k}{\sqrt{V}}\left(R_{\mathbf{k}}^+ a_{\mathbf{k}} - a_{\mathbf{k}}^\dagger R_{\mathbf{k}}^-\right).$$

定义集体自旋算符
$$\frac{1}{2}\sum_i \sigma_z^{(i)} \equiv R_z$$

和相应的升降算符
$$R_{\mathbf{k}}^+ \equiv \sum_i \sigma^{+(i)} e^{i\mathbf{k}\cdot\mathbf{R}_i}, \quad R_{\mathbf{k}}^- \equiv \sum_i \sigma^{-(i)} e^{-i\mathbf{k}\cdot\mathbf{R}_i},$$

以及 $R_{\mathbf{k},x} \pm iR_{\mathbf{k},y} \equiv R_{\mathbf{k}}^\pm$, 它们的相位依赖于空间位置. 我们仍然有与均匀情况一样的对易关系:
$$[R_{\mathbf{k},i}, R_{\mathbf{k},j}] = i\epsilon_{ijk}R_{\mathbf{k},k},$$

这里, i,j,k 代表 x,y,z 分量. 因为 $R_{\bm{k}}^2 = \sum_i R_{\bm{k},i}^2$ 仍和各分量对易, 即

$$[R_{\bm{k}}^2, R_{\bm{k},i}] = 0,$$

所以 $[H_{\text{int},\bm{k}}, R_{\bm{k}}^2] = 0$. 由此可以定义新的狄克态 $|J_{\bm{k}}, M\rangle$. 此时, 各原子在 $\bm{k}$ 方向仍有合作效应, 可以形成 $\bm{k}$ 方向的超辐射.

当然, 当 $\bm{k}' \neq \bm{k}$ 时, $[H_{\text{int},\bm{k}'}, R_{\bm{k}}^2] \neq 0$, $J_{\bm{k}}$ 不是好量子数, 在 $\bm{k}'$ 方向破坏了原子之间的合作效应, 合作角度

$$\Delta\theta \sim \frac{k_\perp}{k} \sim \frac{1}{kd} \sim \frac{\lambda}{d}.$$

由 $\sum_i \sigma^{\pm(i)} \mathrm{e}^{\pm \mathrm{i}\bm{k}\cdot\bm{R}_i}$ 可知, $k_\perp d < 1$, 这里, d 是样品的横向尺度.

附录 3A 腔量子电动力学与 J-C 模型

在尺寸很小的微腔中, 电磁场模式高度分立, 因此可以只考虑单模量子化光场和原子两个能级的相互作用. 这样的腔量子电动力学的基本模型是杰恩斯和卡明斯在 1962 年给出的, 该模型展现了单模量子化光场和单个二能级原子相互作用的量子效应是不可或缺的. 考虑旋转波近似, 忽略 (3.5) 式中的高频项, 可以得到光与原子相互作用的 J-C 模型:

$$H_{\text{J-C}} = \omega_\mathrm{e}|e\rangle\langle e| + \omega a^\dagger a + g a^\dagger |g\rangle\langle e| + g|e\rangle\langle g| a,$$

其中, 取 $\hbar = 1$, 并且 $|g\rangle$ 和 $|e\rangle$ 分别表示原子的下能级和上能级. 为求解 $H_{\text{J-C}}$ 的本征函数和本征值, 我们考察它的态空间基矢:

$$|n,e\rangle = |n\rangle \otimes |e\rangle, \quad |n,g\rangle = |n\rangle \otimes |g\rangle,$$

其中, $|n\rangle = (n!)^{-\frac{1}{2}} a^{\dagger n}|0\rangle$ $(n = 0, 1, 2, \cdots)$ 是光场的福克态. 由于

$$H_{\text{J-C}}|n,e\rangle = (\omega_\mathrm{e} + n\omega)|n,e\rangle + g\sqrt{n+1}|n+1,g\rangle,$$
$$H_{\text{J-C}}|n+1,g\rangle = (n+1)\omega|n+1,g\rangle + g\sqrt{n+1}|n,e\rangle,$$

对于给定的 $n \neq 0$, $\{|n,e\rangle, |n+1,g\rangle\}$ 张成了一个二维不变子空间, $H_{\text{J-C}}$ 在该子空间上的矩阵表示为

$$\mathcal{H} = \left[\left(n+\frac{1}{2}\right)\omega + \frac{\omega_\mathrm{e}}{2}\right] I + \sqrt{\frac{1}{4}\delta^2 + (n+1)g^2} \begin{pmatrix} \cos\theta_n & \sin\theta_n \\ \sin\theta_n & -\cos\theta_n \end{pmatrix},$$

其中，$\delta = \omega_e - \omega$，混合角 θ_n 由以下方程决定：

$$\sin\theta_n = \frac{\sqrt{n+1}g}{\sqrt{\delta^2/4+(n+1)g^2}} = \frac{2\sqrt{n+1}g}{\sqrt{\delta^2+4(n+1)g^2}}.$$

使上述哈密顿量对角化，得到 $H_{\text{J-C}}$ 的本征值为

$$E_n^\pm = n\omega + \varepsilon_0 \pm \sqrt{\frac{1}{4}\delta^2 + (n+1)g^2},$$

其中，$\varepsilon_0 = (\omega_e + \omega)/2$，而 $n = 0, 1, 2, \cdots, \infty$ 是光场的量子数，相应的本征函数的显式为

$$|+,n\rangle = \cos\frac{\theta_n}{2}|n,e\rangle + \sin\frac{\theta_n}{2}|n+1,g\rangle,$$
$$|-,n\rangle = \sin\frac{\theta_n}{2}|n,e\rangle - \cos\frac{\theta_n}{2}|n+1,g\rangle.$$

这些本征态也称为缀饰态 (Dressed State)，代表了原子能级被"穿上了"光子的衣服，即本征态除了原子部分外，也叠加了光子部分．

显然，$|g,0\rangle$ 也是 $H_{\text{J-C}}$ 的本征态，对应的本征值为 0．在共振的情况下，有 $E_n^\pm = n\omega + \varepsilon_0 \pm \sqrt{n+1}g$，能级差 $\Delta E = E_0^+ - E_0^- = 2g$ 正比于光场与原子的耦合强度，称为真空拉比劈裂，这是典型的光与物质相互作用的量子效应，只有在光场被量子化后才有这个效应．我们可以观察到这个单模光场与二能级原子耦合的系统的吸收谱存在拉比劈裂导致的双峰结构 (如图 3.5 所示)．这种双峰结构正好展示了光场的量子效应．特别是，当 $n=0$ 时，真空场仍然会导致拉比劈裂，这是典型的真空场量子化现象．在实验中，一旦观察到真空劈裂，就观察到了光场的量子化．

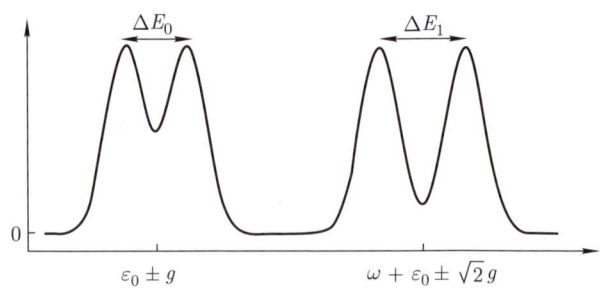

图 3.5 真空拉比劈裂

从 J-C 模型出发，考虑光场量子化导致的不同寻常的物理效应——自发辐射．假设体系在 $t=0$ 时刻处于 $|\psi(0)\rangle = |n,e\rangle$ 态上，即有一个激发态的原子处于有 n

个光子的腔中. 这个初态可以由能量的本征态展开, 即

$$|n,e\rangle = \cos\frac{\theta_n}{2}|+,n\rangle + \sin\frac{\theta_n}{2}|-,n\rangle,$$

则光场与原子耦合系统的波函数在 t 时刻演化为

$$|\psi(t)\rangle = \cos\frac{\theta_n}{2}e^{-iE_n^+ t}|+,n\rangle + \sin\frac{\theta_n}{2}e^{-iE_n^- t}|-,n\rangle.$$

由此可得, $|n,e\rangle$ 态跃迁到 $|n+1,g\rangle$ 态的概率为

$$\begin{aligned}P_n &= |\langle n+1,g|\psi(t)\rangle|^2 \\ &= \left|\cos\frac{\theta_n}{2}e^{-iE_n^+ t}\langle n+1,g|+,n\rangle + \sin\frac{\theta_n}{2}e^{-iE_n^- t}\langle n+1,g|-,n\rangle\right|^2 \\ &= \frac{4g^2(n+1)}{\delta^2 + 4(n+1)g^2}\sin^2\sqrt{\frac{\delta^2}{4} + (n+1)g^2}\,t.\end{aligned}$$

这个结果导致了一个新奇的物理效应: 即使光场处于真空态上, 即 $n=0$, 场强为零的量子化光场也会导致原子从激发态跃迁到基态, 跃迁概率为

$$P_0 = \frac{4g^2}{\delta^2 + 4g^2}\sin^2\sqrt{\frac{\delta^2}{4} + g^2}\,t,$$

在 t 很小时, 有

$$P_0 \approx \frac{4g^2}{\delta^2 + 4g^2}\left(\frac{\delta^2}{4} + g^2\right)t^2 = g^2 t^2.$$

因此短时间内真空中的原子可以发生从激发态到基态的辐射, 这个辐射称为自发辐射. 长时间后, 会发生振荡效应 —— 真空拉比振荡. 其实, 这是电磁场的真空涨落引起的纯量子效应.

附录 3B 从耦合谐振子到狄克模型

超辐射相变是近二十年来量子物理研究的活跃领域, 在讨论超辐射相变之前, 我们考虑一个与之本质相同的问题, 即一个耦合谐振子系统, 其哈密顿量为

$$H = \frac{p_x^2}{2m} + \frac{p_y^2}{2m} + \frac{1}{2}m\omega^2 x^2 + \frac{1}{2}m\omega_0^2 y^2 - \lambda xy, \tag{3.12}$$

其中, 两个谐振子的质量均为 m, 它们之间的耦合强度为 λ. 将上述哈密顿量对角化, 可以得到系统的本征频率满足

$$\Omega_\pm^2 = \frac{1}{2}\left[\omega_0^2 + \omega^2 \pm \sqrt{(\omega_0^2 - \omega^2)^2 + \frac{4\lambda^2}{m^2}}\right].$$

当
$$\lambda \geqslant \lambda_c = m\omega\omega_0 \tag{3.13}$$

时, 有 $\Omega_-^2 < 0$, 这意味着系统存在一个开口朝下的谐振子势, 即其不再具有稳定平衡点. 因此, 当耦合强度 λ 由小变大至超过临界耦合强度 λ_c 时, 系统的性质发生了根本性的转变.

这样的转变同样也会反映在狄克模型中, 也就是狄克相变. 具体地, 狄克模型的哈密顿量为

$$H = \omega a^\dagger a + \omega_0 \sum_{j=1}^{N} \sigma_j^z + \frac{g}{\sqrt{N}} \left(a^\dagger + a\right) \sum_{j=1}^{N} \sigma_j^x,$$

它描述了 N 个二能级原子 σ_j^z 与单模光场的相互作用. 如果将 $b, b^\dagger$ 视为集体算符, 即

$$b^\dagger = \frac{1}{\sqrt{N}} \sum_{j=1}^{N} \sigma_j^+, \tag{3.14}$$

其中, $\sigma_j^+ = (\sigma_j^x + i\sigma_j^y)/2$ 为第 j 个原子的泡利升算符. 容易验证, 当原子总数 $N \to \infty$ 时, 在低激发子空间 (即 $\langle b^\dagger b \rangle \ll N$) 中, 有

$$\lim_{N \to \infty} [b, b^\dagger] = 1,$$

这时集体算符相当于玻色激发. 此时, 狄克模型的哈密顿量变为

$$H \approx \omega a^\dagger a + \omega_0 b^\dagger b - g(a + a^\dagger)(b + b^\dagger).$$

通过引入产生算符和湮灭算符与坐标和动量之间的变换:

$$x = \frac{1}{\sqrt{2m\omega}}(a + a^\dagger), \quad p_x = i\sqrt{\frac{m\omega}{2}}(a - a^\dagger),$$
$$y = \frac{1}{\sqrt{2m\omega_0}}(b + b^\dagger), \quad p_y = i\sqrt{\frac{m\omega_0}{2}}(b - b^\dagger),$$

其中, 设 $\hbar = 1$, 并且 $g = \lambda/(2m\sqrt{\omega\omega_0})$, 上述哈密顿量可以回到 (3.12) 式. 这时, 狄克模型变成了耦合谐振子模型. 从这个意义上来说, 狄克模型等价于两个耦合谐振子模型. 类似于耦合谐振子系统发生转变的条件 (3.13), 可以确定狄克相变发生的临界耦合强度为

$$g_c = \frac{\lambda_c}{2m\sqrt{\omega\omega_0}} = \frac{1}{2}\sqrt{\omega\omega_0},$$

即当光场与原子的耦合强度超过 g_c 时, 系统将出现狄克相变, 其本质与耦合谐振子系统的相变是一致的.

参考文献

[1] SUN C P, YU S X, GAO Y B. Gardiner's phonon for Bose-Einstein condensation: A physical realization of the q-deformed boson [J]. arXiv: quant-ph/9809079.

[2] HEPP K, LIEB E H. On the superradiant phase transition for molecules in a quantized radiation field: The Dicke maser model [J]. Annals of Physics, 1973, 76: 360.

[3] WANG Y K, HION F T. Phase transition in the Dicke model of superradiance [J]. Physical Review A, 1973, 7: 831.

思 考 题

1. 证明
$$[a, f(a^\dagger, a)] = \frac{\partial f(a^\dagger, a)}{\partial a^\dagger}.$$

2. 依照相干态的定义 $a|v\rangle = v|v\rangle$, 设 $|v\rangle = \sum_n C_n |n\rangle$. (1) 求 C_n; (2) 证明不存在一个态 $|\psi\rangle$ 使得 $a^\dagger|\psi\rangle = \alpha|\psi\rangle$; (3) 求解以下表达式:

$$a|v\rangle\langle v| = ? \quad a^\dagger|v\rangle\langle v| = ?$$
$$|v\rangle\langle v|a = ? \quad |v\rangle\langle v|a^\dagger = ?$$

3. 已知福克态 $|0\rangle$ 和 $|1\rangle$ 可以用相干态展开, 即
$$|0\rangle\langle 0| = \int \varphi_0(v) |v\rangle\langle v| \, \mathrm{d}^2 v,$$
$$|1\rangle\langle 1| = \int \varphi_1(v) |v\rangle\langle v| \, \mathrm{d}^2 v,$$

求 $\varphi_0(v)$, $\varphi_1(v)$.

4. 给定密度矩阵的演化方程
$$\frac{\mathrm{d}\rho}{\mathrm{d}t} = -\frac{A}{2}\left(aa^\dagger \rho + \rho aa^\dagger - 2a^\dagger \rho a\right) - \frac{c}{2}\left(a^\dagger a \rho + \rho a^\dagger a - 2a\rho a^\dagger\right),$$

将密度矩阵在相干态和福克态下展开为
$$\rho = \int P(v, t) |v\rangle\langle v| \, \mathrm{d}^2 v = \sum_{n,m} \rho_{nm}(t) |n\rangle\langle m|,$$

求 $P(v,t)$, ρ_{nm} 满足的方程.

5. 求热平衡态在相干态下的表示. 已知单模光场的哈密顿量 $H_0 = \hbar\omega a^\dagger a$, 其热平衡态为
$$\rho = e^{-\beta H_0}(1 - e^{-\beta\hbar\omega}).$$
求 $\int \varphi(v)|v\rangle\langle v|\,\mathrm{d}^2 v$ 中的 $\varphi(v)$.

第四章

开式系统　量子热池

本章考虑热池与激光系统组成的开式系统. 开式系统的总哈密顿量为 $H = H_\text{s} + H_\text{R} + V$, 其中, H_s, H_R 和 V 分别是激光系统、热池, 以及它们之间相互作用的哈密顿量, 见图 4.1. 热池对激光系统的作用可以分为三类: (1) 线性响应加涨落; (2) 阻尼泵浦; (3) 阻尼 (耗散) 涨落定理. 本章将用不同的方法推导出爱因斯坦提出的耗散 – 涨落关系.

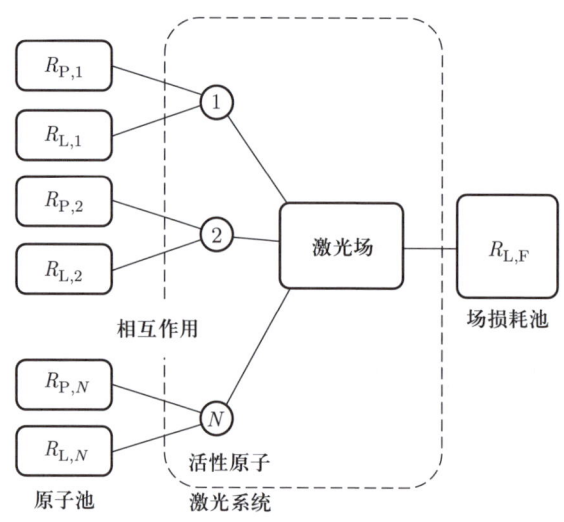

图 4.1 激光系统与热池组成的开式系统

4.1 布朗运动与朗之万方程

根据牛顿 (Newton) 定律, 一个做布朗运动的粒子 (例如, 悬浮在液体中的粒子 (见图 4.2)) 的运动方程为

$$m\dot{v} = -m\varGamma v + F_v(t) + F_\text{ext}, \tag{4.1}$$

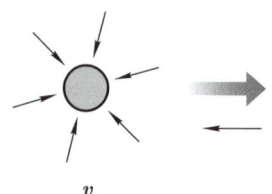

图 4.2 古典图像下悬浮在液体中的粒子

其中, F_{ext} 是粒子所受外力 (可先将其忽略, 即令 $F_{\text{ext}} = 0$); $-m\Gamma v$ 是线性响应项, 代表阻尼力, 这里, Γ 为阻尼系数; $F_v(t)$ 是涨落力, 代表许多小的随机扰动, 在热池的系综平均下, 它的平均值为 $\langle F_v(t) \rangle = 0$, 且不同时间的关联为

$$\langle F_v(t) F_v(t') \rangle = 2 D_{vv} \delta(t-t'), \tag{4.2}$$

其中, D_{vv} 表示涨落的强度. 在 (4.2) 式中, 我们做了马尔可夫 (Markov) 近似, 也就是要求随机力的每一分量延续的时间 t_c 远小于平均速度 $\langle v \rangle$ 变化的特征时间 $T \sim \Gamma^{-1}$, 即 $t_c \ll T$.

在高斯近似下, 涨落力的高阶关联可根据高斯分布的威克 (Wick) 定理得到, 即

$$\langle F_v(t_1) F_v(t_2) \cdots F_v(t_{2n}) \rangle$$
$$= \begin{cases} 0, & N \text{为奇数}, \\ \sum_{\{s_1 s_2 \cdots s_{2n}\}} \langle F_v(t_{s_1}) F_v(t_{s_2}) \rangle \cdots \langle F_v(t_{s_{2n-1}}) F_v(t_{s_{2n}}) \rangle, & N \text{为偶数}, \end{cases} \tag{4.3}$$

其中, 对 $\{s_1 s_2 \cdots s_{2n}\}$ 的求和表示取遍 $1, 2, \cdots, 2n$ 的所有组合方式. 在上面的近似下, 方程 (4.1) 变成了一个平稳随机微分方程, 称之为朗之万方程. 本节将直接由朗之万方程求 $\langle v \rangle, \langle v^2 \rangle, \cdots$, 而 4.2 节将通过相应的福克尔 – 普朗克方程求解速度的概率分布 $P(v, t)$.

为了得到 $\langle v \rangle$, 我们对方程 (4.1) 做系综平均:

$$m \langle \dot{v} \rangle = m \frac{\mathrm{d} \langle v \rangle}{\mathrm{d} t} = -m \Gamma \langle v \rangle, \tag{4.4}$$

由此得到 $\langle v \rangle = \langle v \rangle_0 \exp(-\Gamma t)$. 为了求 $\langle v^2 \rangle$, 我们考虑它的时间演化:

$$\frac{\mathrm{d}}{\mathrm{d} t} \langle v^2 \rangle = 2 \langle v \dot{v} \rangle = -2 \Gamma \langle v^2 \rangle + \frac{2}{m} \langle v(t) F_v(t) \rangle. \tag{4.5}$$

因此, 接下来需要计算 $\langle v(t) F_v(t) \rangle$. 由 (4.1) 式可以得到

$$v(t) = v(t - \Delta t) - \Gamma \int_{t-\Delta t}^{t} v(t') \mathrm{d} t' + \int_{t-\Delta t}^{t} \frac{F_v(t')}{m} \mathrm{d} t',$$

则速度与涨落力的关联为

$$\langle v(t) F_v(t) \rangle = \langle v(t - \Delta t) F_v(t) \rangle - \Gamma \int_{t-\Delta t}^{t} \langle v(t') F_v(t) \rangle \mathrm{d} t' + \int_{t-\Delta t}^{t} \frac{\langle F_v(t') F_v(t) \rangle}{m} \mathrm{d} t'.$$

因为速度的变化是由涨落力引起的, t 时刻以前的速度和 t 时刻以后的涨落力的关联为零, 所以 $\langle v(t') F_v(t) \rangle$ 在 $t' < t$ 时为零, 在 $t' = t$ 时取极大值, 并且随着 $t' - t$ 的

增大而减小. 因此

$$\langle v(t)F_v(t)\rangle = \int_{t-\Delta t}^{t} \frac{2D_{vv}\delta(t'-t)}{m}\mathrm{d}t' = \frac{D_{vv}}{m}. \tag{4.6}$$

把 (4.6) 式代入 (4.5) 式, 可以得到

$$\frac{\mathrm{d}}{\mathrm{d}t}\langle v^2\rangle = -2\varGamma\langle v^2\rangle + \frac{2D_{vv}}{m^2}, \tag{4.7}$$

此即爱因斯坦关系式.

考虑粒子与温度为 T 的热池平衡, 此时 $\langle v\rangle = 0$, $\mathrm{d}\langle v^2\rangle/\mathrm{d}t = 0$, 则由 (4.4) 式和 (4.7) 式可得

$$\langle v\rangle = 0, \quad \langle v^2\rangle = \frac{D_{vv}}{m^2\varGamma}. \tag{4.8}$$

由能量均分定理 $m\langle v^2\rangle/2 = k_\mathrm{B}T/2$ 可以进一步得到

$$D_{vv} = m\varGamma k_\mathrm{B}T, \tag{4.9}$$

这就是耗散 – 涨落定理.

接下来计算平衡时粒子位置的分布及其涨落. 设初始时刻粒子的位置为 $x=0$, 则由

$$\frac{\mathrm{d}}{\mathrm{d}t}\langle x(t)\rangle = \langle v\rangle = 0,$$

推出 $\langle x(t)\rangle = 0$. 对于 $\langle x^2\rangle$ 的计算, 将 (4.1) 式乘以 x 并求系综平均, 得到

$$m\langle x\dot{v}\rangle = -m\varGamma\langle xv\rangle + \langle xF_v\rangle.$$

又由于

$$\langle x(t)F_v(t)\rangle = \langle x(0)F_v(t)\rangle + \int_0^t \langle v(t')F_v(t)\rangle\,\mathrm{d}t' = 0,$$

因此

$$-\varGamma\left\langle x\frac{\mathrm{d}x}{\mathrm{d}t}\right\rangle = \left\langle x\frac{\mathrm{d}^2x}{\mathrm{d}t^2}\right\rangle = \frac{\mathrm{d}}{\mathrm{d}t}\left\langle x\frac{\mathrm{d}v}{\mathrm{d}t}\right\rangle - \left\langle \left(\frac{\mathrm{d}x}{\mathrm{d}t}\right)^2\right\rangle = \frac{\mathrm{d}}{\mathrm{d}t}\left\langle x\frac{\mathrm{d}x}{\mathrm{d}t}\right\rangle - \frac{k_\mathrm{B}T}{m}.$$

把 $y = \langle x\dot{x}\rangle$ 当作变量, 求解方程 $\varGamma y = -\dot{y} + k_\mathrm{B}T/m$, 得到

$$\left\langle x\frac{\mathrm{d}x}{\mathrm{d}t}\right\rangle = \frac{k_\mathrm{B}T}{m\varGamma}(1-\mathrm{e}^{-\varGamma t}),$$

进一步得到位置涨落相关的方程为

$$\frac{1}{2}\frac{\mathrm{d}}{\mathrm{d}t}\langle x^2\rangle = \frac{k_\mathrm{B}T}{m\varGamma}(1-\mathrm{e}^{-\varGamma t}).$$

由初始条件 $t=0$ 时 $x=0$, 可得

$$\langle x^2\rangle = \frac{2k_\mathrm{B}T}{m\varGamma}\left[t-\frac{1}{\varGamma}\left(1-\mathrm{e}^{-\varGamma t}\right)\right] \xrightarrow{\varGamma t\gg 1} \frac{2k_\mathrm{B}T}{m\varGamma}t,$$

这是标准的扩散形式的方程.

最后我们考察另一类重要关系式:

$$\lim_{\Delta t\to 0}\frac{\langle(\Delta v)^n\rangle}{\Delta t}\equiv M_n,$$

其中,

$$\Delta v\equiv v(t+\Delta t)-v(t)=-\varGamma\int_t^{t+\Delta t}v(t')\mathrm{d}t' + \int_t^{t+\Delta t}\frac{F_v(t')}{m}\mathrm{d}t'.$$

对 Δv 做系综平均, 则有

$$\langle\Delta v\rangle = -\varGamma\langle v\rangle\Delta t.$$

因此得到

$$M_1 = \frac{\langle\Delta v\rangle}{\Delta t} = -\varGamma\langle v\rangle. \tag{4.10}$$

同样地, 对 $(\Delta v)^2$ 做系综平均, 则有

$$\langle(\Delta v)^2\rangle = \varGamma^2\int_t^{t+\Delta t}\mathrm{d}t'\int_t^{t+\Delta t}\mathrm{d}t''\langle v(t')v(t'')\rangle - \frac{2\varGamma}{m}\int_t^{t+\Delta t}\mathrm{d}t'\int_t^{t+\Delta t}\mathrm{d}t''\langle v(t')F_v(t'')\rangle$$
$$+\frac{1}{m^2}\int_t^{t+\Delta t}\mathrm{d}t'\int_t^{t+\Delta t}\mathrm{d}t''\langle F_v(t')F_v(t'')\rangle = \frac{2D_{vv}}{m^2}\Delta t,$$

可以得到

$$M_2 = \lim_{\Delta t\to 0}\frac{\langle(\Delta v)^2\rangle}{\Delta t} = \frac{2D_{vv}}{m^2}. \tag{4.11}$$

同理可得, $M_3 = \cdots = M_n = 0$.

4.2 福克尔 – 普朗克方程

记 $P(v,t)$ 是粒子速度的概率分布, 则 $P(v,t)\mathrm{d}v$ 表示 t 时刻粒子速度处于 v—$v+\mathrm{d}v$ 范围内的概率, 因此

$$\int_{-\infty}^{\infty}P(v,t)\mathrm{d}v = 1, \quad P(\pm\infty,t) = 0.$$

因为朗之万方程是马尔可夫型的，所以速度的概率分布 $P(v,t)$ 描述的也是一个马尔可夫过程，即从 t_0 到 t 的演化过程中，$P(v,t)$ 只由 t_0 时刻的分布 $P(v,t_0)$ 决定，而与 t_0 之前的分布无关．令 $P(v,t_0)=\delta(v-v_0)$，定义转换概率：$P(v,t) \equiv W(v,t|v_0,t_0)$.

对于平稳随机过程，进一步要求 $W(v,t|v_0,t_0)=W(v,t-t_0|v_0)$. 考虑 $t+\Delta t$ 时刻粒子速度的概率分布①：

$$\begin{aligned}P(v,t+\Delta t) &= \int W(v,t+\Delta t|v_0,t)P(v_0,t)\mathrm{d}v_0 \\ &= \int W(v,\Delta t|v_0)P(v_0,t)\mathrm{d}v_0 \\ &= \int W(v,\Delta t|v-\Delta v)P(v-\Delta v,t)\mathrm{d}\Delta v \\ &= \sum_{n=0}^{\infty}\int \frac{(-\Delta v)^n}{n!}\frac{\partial^n}{\partial v^n}W(v+\Delta v,\Delta t|v)P(v,t)\mathrm{d}\Delta v \\ &= \sum_{n=1}^{\infty}\frac{(-1)^n}{n!}\frac{\partial^n}{\partial v^n}M_n\Delta t\,P(v,t)+P(v,t),\end{aligned} \qquad (4.12)$$

$$(4.13)$$

其中，

$$M_n = \int \frac{(\Delta v)^n}{\Delta t}W(v+\Delta v,\Delta t|v)\mathrm{d}\Delta v \qquad (4.14)$$

已由朗之万方程定出，即

$$M_1 = -\Gamma\langle v\rangle, \quad M_2 = 2D_{vv}/m^2, \quad M_3 = 0, \quad \cdots,$$

所以 $P(v,t)$ 满足福克尔－普朗克方程：

$$\frac{\partial P}{\partial t} = -\frac{\partial}{\partial v}(M_1 P)+\frac{1}{2}\frac{\partial^2}{\partial v^2}(M_2 P). \qquad (4.15)$$

令 $\langle v^n\rangle = \int v^n P\mathrm{d}v$，则

$$\frac{\mathrm{d}\langle v\rangle}{\mathrm{d}t} = -\Gamma\langle v\rangle = M_1,$$

$$\frac{\mathrm{d}\langle v^2\rangle}{\mathrm{d}t} = -2\Gamma\langle v^2\rangle+M_2 = -2\Gamma\langle v^2\rangle+\frac{2D_{vv}}{m^2},$$

这与朗之万方程所得结果一样．在上面的方程中，$-2\Gamma\langle v^2\rangle$ 称为漂移项，而 $2D_{vv}/m^2$ 称为扩散项，见图 4.3.

---

①除特殊说明外，一般约定对速度的积分是从负无穷到正无穷．

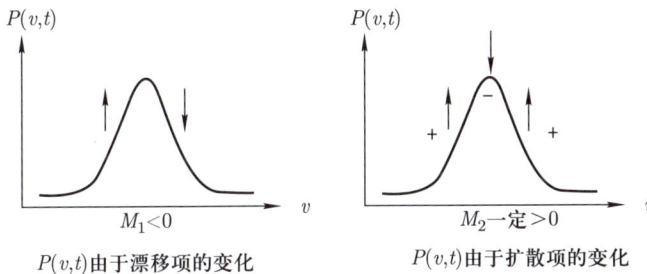

图 4.3 速度的概率分布演化中漂移项和扩散项分别起到的作用

4.3 量子热池理论 —— 海森伯表象

先考察一个简单模型. 设系统 A 是一个频率为 Ω 的谐振子, 它对应的升降算符分别为 $a^\dagger$ 和 a; 热池 B 由一组频率连续的谐振子组成, 它们的频率和对应的升降算符分别为 ω_k, $b_k^\dagger$ 和 b_k. 系统和热池的总哈密顿量为

$$H = H_A + H_B + V$$
$$\triangleq \hbar\Omega\left(a^\dagger a + \frac{1}{2}\right) + \hbar\sum_k \omega_k\left(b_k^\dagger b_k + \frac{1}{2}\right) + \hbar\sum_k g_k(ab_k^\dagger + b_k a^\dagger), \quad (4.16)$$

其中, g_k 为系统与热池的耦合强度. 利用等时对易关系, 得到如下运动方程:

$$\dot{a}(t) = \frac{\mathrm{i}}{\hbar}[H,a] = -\mathrm{i}\Omega a(t) - \mathrm{i}\sum_k g_k b_k(t), \quad (4.17)$$

$$\dot{b}_k(t) = -\mathrm{i}\omega_k b_k(t) - \mathrm{i}g_k a(t). \quad (4.18)$$

求解方程 (4.18) 得到

$$b_k(t) = b_k(t_0)\mathrm{e}^{-\mathrm{i}\omega_k(t-t_0)} - \mathrm{i}g_k \int_{t_0}^t \mathrm{d}t' a(t')\mathrm{e}^{-\mathrm{i}\omega_k(t-t')}. \quad (4.19)$$

将其代入 (4.17) 式, 有

$$\dot{a}(t) = -\mathrm{i}\Omega a(t) - \sum_k g_k^2 \int_0^{t-t_0} \mathrm{d}\tau a(t-\tau)\mathrm{e}^{-\mathrm{i}\omega_k\tau} - \mathrm{i}\sum_k g_k b_k(t_0)\mathrm{e}^{-\mathrm{i}\omega_k(t-t_0)}. \quad (4.20)$$

消去 $a(t)$ 中的固有频率 Ω 的振荡 (即令 $a(t) = A(t)\mathrm{e}^{-\mathrm{i}\Omega t}$), 可得

$$\dot{A}(t) = -\sum_k g_k^2 \int_0^{t-t_0} \mathrm{d}\tau A(t-\tau)\mathrm{e}^{-\mathrm{i}(\omega_k-\Omega)\tau} - \mathrm{i}\sum_k g_k b_k(t_0)\mathrm{e}^{\mathrm{i}\omega_k t_0 - \mathrm{i}(\omega_k-\Omega)t}. \quad (4.21)$$

引入热池中谐振子的谱密度 $\rho(k)$, 将求和转化为积分, 有

$$\sum_k g_k^2 \mathrm{e}^{-\mathrm{i}(\omega_k - \Omega)\tau} = \int g^2(k)\rho(k)\mathrm{e}^{-\mathrm{i}(\omega_k - \Omega)\tau}\,\mathrm{d}k. \tag{4.22}$$

设 $g^2(k)\rho(k)$ 集中在 Ω 附近, 宽度为

$$\Delta(\omega_k - \Omega) \equiv \frac{1}{\tau_\mathrm{c}},$$

其中, τ_c 是热池的关联时间, 则 (4.22) 式在 $\tau \gg \tau_\mathrm{c}$ 时趋于零. 根据法诺 (Fano) 假设, 由于马尔可夫近似, 在 $\tau \leqslant \tau_\mathrm{c}$ 时有 $A(t-\tau) \approx A(t)$, 则 (4.21) 式变为朗之万方程, 即

$$\dot{A}(t) = -\frac{\gamma}{2}A(t) + F(t), \tag{4.23}$$

其中,

$$\begin{aligned}\frac{\gamma}{2} &= \sum_k g_k^2 \int_0^{t-t_0} \mathrm{e}^{-\mathrm{i}(\omega_k - \Omega)\tau}\,\mathrm{d}\tau \\ &= \int \mathrm{d}k\, g^2(k)\rho(k)\pi\delta(\omega_k - \Omega) = \pi g^2(\Omega)\rho(\Omega),\end{aligned}$$

并且

$$F(t) = -\mathrm{i}\sum_k g_k b_k(t_0)\mathrm{e}^{\mathrm{i}\omega_k t_0 - \mathrm{i}(\omega_k - \Omega)t}. \tag{4.24}$$

显然, 在热平衡态下, 有

$$\langle F(t) \rangle_B \equiv \mathrm{tr}_B[\rho_B F(t)] = 0, \quad \langle F^\dagger(t) \rangle_B = 0, \tag{4.25}$$

其中, ρ_B 是海森伯表象中热池 B 处于热平衡态的密度矩阵, 即

$$\rho_B = \prod_k \left[\sum_{n_k=0}^\infty |n_k\rangle\langle n_k| \mathrm{e}^{-n_k \beta \hbar \omega_k}(1 - \mathrm{e}^{-\beta \hbar \omega_k})\right].$$

在热平衡态下, 平均粒子数

$$\bar{n}_k = \frac{1}{\mathrm{e}^{\beta \hbar \omega_k} - 1}$$

4.3 量子热池理论——海森伯表象

为玻色分布. 于是, 我们可以计算涨落力的关联:

$$
\begin{aligned}
\langle F^\dagger(t)F(t')\rangle_B &= \sum_k\sum_j g_k g_j \langle b_k^\dagger(t_0)b_j(t_0)\rangle_B \mathrm{e}^{\mathrm{i}(\omega_k-\Omega)(t-t_0)-\mathrm{i}(\omega_j-\Omega)(t'-t_0)} \\
&= \sum_k g_k^2 \bar{n}_k \mathrm{e}^{\mathrm{i}(\omega_k-\Omega)(t-t')} = \int \mathrm{d}k\, g^2(k)\rho(k)\bar{n}(k)\mathrm{e}^{\mathrm{i}(\omega_k-\Omega)(t-t')} \\
&\approx 2\pi g^2(\Omega)\rho(\Omega)\bar{n}(\Omega)\delta(t-t') \\
&= \gamma\bar{n}(\Omega)\delta(t-t') \equiv 2D_{A^\dagger A}\delta(t-t').
\end{aligned}
\tag{4.26}
$$

同理可得

$$
\langle F(t)F^\dagger(t')\rangle_B = \gamma(\bar{n}+1)\delta(t-t') \equiv 2D_{AA^\dagger}\delta(t-t').
\tag{4.27}
$$

和 4.1 节中一样, 可以推导出

$$
\langle F^\dagger(t)A(t)\rangle_B = \langle A^\dagger(t)F(t)\rangle_B = D_{A^\dagger A} = \frac{1}{2}\gamma\bar{n},
\tag{4.28}
$$

以及爱因斯坦关系式:

$$
\begin{aligned}
\frac{\mathrm{d}}{\mathrm{d}t}\langle A^\dagger(t)A(t)\rangle_B &= -\gamma\langle A^\dagger(t)A(t)\rangle_B + \langle F^\dagger(t)A(t)\rangle_B + \langle A^\dagger(t)F(t)\rangle_B \\
&= -\gamma\langle A^\dagger(t)A(t)\rangle_B + 2D_{A^\dagger A}.
\end{aligned}
\tag{4.29}
$$

注意到, 上述耗散 – 涨落关系

$$
\begin{aligned}
\langle F^\dagger(t)F(t')\rangle_B &= \gamma\bar{n}\delta(t-t'), \\
\langle F(t)F^\dagger(t')\rangle_B &= \gamma(\bar{n}+1)\delta(t-t')
\end{aligned}
$$

保证了 $[A(t), A^\dagger(t)] \equiv 1$.

上述讨论是在最简单的系统中进行的. 对于复杂系统, 我们可以用微扰方法求漂移和扩散系数. 考虑系统 A 也由多个模式的谐振子组成, 记为 $\{a_1, a_2, \cdots, a_\mu, \cdots\}$, 则系统 A 与热池 B 的总哈密顿量为

$$
H = H_A + H_B + V,
$$

并假设 B 对 A 无平均场作用, 即 $\langle V\rangle_B = 0$, 那么 a_μ 的海森伯运动方程为

$$
\dot{a}_\mu(t) = \frac{\mathrm{i}}{\hbar}[H, a_\mu] = -\mathrm{i}\Omega_\mu a_\mu(t) + \frac{\mathrm{i}}{\hbar}[V, a_\mu].
$$

通过令 $a_\mu(t) = A_\mu(t)\exp(-\mathrm{i}\Omega_\mu t)$ 去掉 a_μ 的固有频率 Ω_μ，因此可得

$$\dot{A}_\mu(t) = \frac{\mathrm{i}}{\hbar}\left[V, A_\mu\right]. \tag{4.30}$$

采用微扰展开的方法，并保留到 V 的二次式，可得

$$A_\mu(t+\Delta t) = A_\mu(t) + \frac{\mathrm{i}}{\hbar}\int_t^{t+\Delta t}\mathrm{d}t'\left[V(t'), A_\mu(t)\right]$$
$$+ \left(\frac{\mathrm{i}}{\hbar}\right)^2\int_t^{t+\Delta t}\mathrm{d}t'\int_t^{t'}\mathrm{d}t''\left[V(t'),\left[V(t''), A_\mu(t)\right]\right] + \cdots. \tag{4.31}$$

因为 V 中包含 A 和 B 的海森伯算符，所以在对 B 求平均时，使用法诺的两个假设：

(1) 热池 B 很大，A 对它的作用很小，B 的算符可以看作与 A 无关.

(2) B 是广谱系统，在不同时刻 (例如，t', t'')，B 的算符关联随时间间隔 $|t'-t''| \gg \tau_c$ 变化很快。A 在时间间隔 τ_c 内变化很小，也就是说，可以做马尔可夫近似.

在此假设下，有

$$\langle\Delta A_\mu\rangle_B = \langle A_\mu(t+\Delta t) - A_\mu(t)\rangle_B$$
$$= -\frac{1}{\hbar^2}\int_t^{t+\Delta t}\mathrm{d}t'\int_t^{t'}\mathrm{d}t''\langle\left[V(t'),\left[V(t''), A_\mu(t)\right]\right]\rangle_B.$$

这里利用了 $\langle V(t')\rangle_B = 0$. 接下来化简上式. 通过定义 $\tau' = t'' - t$，$\tau'' = t' - t''$，$t' - t - \tau'$，交换上式中的积分顺序，也即由图 4.4(a) 变到图 4.4(b)，则

$$\langle\Delta A_\mu\rangle_B = -\frac{1}{\hbar^2}\int_t^{t+\Delta t}\mathrm{d}t''\int_{t''}^{t+\Delta t}\mathrm{d}t'\langle\left[V(t'),\left[V(t''), A_\mu(t)\right]\right]\rangle_B$$
$$= -\frac{1}{\hbar^2}\int_0^{\Delta t}\mathrm{d}\tau'\int_0^{\Delta t-\tau'}\mathrm{d}\tau''\langle\left[V(t+\tau'+\tau''),\left[V(t+\tau'), A_\mu(t)\right]\right]\rangle_B.$$

根据法诺假设，只有当 $\tau'' \to 0$ 时，上式才不为零，所以可将 τ'' 的积分上限改为 ∞，即

$$\langle\Delta A_\mu\rangle_B = -\frac{1}{\hbar^2}\int_0^{\Delta t}\mathrm{d}\tau'\int_0^\infty\mathrm{d}\tau''\langle\left[V(t+\tau'+\tau''),\left[V(t+\tau'), A_\mu(t)\right]\right]\rangle_B.$$

由于 B 的平稳性，以及在 Δt 时间内 A 的变化很小，因此可以忽略被积函数中的 τ'，于是 (用 τ 取代 τ'')

$$\langle\Delta A_\mu\rangle_B = -\frac{\Delta t}{\hbar^2}\int_0^\infty\mathrm{d}\tau\langle\left[V(t+\tau),\left[V(t), A_\mu(t)\right]\right]\rangle_B,$$

即
$$\frac{\langle \Delta A_\mu \rangle_B}{\Delta t} \equiv \langle D_\mu(t) \rangle_B = -\frac{1}{\hbar^2}\int_0^\infty \mathrm{d}\tau \langle [V(t+\tau),[V(t),A_\mu(t)]] \rangle_B. \tag{4.32}$$

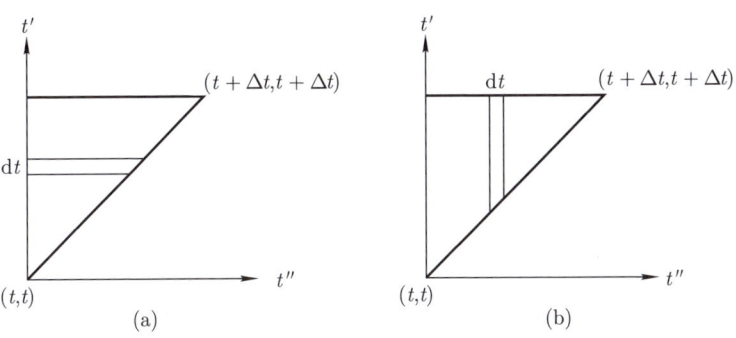

图 4.4 交换积分顺序的示意图

将 (4.30) 式写成朗之万方程的形式, 即
$$\dot{A}_\mu(t) = D_\mu(t) + F_\mu(t), \tag{4.33}$$

其中, $\langle F_\mu(t) \rangle_B = 0$, $\langle \dot{A}_\mu(t) \rangle_B = \langle D_\mu(t) \rangle_B$, 并且 $\langle D_\mu(t) \rangle_B$ 可由 (4.32) 式算出. 要计算不同时刻 $F_\mu(t)$ 的关联
$$\langle F_\mu(t) F_\nu(t') \rangle_B = 2\langle D_{\mu\nu} \rangle_B \delta(t-t'),$$

可仿照 4.1 节, 即
$$\begin{aligned}
\frac{\langle \Delta A_\mu(t) \Delta A_\nu(t) \rangle_B}{\Delta t} &= \frac{1}{\Delta t}\left\langle \int_t^{t+\Delta t}\mathrm{d}t' \dot{A}_\mu(t') \int_t^{t+\Delta t}\mathrm{d}t'' \dot{A}_\nu(t'') \right\rangle_B \\
&= \frac{1}{\Delta t}\int_t^{t+\Delta t}\mathrm{d}t' \int_t^{t+\Delta t}\mathrm{d}t'' \langle D_\mu(t')D_\nu(t'') + D_\mu(t')F_\nu(t'') \\
&\quad + F_\mu(t')D_\nu(t'') + F_\mu(t')F_\nu(t'') \rangle_B \\
&= 2\langle D_{\mu\nu} \rangle_B.
\end{aligned} \tag{4.34}$$

虽然利用 (4.31) 式中的微扰结果可以计算 (4.34) 式左边, 但是这样做很烦琐. 比较简单的方法是利用爱因斯坦关系, 即由漂移项 $\langle D_\mu(t) \rangle_B$ 求扩散项 $\langle D_{\mu\nu} \rangle_B$.

下面将爱因斯坦关系推广到一般的扩散系统. 由 (4.33) 式有
$$\begin{aligned}
\frac{\mathrm{d}}{\mathrm{d}t}\langle A_\mu(t)A_\nu(t) \rangle_B &= \langle \dot{A}_\mu A_\nu \rangle_B + \langle A_\mu \dot{A}_\nu \rangle_B \\
&= \langle D_\mu A_\nu \rangle_B + \langle A_\mu D_\nu \rangle_B + \langle F_\mu A_\nu \rangle_B + \langle A_\mu F_\nu \rangle_B. \tag{4.35}
\end{aligned}$$

要得到爱因斯坦关系, 还要计算 $\langle F_\mu A_\nu \rangle_B$ 和 $\langle A_\mu F_\nu \rangle_B$. 我们有

$$A_\mu(t) = A_\mu(t - \Delta t) + \int_{t-\Delta t}^{t} dt' \dot{A}_\mu(t')$$
$$= A_\mu(t - \Delta t) + \int_{t-\Delta t}^{t} dt' [D_\mu(t') + F_\mu(t')].$$

将上式两边同时乘以 $F_\nu(t)$ 并对 B 求平均, 可得

$$\langle A_\mu(t) F_\nu(t) \rangle_B = \langle A_\mu(t - \Delta t) F_\nu(t) \rangle_B + \int_{t-\Delta t}^{t} dt' \langle [D_\mu(t') + F_\mu(t')] F_\nu(t) \rangle_B$$
$$= \langle D_{\mu\nu} \rangle_B. \tag{4.36}$$

这里用到了当 Δt 足够大时, $\langle A_\mu(t - \Delta t) F_\nu(t) \rangle_B = 0$, 即两项之间无关联. 同理可得, $\langle F_\mu A_\nu \rangle_B = \langle D_{\mu\nu} \rangle_B$. 把 (4.36) 式和 $\langle F_\mu A_\nu \rangle_B = \langle D_{\mu\nu} \rangle_B$ 代入 (4.35) 式, 可以得到一般的爱因斯坦关系:

$$2\langle D_{\mu\nu} \rangle_B = \frac{d}{dt} \langle A_\mu(t) A_\nu(t) \rangle_B - \langle D_\mu A_\nu \rangle_B - \langle A_\mu D_\nu \rangle_B. \tag{4.37}$$

以后要用 (4.37) 式求 $\langle D_{\mu\nu} \rangle_B$.

接下来给出一个二能级原子与热池耦合的例子. 首先, 利用 (4.32) 式和 (4.37) 式求漂移项和扩散项. 记系统 A 中的算符为

$$\left\{ \sigma_a(t), \sigma_b = 1 - \sigma_a, \sigma^+ = \Sigma^+(t) e^{i\Omega t}, \sigma = \Sigma(t) e^{-i\Omega t} \right\},$$

热池 B 中的算符为

$$\left\{ b_k = B_k e^{-i\omega_k t}, b_k^\dagger = B_k^\dagger e^{i\omega_k t} \right\},$$

则 A 和 B 的总哈密顿量可改写为

$$H = H_0 + V = \frac{1}{2}\hbar\Omega\sigma_z + \hbar\sum_k \omega_k \left(b_k^\dagger b_k + \frac{1}{2}\right) + \hbar\sum_k g_k \left[b_k^\dagger(t)\sigma(t) + \sigma^+(t)b_k(t)\right]$$
$$= \frac{1}{2}\hbar\Omega(2\sigma_a - 1) + \hbar\sum_k \omega_k \left(B_k^\dagger B_k + \frac{1}{2}\right) + \hbar\sum_k g_k \left[B_k^\dagger \Sigma(t) e^{i(\omega_k - \Omega)t} + \text{h.c.}\right].$$

4.3 量子热池理论 —— 海森伯表象

下面利用 (4.32) 式求 $\langle D_{\sigma_a} \rangle_B$:

$$\langle D_{\sigma_a} \rangle_B = -\frac{1}{\hbar^2} \int_0^\infty \mathrm{d}\tau \, \langle [V(t+\tau), [V(t), \sigma_a(t)]] \rangle_B$$

$$= -\sum_k \sum_j g_k g_j \int_0^\infty \mathrm{d}\tau \, \Big\langle \Big[B_k^\dagger(t+\tau) \Sigma(t+\tau) \mathrm{e}^{\mathrm{i}(\omega_k - \Omega)(t+\tau)} + \mathrm{h.c.},$$
$$\Big[B_j^\dagger(t) \Sigma(t) \mathrm{e}^{\mathrm{i}(\omega_j - \Omega)t} + \mathrm{h.c.}, \sigma_a(t) \Big] \Big] \Big\rangle_B$$

$$= -\sum_k \sum_j g_k g_j \int_0^\infty \mathrm{d}\tau \, \Big\langle \Big[B_k^\dagger(t+\tau) \Sigma(t+\tau) \mathrm{e}^{\mathrm{i}(\omega_k - \Omega)(t+\tau)} + \mathrm{h.c.},$$
$$B_j^\dagger(t) \Sigma(t) \mathrm{e}^{\mathrm{i}(\omega_j - \Omega)t} - \Sigma^\dagger(t) B_j(t) \mathrm{e}^{-\mathrm{i}(\omega_j - \Omega)t} \Big] \Big\rangle_B,$$

这里用到了 $[B_k^\dagger(t), \Sigma(t)] = 0$, $[\Sigma(t), \sigma_a(t)] = \Sigma(t)$ 等.

根据法诺假设

$$\langle B_k^\dagger(t+\tau) B_j^\dagger(t) \rangle_B = 0, \quad \langle B_k^\dagger(t+\tau) B_j(t) \rangle_B = \delta_{kj} \bar{n}_k, \quad \cdots,$$

可以进一步得到

$$\langle D_{\sigma_a} \rangle_B = -\sum_k g_k^2 \int_0^\infty \mathrm{d}\tau [-\langle \Sigma(t+\tau) \Sigma^+(t) \rangle_B \mathrm{e}^{\mathrm{i}(\omega_k - \Omega)\tau} \bar{n}_k$$
$$+ \langle \Sigma^+(t) \Sigma(t+\tau) \rangle_B \mathrm{e}^{\mathrm{i}(\omega_k - \Omega)\tau} (\bar{n}_k + 1)$$
$$+ \langle \Sigma^+(t+\tau) \Sigma(t) \rangle_B \mathrm{e}^{-\mathrm{i}(\omega_k - \Omega)\tau} (\bar{n}_k + 1)$$
$$- \langle \Sigma(t) \Sigma^+(t+\tau) \rangle_B \mathrm{e}^{-\mathrm{i}(\omega_k - \Omega)\tau} \bar{n}_k].$$

把上式中的求和变为积分, 即

$$\sum_k g_k^2 \mathrm{e}^{\mathrm{i}(\omega_k - \Omega)\tau} \bar{n}_k \cdots = \int \mathrm{d}k \, g^2(k) \rho(k) \mathrm{e}^{\mathrm{i}(\omega_k - \Omega)\tau} \bar{n}(k) \cdots,$$

如果 $g^2(k)\rho(k)\bar{n}(k)$ 是 k 的缓变函数, 且宽度为 $\Delta(\omega_k - \Omega) \sim \tau_c^{-1}$, 而 Σ 变化的特征时间又远大于 τ_c, 则 $\Sigma(t+\tau) \approx \Sigma(t)$. 再利用 $\Sigma(t)\Sigma^+(t) = \sigma_b(t)$, $\Sigma^+(t)\Sigma(t) = \sigma_a(t)$, 可得

$$\langle D_{\sigma_a}(t) \rangle_B = \langle \sigma_b(t) \rangle_B \sum_k g_k^2 \bar{n}_k \int_{-\infty}^\infty \mathrm{d}\tau \mathrm{e}^{\mathrm{i}(\omega_k - \Omega)\tau}$$
$$- \langle \sigma_a(t) \rangle_B \sum_k g_k^2 (\bar{n}_k + 1) \int_{-\infty}^\infty \mathrm{d}\tau \mathrm{e}^{\mathrm{i}(\omega_k - \Omega)\tau}$$
$$= \gamma \bar{n}(\Omega) \langle \sigma_b(t) \rangle_B - \gamma [\bar{n}(\Omega) + 1] \langle \sigma_a(t) \rangle_B. \tag{4.38}$$

这个式子的物理意义很明显,如图 4.5 所示,$\langle D_{\sigma_a}(t)\rangle_B$ 表示能级 a 上平均粒子数的变化率,它等于单位时间内自发吸收的平均粒子数 $\gamma\bar{n}(\Omega)\langle\sigma_b(t)\rangle_B$ 减去单位时间内能级 a 上减少的平均粒子数,而后者由两部分组成,一部分是诱导辐射导致的 $\gamma\bar{n}(\Omega)\langle\sigma_a(t)\rangle_B$,另一部分是自发辐射导致的 $\gamma\langle\sigma_a(t)\rangle_B$.

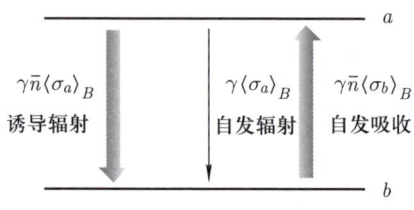

图 4.5 (4.38) 式的物理意义示意图

同理可得

$$\langle D_{\sigma_b}(t)\rangle_B = -\gamma\bar{n}(\Omega)\langle\sigma_b(t)\rangle_B + \gamma[\bar{n}(\Omega)+1]\langle\sigma_a(t)\rangle_B,$$

并且

$$\langle D_\Sigma(t)\rangle_B = -\frac{\gamma}{2}[2\bar{n}(\Omega)+1]\langle\Sigma\rangle_B,$$
$$\langle D_{\Sigma^+}(t)\rangle_B = -\frac{\gamma}{2}[2\bar{n}(\Omega)+1]\langle\Sigma^+\rangle_B.$$

接下来利用 (4.37) 式求扩散系数 $\langle D_{\sigma_a\sigma_a}\rangle_B$,$\langle D_{\sigma_a\Sigma}\rangle_B$,$\langle D_{\Sigma^+\Sigma}\rangle_B$ 等. 下面以 $\langle D_{\Sigma\Sigma^+}\rangle_B$ 为例来说明求解方法:

$$\begin{aligned}
2\langle D_{\Sigma\Sigma^+}\rangle_B &= \frac{\mathrm{d}}{\mathrm{d}t}\langle\Sigma\Sigma^+\rangle_B - \langle D_\Sigma\Sigma^+\rangle_B - \langle\Sigma D_{\Sigma^+}\rangle_B \\
&= \frac{\mathrm{d}}{\mathrm{d}t}\langle\sigma_b\rangle_B + \frac{\gamma}{2}(2\bar{n}+1)\langle\Sigma\Sigma^+\rangle_B + \frac{\gamma}{2}(2\bar{n}+1)\langle\Sigma\Sigma^+\rangle_B \\
&= -\gamma\bar{n}\langle\sigma_b\rangle_B + \gamma(\bar{n}+1)\langle\sigma_a\rangle_B + \gamma(2\bar{n}+1)\langle\sigma_b\rangle_B \\
&= \gamma(\bar{n}+1),
\end{aligned}$$

当 $\bar{n}$ 很大时,上式可近似为 $2\langle D_{\Sigma\Sigma^+}\rangle_B \approx \gamma\bar{n}$.

4.4 量子热池理论 —— 薛定谔表象,约化密度矩阵

设系统 A 与热池 B 构成的整体的密度矩阵为 ρ_{AB},平均掉 B 的约化密度矩阵为 $\rho_A = \mathrm{tr}_B(\rho_{AB})$. 在相互作用表象中,记

$$V_\mathrm{I} = \mathrm{e}^{\mathrm{i}H_0 t/\hbar} V \mathrm{e}^{-\mathrm{i}H_0 t/\hbar},$$

4.4 量子热池理论 —— 薛定谔表象, 约化密度矩阵

则密度矩阵的演化遵循如下方程:
$$\dot{\rho}_{AB} = -\frac{\mathrm{i}}{\hbar}\left[V_\mathrm{I}(t), \rho_{AB}(t)\right].$$

解出它的形式解, 再将其代回上述演化方程, 得到
$$\dot{\rho}_{AB}(t) = -\frac{\mathrm{i}}{\hbar}\left[V_\mathrm{I}(t), \rho_{AB}(0)\right] - \frac{1}{\hbar^2}\int_0^t \mathrm{d}t'\left[V_\mathrm{I}(t), \left[V_\mathrm{I}(t'), \rho_{AB}(t')\right]\right],$$

则约化密度矩阵的演化写为
$$\dot{\rho}_A(t) = -\frac{\mathrm{i}}{\hbar}\mathrm{tr}_B\left\{\left[V_\mathrm{I}(t), \rho_{AB}(0)\right]\right\} - \frac{1}{\hbar^2}\int_0^t \mathrm{d}t'\,\mathrm{tr}_B\left\{\left[V_\mathrm{I}(t), \left[V_\mathrm{I}(t'), \rho_{AB}(t')\right]\right]\right\}. \quad (4.39)$$

假设在 $t=0$ 时刻, A 和 B 尚无相互作用, 即 $\rho_{AB}(0) = \rho_A(0) \otimes \rho_B(0)$. 法诺的两个假设表示为:

(1) 热池 B 具有广谱, 有很多自由度, A 对它的作用很快消失, 所以 ρ_B 始终可以用未扰动的密度矩阵描述, 即
$$\rho_{AB}(t') \approx \rho_A(t') \otimes \rho_B(0).$$

(2) 在求 $\mathrm{tr}_B\left[V_\mathrm{I}(t)V_\mathrm{I}(t')\rho_B(0)\right]$ 时, 因为 B 具有广谱, 所以关联时间 τ_c 很小, 当 $|t-t'| > \tau_\mathrm{c}$ 时, 结果等于零, 而 ρ_A 变化缓慢, 可以做马尔可夫近似, 即 $\rho_A(t') \approx \rho_A(t)$. 于是
$$\rho_{AB}(t') \approx \rho_A(t) \otimes \rho_B(0).$$

因此 (4.39) 式可改写为
$$\begin{aligned}\dot{\rho}_A(t) =& -\frac{\mathrm{i}}{\hbar}\mathrm{tr}_B\left\{\left[V_\mathrm{I}(t), \rho_A(0) \otimes \rho_B(0)\right]\right\} \\ & -\frac{1}{\hbar^2}\int_0^t \mathrm{d}t'\,\mathrm{tr}_B\left\{\left[V_\mathrm{I}(t), \left[V_\mathrm{I}(t'), \rho_A(t) \otimes \rho_B(0)\right]\right]\right\} \\ =& -\frac{1}{\hbar^2}\int_0^t \mathrm{d}t'\,\mathrm{tr}_B\left\{\left[V_\mathrm{I}(t), \left[V_\mathrm{I}(t'), \rho_A(t) \otimes \rho_B(0)\right]\right]\right\}. \end{aligned} \quad (4.40)$$

去掉第一项是因为假设了 B 对 A 平均来说没有作用, 即 $\mathrm{tr}_B\left[V_\mathrm{I}\rho_B(0)\right] = 0$. 方程 (4.40) 将作为以下讨论的出发点.

首先看一个简单的例子. 假设系统 A 是由 $a, a^\dagger, \Omega$ 描述的一个谐振子, 热池 B 是由 $\{b_k, b_k^\dagger, \omega_k\}$ 描述的一组谐振子, 那么系统与热池的相互作用为
$$V_\mathrm{I}(t) = \hbar\sum_k g_k\left[ab_k^\dagger \mathrm{e}^{\mathrm{i}(\omega_k-\Omega)t} + b_k a^\dagger \mathrm{e}^{-\mathrm{i}(\omega_k-\Omega)t}\right].$$

由于热池在初始时刻处于热平衡态, 即

$$\rho_B(0) = \prod_k \left[\sum_{n_k=0}^{\infty} |n_k\rangle\langle n_k| e^{-n_k\beta\hbar\omega_k}(1-e^{-\beta\hbar\omega_k}) \right],$$

因此不难算出 $\text{tr}_B[b_k b_j^\dagger \rho_B(0)] = (\bar{n}_k+1)\delta_{jk}, \cdots$. 把上述结果代入 (4.40) 式, 得

$$\begin{aligned}\dot\rho_A(t) = -\int_0^t dt' \sum_k g_k^2 [&a^\dagger a \rho_A(t)(\bar{n}_k+1)e^{-i(\omega_k-\Omega)(t-t')}\\
&+aa^\dagger \rho_A(t)\bar{n}_k e^{i(\omega_k-\Omega)(t-t')} - a\rho_A(t)a^\dagger(\bar{n}_k+1)e^{i(\omega_k-\Omega)(t-t')}\\
&-a^\dagger \rho_A(t)a\bar{n}_k e^{-i(\omega_k-\Omega)(t-t')} + \rho_A(t)a^\dagger a(\bar{n}_k+1)e^{i(\omega_k-\Omega)(t-t')}\\
&+\rho_A(t)aa^\dagger \bar{n}_k e^{-i(\omega_k-\Omega)(t-t')} - a\rho_A(t)a^\dagger(\bar{n}_k+1)e^{-i(\omega_k-\Omega)(t-t')}\\
&-a^\dagger \rho_A(t)a\bar{n}_k e^{i(\omega_k-\Omega)(t-t')}].\end{aligned}$$

利用

$$\int_0^t dt' e^{\pm i(\Omega-\omega_k)(t-t')} = \pi\delta(\Omega-\omega_k) \pm i\frac{\mathcal{P}}{\Omega-\omega_k},$$

并忽略主值积分项 $\mathcal{P}$ 造成的能量移动. 再记 $2\pi g^2(\Omega)\rho(\Omega) = \gamma$, 得到

$$\begin{aligned}\dot\rho_A(t) = &-\frac{\gamma}{2}\bar{n}\left(aa^\dagger \rho_A - 2a^\dagger \rho_A a + \rho_A aa^\dagger\right)\\
&-\frac{\gamma}{2}(\bar{n}+1)\left(a^\dagger a \rho_A - 2a\rho_A a^\dagger + \rho_A a^\dagger a\right),\end{aligned} \tag{4.41}$$

其中, 第一项中的 $\bar{n}$ 表示热池 B 少了一个光子, 所以对系统 A 来说相当于增益; 第二项中的 $\bar{n}+1$ 表示热池 B 多了一个光子, 所以对系统 A 来说相当于损失. 令 $\gamma\bar{n}/2 \equiv R/2, \gamma(\bar{n}+1)/2 \equiv K/2$, 可将 (4.41) 式改写为

$$\dot\rho_A(t) = -\frac{R}{2}\left(aa^\dagger \rho_A - 2a^\dagger \rho_A a + \rho_A aa^\dagger\right) - \frac{K}{2}\left(a^\dagger a \rho_A - 2a\rho_A a^\dagger + \rho_A a^\dagger a\right), \tag{4.42}$$

其物理意义体现为下式 (见图 4.6):

$$\begin{aligned}\frac{d}{dt}\langle m|\rho_A|m\rangle = &-R\left[(m+1)\rho_{mm} - m\rho_{m-1,m-1}\right]\\
&-K\left[m\rho_{mm} - (m+1)\rho_{m+1,m+1}\right].\end{aligned} \tag{4.43}$$

接下来我们说明, 如果把 ρ_A 用相干态的对角元表示, 即

$$\rho_A(t) = \int P(v,t)|v\rangle\langle v| d^2 v, \tag{4.44}$$

4.4 量子热池理论 —— 薛定谔表象, 约化密度矩阵

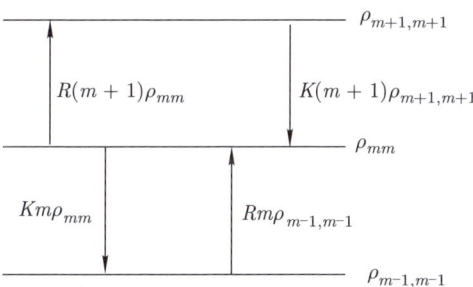

图 4.6 (4.43) 式的物理意义: 诱导辐射、自发辐射和诱导吸收

则 (4.41) 式具有福克尔 – 普朗克方程的形式. 已知

$$a|v\rangle\langle v| = v|v\rangle\langle v|, \qquad a^\dagger |v\rangle\langle v| = (\partial_v + v^*)|v\rangle\langle v|, \tag{4.45}$$

以及其厄米共轭

$$|v\rangle\langle v|a^\dagger = v^*|v\rangle\langle v|, \qquad |v\rangle\langle v|a = (\partial_{v^*} + v)|v\rangle\langle v|, \tag{4.46}$$

因此

$$\begin{aligned}a^\dagger a|v\rangle\langle v| - 2a|v\rangle\langle v|a^\dagger + |v\rangle\langle v|a^\dagger a &= (v\partial_v + v^*\partial_{v^*})|v\rangle\langle v|, \\ aa^\dagger |v\rangle\langle v| - 2a^\dagger |v\rangle\langle v|a + |v\rangle\langle v|aa^\dagger &= (-2\partial_v\partial_{v^*} - v\partial_v - v^*\partial_{v^*})|v\rangle\langle v|.\end{aligned} \tag{4.47}$$

将 (4.47) 式代入 (4.42) 式, 并利用分部积分, 可得

$$\int \dot{P}(v,t)|v\rangle\langle v|\mathrm{d}^2 v = \frac{K-R}{2}\int [\partial_v(vP) + \partial_{v^*}(v^*P)]\,|v\rangle\langle v|\mathrm{d}^2 v$$
$$+ R\int (\partial_v\partial_{v^*}P)|v\rangle\langle v|\mathrm{d}^2 v,$$

最后可得

$$\dot{P} = R\partial_v\partial_{v^*}P + \frac{K-R}{2}\left[\partial_v(vP) + \partial_{v^*}(v^*P)\right]. \tag{4.48}$$

这个方程是二维复空间 (v, v^*) 的扩散型方程. 现在做变量替换 $v = x + \mathrm{i}y$, 将复变量 (v, v^*) 转换为实变量 (x, y), 方程 (4.48) 变为

$$\dot{P} = -\frac{R-K}{2}\left[\partial_x(xP) + \partial_y(yP)\right] + \frac{R}{4}(\partial_x^2 + \partial_y^2)P, \tag{4.49}$$

这是一个各向同性的扩散方程, $(R-K)\partial_x(xP)/2$ 和 $(R-K)\partial_y(yP)/2$ 分别为沿着速度的实部和虚部方向的漂移项; $R(\partial_x^2 + \partial_y^2)P/4$ 代表各向同性的扩散.

附录 4A　量子开式系统的波函数描述

在 4.3 节和 4.4 节中，我们已经详细探讨了在海森伯表象和薛定谔表象中处理开式系统的量子热池理论. 除了上述两种处理方法外，量子开式系统也可以通过波函数的方法进行描述. 这种描述的物理图像更直观：波函数形式上可以因子化为系统和热池两部分；系统部分受热池坐标影响，影响主要来自涨落，但平均影响为零. 忽略掉这个涨落，系统部分可由一个已知的有效哈密顿量支配. 下面将对波函数的描述方法进行介绍.

考虑一个频率为 ω 的谐振子 (系统) 与由一组频率连续的谐振子组成的热池耦合的模型，它的哈密顿量为

$$H = \hbar\omega b^\dagger b + \sum_j \hbar\omega_j a_j^\dagger a_j + \hbar\sum_j (\xi_j b^\dagger a_j + \text{h.c.}), \tag{4.50}$$

这里，b, a_j 为谐振子的湮灭算符，$b^\dagger, a_j^\dagger$ 为谐振子的产生算符，ξ_j 是系统与热池的耦合强度. 为了得到系统和热池整体的波函数，我们考虑谐振子的湮灭算符满足的海森伯运动方程：

$$\dot{b}(t) = -\mathrm{i}\omega b(t) - \mathrm{i}\sum_j \xi_j a_j(t),$$
$$\dot{a}_j(t) = -\mathrm{i}\omega_j a_j(t) - \mathrm{i}\xi_j^* b(t).$$

在维格纳 – 韦斯科普夫近似下 [1]，$b(t)$ 和 $a_j(t)$ 可以直接得到，即

$$b(t) = u(t)b(0) + \sum_j v_j(t)a_j(0),$$
$$a_j(t) = a_j(0)\mathrm{e}^{-\mathrm{i}\omega_j t} + u_j(t)b(0) + \sum_s v_{js} a_s(0),$$

这里，时间依赖的系数的显式表达为

$$u(t) = \mathrm{e}^{-\frac{1}{2}\gamma t - \mathrm{i}\omega_c t}, \qquad u_j(t) = -\mathrm{i}\xi_j^* \mathrm{e}^{-\mathrm{i}\omega_j t}\frac{\mathrm{e}^{-\mathrm{i}(\omega_c - \omega_j)t - \frac{1}{2}\gamma t} - 1}{\omega_j - \omega_c + \mathrm{i}\gamma/2},$$
$$v_j(t) = -\xi_j \mathrm{e}^{-\mathrm{i}\omega_j t}\frac{1 - \mathrm{e}^{-\frac{\gamma}{2}t + \mathrm{i}(\omega_j - \omega_c)t}}{\omega_c - \omega_j - \mathrm{i}\gamma/2},$$
$$v_{js}(t) = -\frac{\xi_s \xi_j^* \mathrm{e}^{-\mathrm{i}\omega_j t}}{\omega_c - \omega_s - \mathrm{i}\gamma/2}\left[\frac{1 - \mathrm{e}^{-\frac{\gamma}{2}t + \mathrm{i}(\omega_j - \omega_c)t}}{\omega_c - \omega_j - \mathrm{i}\gamma/2} - \frac{\mathrm{e}^{\mathrm{i}(\omega_j - \omega_s)t} - 1}{\omega_j - \omega_s}\right],$$

并且谐振子重正化后的频率为 $\omega_c = \omega + \Delta\omega$，其中，$\Delta\omega$ 是由于热池的耦合造成的兰姆移动.

附录 4A 量子开式系统的波函数描述

已知海森伯表象中的算符表达式,我们可以计算薛定谔表象中的波函数的时间演化. 选定系统的初态为一个直积态: $|\Psi(0)\rangle = |\phi\rangle \otimes \prod_j |\phi_j\rangle$, 其中, $|\phi\rangle$ 代表系统部分, 其他代表热池部分. 在相干态的表象中, t 时刻的波函数由时间演化算符 $U(t)$ 所给出的波函数的相干态表示, 即

$$\Psi(\lambda, \{\lambda_j\}, t) \equiv \langle \lambda, \{\lambda_j\}|\Psi(t)\rangle = [\langle \Psi(0)|U^\dagger(t)|\lambda, \{\lambda_j\}\rangle]^*,$$

其中,

$$|\lambda, \{\lambda_j\}\rangle = |\lambda\rangle \otimes \prod_j |\lambda_j\rangle = N(\lambda, \{\lambda_j\}) \exp\left[\lambda b^\dagger(0) + \sum_j \lambda_j a_j^\dagger(0)\right]|0\rangle$$

为系统和热池相干态的直积, 并且归一化系数为

$$N(\lambda, \{\lambda_j\}) = \exp\left[-\left(|\lambda|^2 + \sum_j |\lambda_j|^2\right)/2\right].$$

通过计算基矢的时间演化

$$U^\dagger(t)|\lambda, \{\lambda_j\}\rangle = N(\lambda, \{\lambda_j\})U^\dagger(t) \exp\left[\lambda b^\dagger(0) + \sum_j \lambda_j a_j^\dagger(0)\right]U(t)U^\dagger(t)|0\rangle$$

$$= N(\lambda, \{\lambda_j\}) \exp\left[\alpha(t) b^\dagger(0) + \sum_j \beta_j(t) a_j^\dagger(0)\right]|0\rangle$$

$$\equiv |\alpha(t)\rangle \otimes \prod_j |\beta_j(t)\rangle,$$

其中, $\alpha(t) = \lambda u^*(t) + \sum_j \lambda_j u_j^*(t), \beta_j(t) = \lambda \sum_j \left[v_j^*(t) + \lambda_j e^{i\omega_j t} + \sum_s \lambda_s v_{sj}^*\right]$, 可以得到波函数相干态表示的显式表达为

$$\Psi(\lambda, \{\lambda_j\}, t) = \left[\langle \phi| \otimes \prod_j \langle \phi_j|\alpha(t)\rangle \otimes \prod_j |\beta_j(t)\rangle\right]^*$$

$$= \phi\left[\lambda u^*(t) + \sum_j \lambda_j u_j^*(t)\right] \otimes \prod_j \phi_j\left\{\lambda \sum_j \left[v_j^*(t) + \lambda_j e^{i\omega_j t} + \sum_s \lambda_s v_{sj}^*\right]\right\}.$$

由于热池的存在,系统的波函数 $\phi(\{\lambda_j\})$ 的变量受到了热池的影响, 而热池的波函数 $\phi_j(\lambda)$ 的演化也会被系统变量所改变.

当热池的影响可以忽略不计,例如,初态中 λ 的值足够大,且耦合足够弱时,波函数可以简化为

$$\Psi(\lambda, \{\lambda_j\}, t) \approx \phi\left[\lambda u^*(t)\right] \otimes \prod_j \phi_j\left\{\lambda \sum_j \left[v_j^*(t) + \lambda_j e^{i\omega_j t}\right]\right\}.$$

此时,热池的波函数中还含有 $\lambda \sum_j v_j^*(t)$,波函数只是部分因子化的.

下面证明系统可以由一个有效哈密顿量描述. 忽略布朗运动项 $v_j(t)a_j(0)$,则 $\tilde{b}(t) \approx u(t)b(0)$,它满足对易关系: $[\tilde{b}(t), \tilde{b}^\dagger(t)] = e^{-\gamma t}$. 重新定义算符 $A(t) = \alpha(t)\tilde{b}(t)$,并要求 $[A(t), A^\dagger(t)] = 1$,则 $|\alpha(t)|^2 = e^{\gamma t}$. 对 $A(t)$ 求导,可以得到它满足的运动方程为

$$\dot{A}(t) = \partial_t[\alpha(t)u(t)]b(0). \tag{4.51}$$

支配 $A(t)$ 演化的有效哈密顿量可以表示为

$$H_{\text{eff}} = \hbar\Omega A^\dagger(t)A(t), \tag{4.52}$$

其中, Ω 由 $A(t)$ 的运动方程 (见 (4.51) 式) 所确定. 我们取 $\alpha(t) = \exp(\gamma t/2 + i\varphi t)$,并且取相位 $\varphi = \omega_c - \sqrt{\omega_c^2 + \gamma^2/4}$,则可以得到 $\Omega = \sqrt{\gamma^2/4 + \omega_c^2}$. 由于相位 φ 的选取是任意的,因此这里的有效哈密顿量 (4.52) 的选取不是唯一的. 通过引入正则坐标和正则动量:

$$q(t) = \sqrt{\frac{\hbar}{2M\Omega}}[A(t) + A^\dagger(t)],$$
$$p(t) = -i\sqrt{\frac{M\Omega\hbar}{2}}[A(t) - A^\dagger(t)]$$

(其中, $M = me^{\gamma t}$ 为随时间改变的质量),有效哈密顿量可以改写为

$$H_{\text{eff}} = e^{-\gamma t}\frac{p^2}{2m} + \frac{1}{2}e^{\gamma t}m\Omega^2 q^2. \tag{4.53}$$

哈密顿量 (4.53) 就是卡尔迪罗拉 – 金井 (Caldirola–Kanai) 得到的用于描述耗散系统的有效哈密顿量. 下面我们验证这个哈密顿量能有效地描述耗散系统. 利用海森伯运动方程和对易关系 $[q(t), p(t)] = i\hbar$,可以得到正则坐标和正则动量满足的运动方程为

$$\dot{q}(t) = -\frac{i}{\hbar}[q(t), H_{\text{eff}}] = e^{-\gamma t}\frac{p(t)}{m},$$
$$\dot{p}(t) = -\frac{i}{\hbar}[p(t), H_{\text{eff}}] = -e^{\gamma t}m\Omega^2 q(t).$$

附录 4A 量子开式系统的波函数描述

由此可进一步得到

$$\ddot{q} + \gamma \dot{q}(t) + \Omega^2 q(t) = 0. \tag{4.54}$$

这个方程的形式与经典耗散谐振子的运动方程一致，其中，γ 表示由热池与系统耦合引入的耗散效应。然而，与基于系统与热池理论直接导出的运动方程不同，方程 (4.54) 并未包含热池引起的涨落力的影响，而仅体现了耗散项的作用。

此外，我们也可以证明，在这个哈密顿量的支配下，一个高斯波包的扩散将被耗散效应压低，最后波包将局域在一定的宽度内，这个现象可以解决爱因斯坦和玻尔关于宏观物体量子效应的争论。

参考文献

[1] SUN C P, GAO Y B, DONG H F, et al. Partial factorization of wave functions for a quantum dissipative system [J]. Physical Review E, 1998, 57: 3900.

[2] KANAI E. On the quantization of the dissipative systems [J]. Progress of Theoretical Physics, 1948, 3: 440.

[3] CALDIROLA P. Quantum analysis of a modified Caldirola-Kanai oscillator model for electromagnetic fields in time-varying plasma [J]. Rivista Del Nuovo Cimento, 1941, 18: 393.

第五章

古典激光理论

第五章 古典激光理论

本章主要讨论激光的古典 (今称半经典) 理论, 其核心是把单位体积内的原子算符和光场处理成一个经典量. 这种处理能给出激光的速率方程, 描述阈值以上的激光放大问题, 但不能处理自发辐射等量子效应.

5.1 引　　言

以 He–Ne 连续波 (Continuous Wave, 简称 C. W.) 激光器为例 (见图 5.1), 它能够产生波长约为 1.1 μm 的红外激光, 对应的频率为 $\nu = 2.7 \times 10^{14}$ s^{-1}, 自然宽度为 100 Mc, 作为激光介质的 He 元素产生的压强约为 1 Torr①, Ne 元素产生的压强约为 0.1 Torr. 光腔的长度 L 约为 1 m, 宽度 a 约为 1 cm, 光腔的透射率 α 约为 2%.

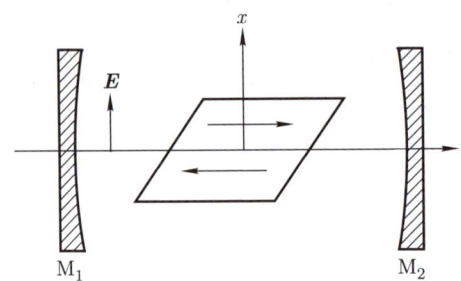

图 5.1　He–Ne 连续波激光器的示意图

在此条件下, 我们对光场的各项参数进行估算. 横模间距由 $\Delta k \sim k_x^2/(2k_z) \sim \pi\lambda/a^2$ 给出, 约为 $\Delta\nu \sim 1$ Mc, 纵模间距由 $k_z L = n\pi$ 给出, 约为 $\Delta\nu \sim c/(2L) \sim 100$ Mc. 频率的多普勒 (Doppler) 展宽由 $\Delta\nu \sim 2\nu_0 = \{2\ln 2[k_\mathrm{B}T/(mc^2)]\}^{1/2}$ 给出, 约为 1000 Mc. 模宽由 $\Delta\nu \sim [2L/(c\alpha)]^{-1}$ 给出, 约为 1 Mc. 上述参数的具体意义见图 5.2. 品质因数 (Q 值) 为

$$Q = \omega_0 \frac{\text{振荡中储存的能量}}{\text{每秒耗损的能量}} = \omega_0 \frac{2L}{c\alpha} \sim 10^8. \tag{5.1}$$

---

①Torr 为压强单位托, Mc 为频率单位兆周.

5.2 激光方程 (兰姆方程)

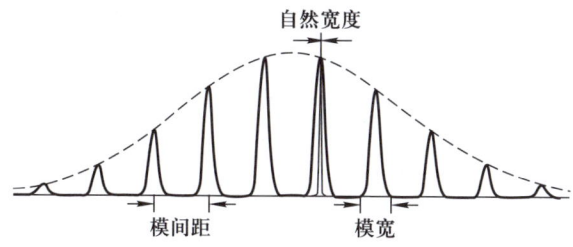

图 5.2 激光振荡频谱的示意图

5.2 激光方程 (兰姆方程)

对于激光系统 A, 原子 + 激光模的总哈密顿量为

$$H_A = \sum_j \frac{1}{2}\hbar\omega_0 \sigma_z^{(j)} + \sum_k \hbar\omega_k \left(a_k^\dagger a_k + \frac{1}{2}\right)$$

$$+ \sum_j \sum_k \boldsymbol{p} \cdot \boldsymbol{\varepsilon}_k \mathrm{i}\sqrt{\frac{2\pi\hbar\omega_k}{\Omega}}\left[a_k \mathrm{e}^{\mathrm{i}kz_j}\sigma^{+(j)} - \sigma^{(j)}a_k^\dagger \mathrm{e}^{-\mathrm{i}kz_j}\right]. \tag{5.2}$$

这里使用了旋转波近似, Ω 是光腔的体积. (5.2) 式给出的原子算符的运动方程为

$$\begin{aligned}
\dot{\sigma}_a^{(j)} &= \lambda_a - \gamma_a \sigma_a^{(j)} + \sum_k \boldsymbol{\varepsilon}_k \cdot \boldsymbol{g}_k \left[a_k \sigma^{+(j)} \mathrm{e}^{\mathrm{i}kz_j} + \sigma^{(j)} a_k^\dagger \mathrm{e}^{-\mathrm{i}kz_j}\right] + F_a^{(j)}, \\
\dot{\sigma}_b^{(j)} &= \lambda_b - \gamma_b \sigma_b^{(j)} - \sum_k \boldsymbol{\varepsilon}_k \cdot \boldsymbol{g}_k \left[a_k \sigma^{+(j)} \mathrm{e}^{\mathrm{i}kz_j} + \sigma^{(j)} a_k^\dagger \mathrm{e}^{-\mathrm{i}kz_j}\right] + F_b^{(j)}, \\
\dot{\sigma}^{(j)} &= -\gamma_{ab}\sigma^{(j)} - \mathrm{i}\omega_0 \sigma^{(j)} - \sum_k \boldsymbol{\varepsilon}_k \cdot \boldsymbol{g}_k \left[a_k \sigma_z^{(j)} \mathrm{e}^{\mathrm{i}kz_j}\right] + F_\sigma^{(j)}, \\
\dot{\sigma}^{+(j)} &= -\gamma_{ab}\sigma^{+(j)} + \mathrm{i}\omega_0 \sigma^{+(j)} - \sum_k \boldsymbol{\varepsilon}_k \cdot \boldsymbol{g}_k \left[\sigma_z^{(j)} a_k^\dagger \mathrm{e}^{-\mathrm{i}kz_j}\right] + F_{\sigma^+}^{(j)},
\end{aligned} \tag{5.3}$$

以及光场算符的运动方程为

$$\begin{aligned}
\dot{a}_k &= -\frac{\kappa}{2}a_k - \mathrm{i}\omega_k a_k - \boldsymbol{\varepsilon}_k \cdot \boldsymbol{g}_k \sum_j \sigma^{(j)} \mathrm{e}^{-\mathrm{i}kz_j} + F_{a_k}, \\
\dot{a}_k^\dagger &= -\frac{\kappa}{2}a_k^\dagger + \mathrm{i}\omega_k a_k^\dagger - \boldsymbol{\varepsilon}_k \cdot \boldsymbol{g}_k \sum_j \sigma^{+(j)} \mathrm{e}^{\mathrm{i}kz_j} + F_{a_k^\dagger}.
\end{aligned} \tag{5.4}$$

上述式子中的含有 $\boldsymbol{\varepsilon}_k \cdot \boldsymbol{g}_k$ 的项是原子和激光的相互作用, 其中, $\boldsymbol{g}_k \equiv (\boldsymbol{p}/\hbar)\sqrt{2\pi\hbar\omega_k/\Omega}$, 其量纲为 s^{-1}. λ, γ 和 κ 分别代表泵浦, 以及系统和热池相互作用的耗散项. F 是

相应算符形式的涨落力, 它们可以由爱因斯坦关系求出. 其中, 含有 γ_a, γ_b 的项贡献了纵弛豫, 含有 $\gamma_{ab} \geqslant (\gamma_a + \gamma_b)/2$ 的项贡献了横弛豫, 它们主导的演化是不可逆的. 如果 ω_0 与 j 无关, 即原子能级频率是固定的, 能级宽度由 γ 主导, 称为均匀展宽. 如果原子能级频率在 ω_0 附近有一个分布, 则该分布会带来能级的额外展宽, 称为非均匀展宽 (例如, 多普勒展宽). 非均匀展宽主导的演化过程是可逆的, 这种可逆性在回声现象中有直接体现.

下面对 $\gamma_{ab} \geqslant (\gamma_a + \gamma_b)/2$ 中的大于号做一点解释. 考虑一个模型

$$\dot{\sigma} = -\mathrm{i}\left(\omega_0 + \delta\omega\right)\sigma - \frac{\gamma_a + \gamma_b}{2}\sigma. \tag{5.5}$$

前面我们称 $\delta\omega$ 带来非均匀展宽, 指的是, 对于固定的原子 j, $\delta\omega^{(j)}$ 是固定的. 如果对于固定的原子 j, $\delta\omega^{(j)}$ 是随机的, 则它提供一个不可逆的均匀展宽. 设 $\delta\omega$ 是一个马尔可夫和高斯形式的随机分布, 则其时间关联函数为

$$\langle \delta\omega(t)\delta\omega(t') \rangle = 2\gamma_{\mathrm{ph}}\delta(t-t'),$$

其中, γ_{ph} 是随机的 $\delta\omega$ 带来的频率展宽, 对于更高阶的关联, 有

$$\langle \delta\omega(t_1)\cdots\delta\omega(t_m) \rangle = \begin{cases} 0, & m = 2n+1, \\ \displaystyle\sum_{\substack{i_1 i_2 \cdots \text{ 的} \\ \text{各种组合}}} \langle \delta\omega(t_{i_1})\delta\omega(t_{i_2}) \rangle \cdots \langle \delta\omega(t_{i_{m-1}})\delta\omega(t_{i_m}) \rangle, & m = 2n. \end{cases}$$

方程 (5.5) 是一个一阶微分方程, 其解为

$$\sigma(t) = \sigma(0)\exp\left[-\mathrm{i}\omega_0 t - \frac{\gamma_a + \gamma_b}{2}t - \mathrm{i}\int_0^t \delta\omega(t')\mathrm{d}t'\right].$$

对随机的 $\delta\omega$ 做系综平均, 得到

$$\left\langle \mathrm{e}^{-\mathrm{i}\int_0^t \delta\omega(t')\mathrm{d}t'} \right\rangle = \sum_m \frac{(-\mathrm{i})^m}{m!}\left\langle \left[\int_0^t \delta\omega(t')\mathrm{d}t'\right]^m \right\rangle$$

$$= \sum_n \frac{(-1)^n}{(2n)!}\left\langle \left[\int_0^t \delta\omega(t')\mathrm{d}t'\right]^{2n} \right\rangle$$

$$= \sum_n \frac{(-1)^n}{2^n n!}(2\gamma_{\mathrm{ph}}t)^n = \mathrm{e}^{-\gamma_{\mathrm{ph}}t},$$

所以

$$\langle \sigma(t) \rangle = \sigma(0)\mathrm{e}^{-\mathrm{i}\omega_0 t - \left(\frac{\gamma_a+\gamma_b}{2} + \gamma_{\mathrm{ph}}\right)t}.$$

这相当于方程 (5.5) 变为

$$\dot{\sigma} = -\mathrm{i}\omega_0\sigma - \left(\frac{\gamma_a + \gamma_b}{2} + \gamma_{\mathrm{ph}}\right)\sigma, \tag{5.6}$$

于是 $\gamma_{ab} \equiv (\gamma_a + \gamma_b)/2 + \gamma_{\mathrm{ph}} \geqslant (\gamma_a + \gamma_b)/2$.

对处于光腔 z 处单位体积内的所有原子的算符求平均, 得到

$$n_0\sigma_a(z) \equiv \sum_j \sigma_a^{(j)}\delta(z - z_j)/S,$$

$$\vdots$$

$$n_0\sigma(z) \equiv \sum_j \sigma^{(j)}\delta(z - z_j)/S,$$

其中, S 是光腔的横截面积, n_0 是单位体积内的激光介质的原子数. 类似地, 相应的涨落力也平均为

$$n_0 F_a(z) \equiv \sum_j F_a^{(j)}\delta(z - z_j)/S,$$

$$\vdots$$

因此, (5.3) 式和 (5.4) 式改写为

$$\dot{\sigma}_a(z) = \lambda_a - \gamma_a\sigma_a(z) + \sum_k \boldsymbol{\varepsilon}_k \cdot \boldsymbol{g}_k \left[a_k\sigma^+(z)\mathrm{e}^{\mathrm{i}kz} + \sigma(z)a_k^\dagger \mathrm{e}^{-\mathrm{i}kz}\right] + F_a(z,t),$$

$$\dot{\sigma}_b(z) = \lambda_b - \gamma_b\sigma_b(z) - \sum_k \boldsymbol{\varepsilon}_k \cdot \boldsymbol{g}_k \left[a_k\sigma^+(z)\mathrm{e}^{\mathrm{i}kz} + \sigma(z)a_k^\dagger \mathrm{e}^{-\mathrm{i}kz}\right] + F_b(z,t), \tag{5.7}$$

$$\dot{\sigma}(z) = -\gamma_{ab}\sigma(z) - \mathrm{i}\omega_0\sigma(z) - \sum_k \boldsymbol{\varepsilon}_k \cdot \boldsymbol{g}_k \left[a_k\sigma_z(z)\mathrm{e}^{\mathrm{i}kz}\right] + F_\sigma(z,t),$$

以及

$$\dot{a}_k = -\frac{\kappa}{2}a_k - \mathrm{i}\omega_k a_k - \boldsymbol{\varepsilon}_k \cdot \boldsymbol{g}_k n_0 S \int \sigma(z)\mathrm{e}^{-\mathrm{i}kz}\mathrm{d}z + F_{a_k}. \tag{5.8}$$

下面计算算符 $\sigma(z)$ 和 $\sigma^+(z)$ 等的对易关系:

$$[\sigma^+(z), \sigma_a(z')] = -\frac{1}{n_0^2 S^2}\sum_{i,j}\delta(z-z_i)\delta(z'-z_j)\delta_{ij}\sigma^{+(i)}$$

$$= -\frac{1}{n_0^2 S^2}\sum_j \delta(z-z_j)\delta(z'-z_j)\sigma^{+(j)}$$

$$= -\frac{1}{n_0 S}\sigma^+(z)\delta(z-z').$$

显然, 当 $n_0 S$ 很大时, 上式趋于零. 此时各个 σ 算符均对易, 可将它们看作古典量. 同样, 对于涨落力, 其时空关联函数为

$$\langle F_a(t,z) F_\sigma(t',z') \rangle_{\text{Res}} = \frac{1}{n_0^2 S^2} \sum_j \delta(z-z_j)\delta(z'-z_j) \left\langle F_a^{(j)} F_\sigma^{(j)} \right\rangle$$

$$= \frac{1}{n_0^2 S^2} \delta(z-z') \delta(t-t') 2D_{a\sigma} \sum_j \delta(z-z_j)$$

$$= \frac{1}{n_0 S} \delta(z-z') \delta(t-t') 2D_{a\sigma}.$$

当 $n_0 S$ 很大时, 上式也趋于零, 因此涨落可忽略不计. 下面给出了量子和古典量的观测值的对比 (见表 5.1).

表 5.1 量子和古典量的观测值的对比

力学量 Q	量子 (q-数)	古典 (c-数)
观测值	$\text{tr}(\rho Q)$	$\text{tr}(\rho Q) = Q$

上面的讨论给出了原子系统的古典近似, 为了和通常著作中的符号保持一致, 对平均的原子算符做如下改写:

$$n_0 \sigma^+(z) = \rho_{ba}(z,t),$$
$$n_0 \sigma(z) = \rho_{ab}(z,t),$$
$$n_0 \sigma_a(z) = \rho_{aa}(z,t),$$
$$n_0 \sigma_b(z) = \rho_{bb}(z,t).$$

对于光场算符, 其对易关系为 $[a_k, a_{k'}^\dagger] = \delta_{kk'}$, 需要指出的是, 当 $n_k \gg 1$ 时, 在计算中可忽略 $\delta_{kk'}$. 对激光系统做古典近似带来了三个不利的后果:

(1) 不能描述自发辐射.
(2) 不能研究光子的统计 (光子数分布).
(3) 对于连续波激光器, 激光的内禀宽度为零.

5.3　单 模 理 论

只取光场的一个模 k, 通过如下变换:

$$a_k = A e^{-i\omega_k t}, \quad n_0 \sigma = \rho_{ab} e^{ikz - i\omega_k t}, \quad n_0 \sigma^+ = \rho_{ba} e^{-ikz + i\omega_k t},$$

$$n_0 \sigma_a = \rho_{aa}, \quad n_0 \sigma_b = \rho_{bb},$$

消去 (5.7) 式和 (5.8) 式的时空快变部分, 就得到了兰姆方程, 即

$$\dot{\rho}_{aa} = \Lambda_a - \gamma_a \rho_{aa} + g\left(A\rho_{ba} + \rho_{ab}A^\dagger\right), \tag{5.9a}$$

$$\dot{\rho}_{bb} = \Lambda_b - \gamma_b \rho_{bb} - g\left(A\rho_{ba} + \rho_{ab}A^\dagger\right), \tag{5.9b}$$

$$\dot{\rho}_{ab} = -\gamma \rho_{ab} - \mathrm{i}(\omega_0 - \omega_k)\rho_{ab} - gA(\rho_{aa} - \rho_{bb}), \tag{5.9c}$$

$$\dot{A} = -\frac{\kappa}{2}A - g\Omega \rho_{ab}, \tag{5.9d}$$

其中, $\gamma \equiv \gamma_{ab}$, $\Lambda_a = n_0 \lambda_a$ 和 $\Lambda_b = n_0 \lambda_b$ 是单位时间内单位体积中的抽运数. 方程 (5.9c) 有如下形式解:

$$\rho_{ab} = -g \int_{-\infty}^{t} \mathrm{d}t' \exp\left[-\mathrm{i}(\omega_0 - \omega_k)(t - t') - \gamma(t - t')\right] A(t')\left[\rho_{aa}(t') - \rho_{bb}(t')\right].$$

假设 $A(t')$ 和 $\rho_{aa}(t') - \rho_{bb}(t')$ 是 t' 的慢变函数, 即在横弛豫 γ^{-1} 时间内变化很小, 则

$$A(t')[\rho_{aa}(t') - \rho_{bb}(t')] \approx A(t)[\rho_{aa}(t) - \rho_{bb}(t)],$$

由此得到

$$\rho_{ab}(t) \approx -\frac{gA(t)[\rho_{aa}(t) - \rho_{bb}(t)]}{\mathrm{i}(\omega_0 - \omega_k) + \gamma}, \tag{5.10}$$

这就是速率方程近似. 将 (5.10) 式代入 (5.9a) 式和 (5.9b) 式, 得到速率方程:

$$\dot{\rho}_{aa} = \Lambda_a - \gamma_a \rho_{aa} - R\left(\rho_{aa} - \rho_{bb}\right), \tag{5.11a}$$

$$\dot{\rho}_{bb} = \Lambda_b - \gamma_b \rho_{bb} + R\left(\rho_{aa} - \rho_{bb}\right), \tag{5.11b}$$

其中,

$$R = g^2 \frac{2\gamma}{(\omega_0 - \omega_k)^2 + \gamma^2} |A|^2. \tag{5.12}$$

将耦合强度 $g^2 = (\boldsymbol{p}^2/3)[2\pi\omega_k/(\hbar\Omega)]$ 代入 (5.12) 式, 得到

$$R = \frac{|A|^2}{\Omega} c\Sigma, \tag{5.13}$$

这里,

$$\Sigma = \pi \bar{\lambda}^2 \frac{A_{ab}\gamma}{(\omega_0 - \omega_k)^2 + \gamma^2}, \tag{5.14}$$

其中, $\bar\lambda = \lambda/(2\pi)$ 为约化波长, $A_{ab} = 4\boldsymbol{p}^2\omega_0^3/(3\hbar c^3)$ 为爱因斯坦 A 系数, Σ 是一个频率为 ω_k 的光子和共振能级 (ω_0) 的布雷特 (Breit) – 维格纳共振截面, $|A|^2/\Omega$ 是单位体积中的光子数. R 的量纲为 s^{-1}, 是和光子碰撞导致的单位时间内的诱导发射或 (诱导) 吸收概率.

将 (5.10) 式代入 (5.9d) 式, 可得

$$\dot A = -\frac{\kappa}{2}A + g^2\Omega\frac{\rho_{aa}-\rho_{bb}}{\mathrm{i}(\omega_0-\omega_k)+\gamma}A, \tag{5.15}$$

取 $A = |A|\exp(-\mathrm{i}\varphi)$, 则 (5.15) 式变成

$$|\dot A| = -\frac{\kappa}{2}|A| + \frac{1}{2}\Sigma c(\rho_{aa}-\rho_{bb})|A|, \tag{5.16a}$$

$$\dot\varphi = \frac{1}{2}\Sigma c(\rho_{aa}-\rho_{bb})\frac{\omega_0-\omega_k}{\gamma}, \tag{5.16b}$$

(5.16a) 式可化为

$$\frac{\mathrm{d}}{\mathrm{d}t}|A|^2 = -\kappa|A|^2 + \Sigma c(\rho_{aa}-\rho_{bb})|A|^2, \tag{5.16a'}$$

其中, $|A|^2$ 是光子总数, $\Sigma c\rho_{aa}$ 是诱导发射速率, $\Sigma c\rho_{bb}$ 是 (诱导) 吸收速率. 此时的光场算符为

$$a = |A|\exp(-\mathrm{i}\omega_k t - \mathrm{i}\varphi),$$

其相位变化率是

$$\bar\omega_k = \omega_k + \dot\varphi = \omega_k + \frac{1}{2}\Sigma c\frac{\rho_{aa}-\rho_{bb}}{\gamma}(\omega_0-\omega_k), \tag{5.17}$$

其中, $\omega_k = ck$ 是谐振腔频率, ω_0 是原子能级频率, $\bar\omega_k$ 表示激光频率由 ω_k 被牵引到 ω_0.

下面考虑速率方程的定态解, 即 $\dot\rho_{aa} = 0$, $\dot\rho_{bb} = 0$. 在无外场 (小信号) 的情况下, 有 $\rho_{aa}^{(0)} = \Lambda_a/\gamma_a$, $\rho_{bb}^{(0)} = \Lambda_b/\gamma_b$. 对于有外场的情况, 由 (5.11a) 式和 (5.11b) 式可得

$$\rho_{aa}-\rho_{bb} = \frac{\rho_{aa}^{(0)}-\rho_{bb}^{(0)}}{1+R\left(\dfrac{1}{\gamma_a}+\dfrac{1}{\gamma_b}\right)} = \frac{\rho_{aa}^{(0)}-\rho_{bb}^{(0)}}{1+\dfrac{|A|^2}{\Omega}c\Sigma\left(\dfrac{1}{\gamma_a}+\dfrac{1}{\gamma_b}\right)}. \tag{5.18}$$

将 (5.18) 式代入光子方程 (5.16a'), 可得

$$\frac{\mathrm{d}|A|^2}{\mathrm{d}t} = \left[-\kappa + \Sigma c\frac{\rho_{aa}^{(0)}-\rho_{bb}^{(0)}}{1+\dfrac{|A|^2}{\Omega}c\Sigma\left(\dfrac{1}{\gamma_a}+\dfrac{1}{\gamma_b}\right)}\right]|A|^2. \tag{5.19}$$

反转阈值为

$$\left[\rho_{aa}^{(0)} - \rho_{bb}^{(0)}\right]_{\text{th}} c\Sigma = \kappa, \tag{5.20}$$

即增益等于损失. 超过这个阈值后, 光腔中的光子数随着时间增长, 从而产生激光. 对于定态, 有 $d|A|^2/dt = 0$, 由此可得, 反转密度 (饱和值) 为

$$(\rho_{aa} - \rho_{bb})_{\text{sat}} = \frac{\kappa}{c\Sigma} = \left[\rho_{aa}^{(0)} - \rho_{bb}^{(0)}\right]_{\text{th}}, \tag{5.21}$$

而饱和光子数 $|A|_{\text{sat}}^2$ 满足

$$\kappa = c\Sigma \frac{\rho_{aa}^{(0)} - \rho_{bb}^{(0)}}{1 + \frac{|A|_{\text{sat}}^2}{\Omega} c\Sigma \left(\frac{1}{\gamma_a} + \frac{1}{\gamma_b}\right)},$$

即

$$\frac{\rho_{aa}^{(0)} - \rho_{bb}^{(0)}}{\left[\rho_{aa}^{(0)} - \rho_{bb}^{(0)}\right]_{\text{th}}} - 1 = \frac{|A|_{\text{sat}}^2}{\Omega} c\Sigma \left(\frac{1}{\gamma_a} + \frac{1}{\gamma_b}\right). \tag{5.22}$$

在定态情况下, (5.17) 式变成

$$\begin{aligned}\bar{\omega}_k = \omega_k + \dot{\varphi} &= \frac{1}{2} c\Sigma \left(\rho_{aa} - \rho_{bb}\right)_{\text{sat}} \frac{\omega_0 - \omega_k}{\gamma} + \omega_k \\ &= \frac{1}{2}(\omega_0 - \omega_k)\frac{\kappa}{\gamma} + \omega_k.\end{aligned} \tag{5.23}$$

上述讨论表明, 在古典近似下, 被原子模牵引后的激光仍然具有确定的单一频率, 即固有线宽为零.

5.4 多模竞争理论 I —— 双模

对于多模的光腔, 波矢和频率分别为

$$k = \frac{2\pi n}{L} \equiv k_n, \quad \omega_k = kc = \frac{2\pi nc}{L} \equiv \omega_n.$$

由此可见, ω_n 是等间隔的, 但经过原子模牵引后, 它们会变成不等间隔的 (关于这个效应影响的讨论见附录 5A). 在后续的讨论中, 我们会看到锁模又使它们等间隔同步振荡. 考虑所有模的耦合强度均相等, 即 $\boldsymbol{g}_k \cdot \boldsymbol{\varepsilon}_k \equiv g$, 则

$$g^2 \Omega = (\boldsymbol{p} \cdot \boldsymbol{\varepsilon}_k)^2 \frac{2\pi\omega_0}{\hbar} = \frac{\boldsymbol{p}^2}{3} \frac{2\pi\omega_0}{\hbar} = \frac{1}{2}\pi\bar{\lambda}^2 c A_{ab}.$$

令

$$n_0\sigma_a = \rho_{aa}, \quad n_0\sigma_b = \rho_{bb}, \quad n_0\sigma = \rho_{ab}, \quad n_0\sigma^+ = \rho_{ba},$$
$$a_k \equiv a_n = |A_n|\,\mathrm{e}^{-\mathrm{i}\omega_n t - \mathrm{i}\varphi_n(t)},$$

则 (5.7) 式变成

$$\dot\rho_{aa} = \Lambda_a - \gamma_a\rho_{aa} + g\sum_m |A_m|\left(\rho_{ab}\mathrm{e}^{-\mathrm{i}k_m z + \mathrm{i}\omega_m t + \mathrm{i}\varphi_m} + \rho_{ba}\mathrm{e}^{\mathrm{i}k_m z - \mathrm{i}\omega_m t - \mathrm{i}\varphi_m}\right), \tag{5.24a}$$

$$\dot\rho_{bb} = \Lambda_b - \gamma_b\rho_{bb} - g\sum_m |A_m|\left(\rho_{ab}\mathrm{e}^{-\mathrm{i}k_m z + \mathrm{i}\omega_m t + \mathrm{i}\varphi_m} + \mathrm{c.c.}\right), \tag{5.24b}$$

$$\dot\rho_{ab} = -\gamma\rho_{ab} - \mathrm{i}\omega_0\rho_{ab} - g\sum_m |A_m|\,\mathrm{e}^{\mathrm{i}k_m z - \mathrm{i}\omega_m t - \mathrm{i}\varphi_m}\,(\rho_{aa} - \rho_{bb}), \tag{5.24c}$$

$$|\dot A_m| = -\frac{\kappa}{2}|A_m| - \frac{g\Omega}{2}\left(\int \rho_{ab}\mathrm{e}^{-\mathrm{i}k_m z + \mathrm{i}\omega_m t + \mathrm{i}\varphi_m}\frac{\mathrm{d}z}{L} + \mathrm{c.c.}\right), \tag{5.24d}$$

$$|A_m|\dot\varphi_m = -\mathrm{i}\frac{g\Omega}{2}\left(\int \rho_{ab}\mathrm{e}^{-\mathrm{i}k_m z + \mathrm{i}\omega_m t + \mathrm{i}\varphi_m}\frac{\mathrm{d}z}{L} - \mathrm{c.c.}\right), \tag{5.24e}$$

其中, $\Omega = S\cdot L$ 为光腔的体积.

对于多模的情况, 一般不能用速率方程近似. 因为通常情况下, $\omega_n - \omega_m = (n-m)2\pi/L \gg \gamma$, 所以 ρ_{aa}, ρ_{bb} 会有拍频振荡. 下面考察 (5.24c) 式的形式解:

$$\rho_{ab}(z,t) = -g\int_{-\infty}^{t}\mathrm{d}t'\sum_m |A_m(t')|\,\mathrm{e}^{\mathrm{i}k_m z - \mathrm{i}\omega_m t' - \mathrm{i}\varphi_m(t')}[\rho_{aa}(t') - \rho_{bb}(t')]\mathrm{e}^{-(\mathrm{i}\omega_0 + \gamma)(t - t')}. \tag{5.25}$$

因 $\rho_{aa}(t') - \rho_{bb}(t')$ 有拍频振荡, 不能提到积分号外, 故这里使用微扰解. 设激光超出阈值不多, $|A|$ 较小, 将方程 (5.24) 的解按 $|A|$ 的幂次展开, 并假设 $A_m(t') \approx A_m(t)$, $\exp[\mathrm{i}\varphi_m(t')] \approx \exp[\mathrm{i}\varphi_m(t)]$, 即振幅和相位是缓变函数. 因此 (5.25) 式变成

$$\rho_{ab} = -g\sum_m |A_m(t)|\,\mathrm{e}^{-\mathrm{i}\varphi_m(t)}\int_{-\infty}^{t}\mathrm{d}t'\mathrm{e}^{\mathrm{i}k_m z - \mathrm{i}\omega_m t'}[\rho_{aa}(t') - \rho_{bb}(t')]\mathrm{e}^{-(\mathrm{i}\omega_0 + \gamma)(t - t')}. \tag{5.25'}$$

设微扰解分别为

$$\rho_{aa} = \rho_{aa}^{(0)} + \rho_{aa}^{(2)} + \cdots,$$
$$\rho_{ab} = \rho_{ab}^{(1)} + \rho_{ab}^{(3)} + \cdots,$$

把它们代入 (5.25′) 式，可以得到各自的零阶、一阶解：

$$\rho_{aa}^{(0)} = \frac{\Lambda_a}{\gamma_a}, \quad \rho_{bb}^{(0)} = \frac{\Lambda_b}{\gamma_b}, \tag{5.26}$$

$$\rho_{ab}^{(1)} = -g \left[\rho_{aa}^{(0)} - \rho_{bb}^{(0)}\right] \sum_q |A_q(t)| \frac{e^{-i\varphi_q(t)-i\omega_q t+ik_q z}}{i(\omega_0 - \omega_q) + \gamma}, \tag{5.27}$$

以及二阶解满足的方程：

$$\dot{\rho}_{aa}^{(2)} = -\gamma_a \rho_{aa}^{(2)} - g^2 \left[\rho_{aa}^{(0)} - \rho_{bb}^{(0)}\right] \sum_{q,p} |A_q||A_p| \left[\frac{e^{-i(k_p-k_q)z+i(\omega_p-\omega_q)t+i(\varphi_p-\varphi_q)}}{i(\omega_0-\omega_q)+\gamma} + \text{c.c.}\right].$$

由此可得

$$\rho_{aa}^{(2)} = -g^2 \left[\rho_{aa}^{(0)} - \rho_{bb}^{(0)}\right] \sum_{q,p} |A_q||A_p| \left\{\frac{e^{-i(k_p-k_q)z+i(\omega_p-\omega_q)t+i(\varphi_p-\varphi_q)}}{[i(\omega_0-\omega_q)+\gamma][i(\omega_p-\omega_q)+\gamma_a]} + \text{c.c.}\right\}. \tag{5.28}$$

同样，可以得到 $\rho_{bb}^{(2)}$ 也有类似的形式，因此

$$\rho_{aa}^{(2)} - \rho_{bb}^{(2)} = -g^2 \left[\rho_{aa}^{(0)} - \rho_{bb}^{(0)}\right] \sum_{q,p} |A_q||A_p|$$

$$\times \left\{\frac{e^{-i(k_p-k_q)z+i(\omega_p-\omega_q)t+i(\varphi_p-\varphi_q)}}{i(\omega_0-\omega_q)+\gamma} \left[\frac{1}{i(\omega_p-\omega_q)+\gamma_a} + \frac{1}{i(\omega_p-\omega_q)+\gamma_b}\right] + \text{c.c.}\right\}. \tag{5.29}$$

把 (5.29) 式代入 (5.25′) 式，可得

$$\rho_{ab}^{(3)} = g^3 \left[\rho_{aa}^{(0)} - \rho_{bb}^{(0)}\right] \sum_{n,p,q} |A_n||A_p||A_q| e^{i(k_n-k_p+k_q)z-i(\omega_n-\omega_p+\omega_q)t-i(\varphi_n-\varphi_p+\varphi_q)}$$

$$\times \left[\frac{1}{i(\omega_0-\omega_q)+\gamma} + \frac{1}{i(\omega_p-\omega_0)+\gamma}\right] \frac{1}{i(\omega_0-\omega_n+\omega_p-\omega_q)+\gamma}$$

$$\times \left[\frac{1}{i(\omega_p-\omega_q)+\gamma_a} + \frac{1}{i(\omega_p-\omega_q)+\gamma_b}\right]. \tag{5.30}$$

再将 $\rho_{ab} = \rho_{ab}^{(1)} + \rho_{ab}^{(3)}$ 代入 (5.24d) 式和 (5.24e) 式，可以得到光场的振幅：

$$\left|\dot{A}_m\right| = a_m |A_m| - \sum_{\substack{n,p,q \\ m=n-p+q}} |A_n||A_p||A_q| \left(e^{i\Psi_{mnpq}}\theta_{mnpq} + \text{c.c.}\right), \tag{5.31}$$

以及相位：

$$\dot{\varphi}_m = \sigma_m - i \sum_{\substack{n,p,q \\ m=n-p+q}} \frac{|A_n||A_p||A_q|}{|A_m|} \left(e^{i\Psi_{mnpq}}\theta_{mnpq} - \text{c.c.}\right), \tag{5.32}$$

与 5.3 节对应，a_m 为线性增益系数：

$$
\begin{aligned}
a_m &= -\frac{\kappa}{2} + g^2\Omega\left[\rho_{aa}^{(0)} - \rho_{bb}^{(0)}\right]\frac{\gamma}{(\omega_0 - \omega_m)^2 + \gamma^2} \\
&= -\frac{\kappa}{2} + \frac{1}{2}\Sigma(\omega_m)c\left[\rho_{aa}^{(0)} - \rho_{bb}^{(0)}\right],
\end{aligned}
\tag{5.33}
$$

σ_m 为线性模牵引系数：

$$
\begin{aligned}
\sigma_m &= g^2\Omega\left[\rho_{aa}^{(0)} - \rho_{bb}^{(0)}\right]\frac{\omega_0 - \omega_m}{(\omega_0 - \omega_m)^2 + \gamma^2} \\
&= \frac{1}{2\gamma}\Sigma(\omega_m)c\left[\rho_{aa}^{(0)} - \rho_{bb}^{(0)}\right](\omega_0 - \omega_m),
\end{aligned}
\tag{5.34}
$$

而

$$\Psi_{mnpq} = \varphi_m - \varphi_n + \varphi_p - \varphi_q, \tag{5.35}$$

且

$$
\begin{aligned}
\theta_{mnpq} &= \left[\frac{1}{\mathrm{i}(\omega_0 - \omega_q) + \gamma} + \frac{1}{\mathrm{i}(\omega_p - \omega_0) + \gamma}\right]\frac{1}{\mathrm{i}(\omega_0 - \omega_m) + \gamma} \\
&\quad \times \left[\frac{1}{\mathrm{i}(\omega_p - \omega_q) + \gamma_a} + \frac{1}{\mathrm{i}(\omega_p - \omega_q) + \gamma_b}\right]\frac{g^4\Omega}{2}\left[\rho_{aa}^{(0)} - \rho_{bb}^{(0)}\right],
\end{aligned}
\tag{5.36}
$$

这里用到了

$$\int_0^L \mathrm{e}^{-\mathrm{i}(k_m - k_n + k_p - k_q)z}\frac{\mathrm{d}z}{L} = \delta_{m-n+p-q,0}.$$

以上是关于一般多模情况的讨论，若模式数为 1，则回到 5.3 节的微扰近似。对于双模的情况（两个模式分别为 m_1 和 m_2），满足 $m = n - p + q$ 的项有两类：

(1) $m = n = p = q = m_i$；

(2) $m = n \neq p = q$ 或 $m = q \neq p = n$。

显然，对于上述两种情况，均有 $\Psi = 0$。于是 (5.31) 式可以化为

$$
\begin{aligned}
|\dot{A}_1| &= a_1|A_1| - b_1|A_1|^3 - \theta_{12}|A_2|^2|A_1|, \\
|\dot{A}_2| &= a_2|A_2| - b_2|A_2|^3 - \theta_{21}|A_1|^2|A_2|,
\end{aligned}
$$

或者

$$
\begin{aligned}
\frac{\mathrm{d}|A_1|^2}{\mathrm{d}t} &= 2\left(a_1 - b_1|A_1|^2 - \theta_{12}|A_2|^2\right)|A_1|^2, \\
\frac{\mathrm{d}|A_2|^2}{\mathrm{d}t} &= 2\left(a_2 - b_2|A_2|^2 - \theta_{21}|A_1|^2\right)|A_2|^2,
\end{aligned}
\tag{5.37}
$$

5.4 多模竞争理论 I —— 双模

其中, a_j 是线性增益系数. $a_j > 0$ 表示 j 模高于阈值, $a_j < 0$ 表示 j 模低于阈值. $b_j = \theta_{jjjj} + \text{c.c.}$ 是非线性饱和项, $b_j > 0$, 即 5.3 节中饱和项的微扰近似. 而双模之间的耦合强度为

$$\theta_{ij} = (\theta_{iijj} + \text{c.c.}) + (\theta_{ijji} + \text{c.c.}) > 0.$$

(5.37) 式是极简单的非线性方程, 无论 $|A_i|^2$ 的初值是什么, 其最终一定趋于定态不动点解, 它们分别对应如下四种情况:

(1) $|A_1|^2 = 0$, $|A_2|^2 = 0$;
(2) $|A_1|^2 = a_1/b_1$, $|A_2|^2 = 0$;
(3) $|A_1|^2 = 0$, $|A_2|^2 = a_2/b_2$;
(4) $|A_1|^2 = a_1'/[b_1(1-c)]$, $|A_2|^2 = a_2'/[b_2(1-c)]$, 其中, $a_i' = a_i - (a_j/b_j)\theta_{ij}$, $c = \theta_{12}\theta_{21}/(b_1 b_2)$.

只有 $|A_i|^2 \geqslant 0$ 的解才有物理意义. 在 $|A_1|^2$, $|A_2|^2$ 组成的相平面上, 这四个不动点如图 5.3 所示. 用小扰动的方法, 可以很容易求得这些点的稳定或不稳定条件, 见表 5.2.

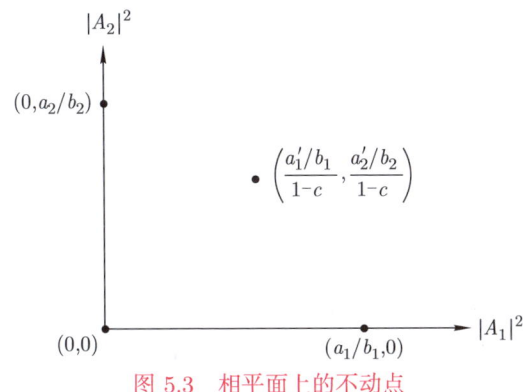

图 5.3 相平面上的不动点

表 5.2 方程 (5.37) 的不动点解的稳定或不稳定条件

$|A_1|^2$	$|A_2|^2$	稳定条件
0	0	$a_1 < 0$, $a_2 < 0$
$\dfrac{a_1}{b_1}$	0	$a_1 > 0$, $a_2' < 0$
0	$\dfrac{a_2}{b_2}$	$a_1' < 0$, $a_2 > 0$
$\dfrac{a_1'/b_1}{1-c}$	$\dfrac{a_2'/b_2}{1-c}$	$a_1' > 0, a_2' > 0, (c<1)$, 或 $a_1' < 0, a_2' < 0, (c>1)$

5.5　多模竞争理论 II —— 三模、锁模

接下来考虑相邻的三个模式 $m_1 = m_2 - 1$, m_2, $m_3 = m_2 + 1$, 以后分别用下标 "1, 2, 3" 表示它们. 对于自由光场, $\omega_2 - \omega_1 = \omega_3 - \omega_2$. 因模的牵引, 它们的频率会发生改变, 即 $\bar{\omega}_i = \omega_i + \dot{\varphi}_i$. 一般情况下, $\bar{\omega}_2 - \bar{\omega}_1 \neq \bar{\omega}_3 - \bar{\omega}_2$. 然而, 若发生锁模, 因为模与模之间的耦合, 有 $\dot{\varphi}_2 - \dot{\varphi}_1 = \dot{\varphi}_3 - \dot{\varphi}_2$, 进而导致 $\bar{\omega}_2 - \bar{\omega}_1 = \bar{\omega}_3 - \bar{\omega}_2$, 使得频率再次变为等间隔.

接下来对锁模的情况进行讨论. 由 (5.31) 式和 (5.32) 式, 可以得到振幅方程:

$$|\dot{A}_1| = \left(a_1 - b_1 |A_1|^2 - \sum_{m=2,3} \theta_{1m} |A_m|^2\right) |A_1| - |A_2|^2 |A_3| \left(\mathrm{e}^{-\mathrm{i}\Psi} \theta_{1232} + \mathrm{c.c.}\right),$$

$$|\dot{A}_2| = \left(a_2 - b_2 |A_2|^2 - \sum_{m=1,3} \theta_{2m} |A_m|^2\right) |A_2| - |A_1| |A_2| |A_3|$$
$$\times \left[\mathrm{e}^{\mathrm{i}\Psi} (\theta_{2123} + \theta_{2321}) + \mathrm{c.c.}\right], \tag{5.38}$$

$$|\dot{A}_3| = \left(a_3 - b_3 |A_3|^2 - \sum_{m=1,2} \theta_{3m} |A_m|^2\right) |A_3| - |A_2|^2 |A_1| \left(\mathrm{e}^{-\mathrm{i}\Psi} \theta_{3212} + \mathrm{c.c.}\right),$$

以及相位方程:

$$\dot{\varphi}_1 = \sigma_1 - \sum_m \tau_{1m} |A_m|^2 - \mathrm{i}\frac{|A_2|^2 |A_3|}{|A_1|} \left(\mathrm{e}^{-\mathrm{i}\Psi} \theta_{1232} - \mathrm{c.c.}\right),$$

$$\dot{\varphi}_2 = \sigma_2 - \sum_m \tau_{2m} |A_m|^2 - \mathrm{i}|A_1| |A_3| \left[\mathrm{e}^{\mathrm{i}\Psi} (\theta_{2123} + \theta_{2321}) - \mathrm{c.c.}\right], \tag{5.39}$$

$$\dot{\varphi}_3 = \sigma_3 - \sum_m \tau_{3m} |A_m|^2 - \mathrm{i}\frac{|A_2|^2 |A_1|}{|A_3|} \left(\mathrm{e}^{-\mathrm{i}\Psi} \theta_{3212} - \mathrm{c.c.}\right).$$

由于 (5.38) 式中只包含 φ 的组合, 因此可以定义

$$\Psi = \Psi_{2123} = 2\varphi_2 - \varphi_1 - \varphi_3,$$

并且

$$\tau_{im} = \mathrm{i}\,(\theta_{iimm} - \mathrm{c.c.} + \theta_{immi} - \mathrm{c.c.}), \quad i \neq m,$$
$$\tau_{ii} = \mathrm{i}\,(\theta_{iiii} - \mathrm{c.c.}), \quad i = m.$$

将 (5.39) 式合并, 可得

$$\dot{\Psi} = d + l_s \sin\Psi + l_c \cos\Psi = d + l \sin(\Psi - \Psi_0), \tag{5.40}$$

5.5 多模竞争理论 II —— 三模、锁模

其中，d 是退谐因子：

$$d = 2\sigma_2 - \sigma_1 - \sigma_3 - \sum_{m=1}^{3}(2\tau_{2m} - \tau_{1m} - \tau_{3m})|A_m|^2,$$

$l = \sqrt{l_s^2 + l_c^2}$，$\Psi_0 = -\tan^{-1}(l_c/l_s)$ 是各模之间的耦合因子. 由于 d 和 l 都包含 $|A_m|$，因此，严格来说，方程 (5.40) 必须和方程 (5.38) 合解，这样，只能做数值计算. 要得到解析解，我们只能把 $|A_m|$ 近似看作常量，则方程 (5.40) 很容易解出.

当 $d < l$ 时，方程 (5.40) 有 $\dot\Psi = 0$ 的定态解：

$$\Psi_1 = \Psi_0 - \arcsin\frac{d}{l},$$

或者

$$\Psi_2 = \Psi_0 + \pi + \arcsin\frac{d}{l}.$$

该定态对 $l\cos(\Psi_i - \Psi_0) < 0$ 的点是稳定的. 注意到 $\dot\Psi = 0$ 意味着 $2\dot\varphi_2 - \dot\varphi_1 - \dot\varphi_3 = 0$，即 $\bar\omega_2 - \bar\omega_1 = \bar\omega_3 - \bar\omega_2$. 此时三个模的频率是等间隔的，这种振荡叫作锁模振荡. 它的意义可以由下述傅里叶逆变换的特性看出. 给定频域的函数

$$F(\omega) = \sum_m f(\omega_0 + m\Delta\omega)\delta(\omega - \omega_0 - m\Delta\omega),$$

这是一系列频率为 $\omega_0 + m\Delta\omega$ 的波的集合. 将 $F(\omega)$ 通过傅里叶逆变换变到时域，则有

$$\tilde F(t) = \sum_n \tilde f(t - nT)\mathrm{e}^{\mathrm{i}n\omega_0 T},$$

其中，$\tilde f(t)$ 是 $f(\omega)$ 的傅里叶逆变换. 这意味着一系列等间距 $T = 2\pi/\Delta\omega$ 的短脉冲（见图 5.4），脉宽 $\Delta t \sim 2\pi/\Delta\Omega$，对此更详细的讨论见附录 5A. 在上面三模锁模的例子中，$m = 3, 2, 1$.

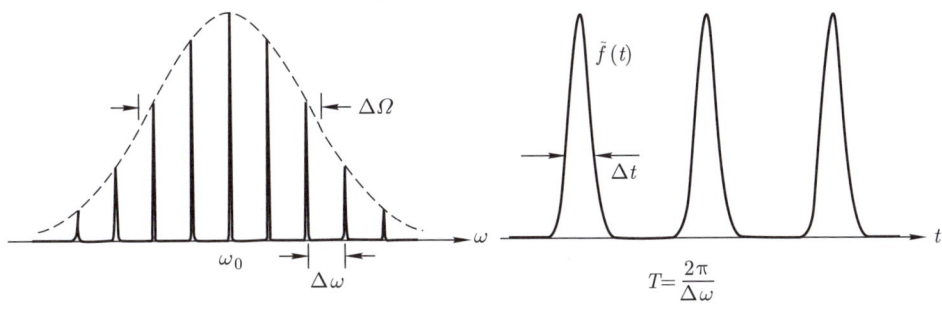

图 5.4 函数 $F(\omega)$ 与它的傅里叶逆变换 $\widetilde F(t)$

附录 5A 激光锁模

锁模的激光器可以产生强且短的激光脉冲,因此有着重要且广泛的应用. 本附录对正文中关于激光锁模的相关讨论进行补充.

5A.1 三模相干叠加

考虑三个模式,它们的频率分别为 $\omega_1, \omega_2, \omega_3$,初始相位分别为 $\varphi_1, \varphi_2, \varphi_3$,振幅分别为 A_1, A_2, A_3,则它们叠加的光场为

$$A(t) = A_1 \exp(-i\omega_1 t - i\varphi_1) + A_2 \exp(-i\omega_2 t - i\varphi_2) + A_3 \exp(-i\omega_3 t - i\varphi_3).$$

重新选择时间零点,把 t 换成 $t' = t - t_0$,则

$$\varphi'_j \equiv \omega_j t_0 + \varphi_j, \quad j = 1, 2, 3.$$

令

$$t_0 = -\frac{\varphi_3 - \varphi_2}{\omega_3 - \omega_2},$$

此时 $\varphi'_2 = \varphi'_3$. 于是三模叠加的光场为

$$A(t') = \{A_1 \exp[-i\omega_1 t' + i(\varphi'_2 - \varphi'_1)] + A_2 \exp(-i\omega_2 t') + A_3 \exp(-i\omega_3 t')\} e^{-i\varphi'_2}.$$

由此可见,影响光场振荡形式的相对相位只有一个独立自由度:

$$\Psi \equiv \varphi'_2 - \varphi'_1 = \varphi_2 - \varphi_1 - \frac{\omega_2 - \omega_1}{\omega_3 - \omega_2}(\varphi_3 - \varphi_2), \tag{5.41}$$

三模叠加光场的另外两个相对相位分别代表了时间零点选取和整体相位变换的自由度.

长度为 L 的光腔的自由模式的频率为 $\omega_n = 2\pi c n/L$,这些频率是等间隔的. 相邻的三个模式的频率分别为 $\omega_{n-1}, \omega_n, \omega_{n+1}$. 将它们分别记为 $\omega_1, \omega_2, \omega_3$,则 $\omega_1 = \omega_2 - \Delta\omega$, $\omega_3 = \omega_2 + \Delta\omega$,且 $\Delta\omega \equiv 2\pi c/L$. 此时 (5.41) 式给出的相对相位变成

$$\Psi = 2\varphi_2 - \varphi_3 - \varphi_1.$$

若三个模式以相同的振幅 (记为 1) 叠加,即 $A_1 = A_2 = A_3 = 1$,略去 t' 中的撇号,可以得到有拍频的叠加光场:

$$A(t) = e^{-i(\omega_2 - \Delta\omega)t} e^{i\Psi} + e^{-i\omega_2 t} + e^{-i(\omega_2 + \Delta\omega)t}$$

$$= \left(1 + e^{i\Delta\omega t} e^{i\Psi} + e^{-i\Delta\omega t}\right) e^{-i\omega_2 t} \equiv \bar{A}(t) e^{-i\omega_2 t}. \tag{5.42}$$

(5.42) 式可以看作一个以

$$\bar{A}(t) \equiv 1 + e^{i\Delta\omega t}e^{i\Psi} + e^{-i\Delta\omega t} \quad (5.43)$$

为含时振幅, 以 ω_2 为频率的振荡, 其光强 $I(t)$ 由振幅的模的平方给出, 即

$$I(t) = \left|\bar{A}(t)\right|^2 = 3 + 2\cos\Delta\omega t + 2\cos(\Delta\omega t + \Psi) + 2\cos(2\Delta\omega t + \Psi). \quad (5.44)$$

图 5.5 中给出了 $n = 9, 10, 11$ 的三个模式叠加时的光强随时间的变化, 其中, 图 5.5 (a) 中 $\Psi = 0$, 对应的信号是调幅 (AM) 信号, 图 5.5 (b) 中 $\Psi = \pi/2$, 图 5.5(c) 中 $\Psi = \pi$, 对应的信号是调频 (FM) 信号. 从图 5.5 中可以看出, 在三模锁模的情况下, 激光器输出的光强不再是恒定值, 而是一系列间隔为 $T = 2\pi/\Delta\omega$ 的脉冲. 脉冲的光强峰值也大于各个模式光强的简单相加.

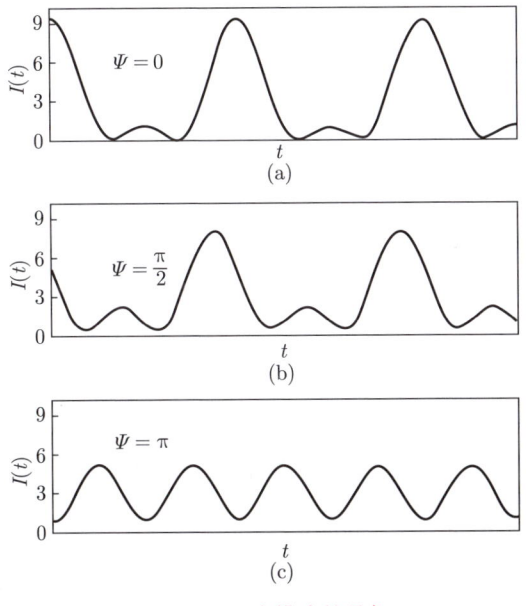

图 5.5 三个模式的叠加

下面讨论脉冲的最大光强与相对相位 Ψ 的关系. (5.44) 式可以化为

$$I(t) = \left|\bar{A}(t)\right|^2 = 4\cos^2\alpha + 4\cos(\Psi/2)\cos\alpha + 1,$$

其中, $\alpha = \alpha(t) = \Delta\omega t + \Psi/2$. 由于 $\cos\alpha(t)$ 在 -1 和 1 之间振荡, 因此 $\left|\bar{A}(t)\right|^2$ 是一个相对于它开口向上的抛物线, 其最大值位于 $\cos\alpha = \pm 1$ 处, 于是可得, 光强峰值

$I_{\max}$ 与相对相位 Ψ 的关系:

$$I_{\max}(\Psi) = \max\{1 + 4[1 + \cos(\Psi/2)], 1 + 4[1 - \cos(\Psi/2)]\}$$
$$= 1 + 4[1 + |\cos(\Psi/2)|]. \tag{5.45}$$

图 5.6 中画出了上述关系.

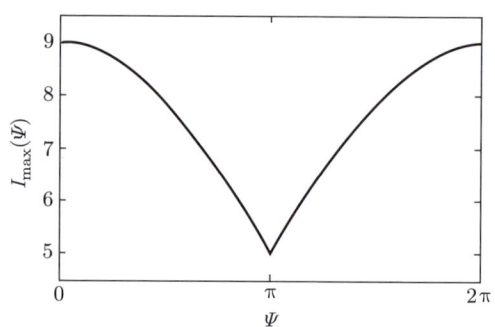

图 5.6　光强峰值与相对相位 Ψ 的函数关系

5A.2　模牵引的效应

如果不考虑模式之间的相互作用,则单个模式的频率会由于模牵引而在光腔自由频率的基础上被牵引向原子的能级差 ω_0,即 $\omega_n \to \bar\omega_n$. 这个改变由如下模牵引系数给出:

$$\sigma_n(\omega_n) \equiv \bar\omega_n - \omega_n = \frac{\Sigma}{2\gamma}(\rho_{aa} - \rho_{bb})(\omega_0 - \omega_n) \propto \frac{\omega_0 - \omega_n}{(\omega_0 - \omega_n)^2 + \gamma^2}.$$

经过模牵引后,各个模式的频率变为不等间隔的,如图 5.7 所示,此时的三个模式叠加的光场变为

$$A(t) = e^{-i(\omega_2 - \Delta\omega + \sigma_1)t}e^{i\Psi} + e^{-i(\omega_2 + \sigma_2)t} + e^{-i(\omega_2 + \Delta\omega + \sigma_3)t}$$
$$= \left[1 + e^{i\Delta\bar\omega t}e^{i\Psi'(t)} + e^{-i\Delta\bar\omega t}\right]e^{-i\bar\omega_2 t},$$

其中,

$$\Delta\bar\omega \equiv \bar\omega_3 - \bar\omega_2 = \omega_3 - \omega_2 + \sigma_3 - \sigma_2, \quad \Psi'(t) \equiv \Psi + (2\sigma_2 - \sigma_1 - \sigma_3)t = \Psi + dt,$$

这里,$d \equiv 2\sigma_2 - \sigma_1 - \sigma_3$ 就是 5.5 节中定义的退谐因子. 由于我们仅考虑了模牵引,未考虑模式之间的相互作用,因此 $\tau_{im} = 0 (i, m = 1, 2, 3)$. 与 (5.42) 式对比可见,模

牵引的作用使得三个模式的相对相位 Ψ' 不再是恒定值，而是以 $\dot{\Psi}' = d$ 进行时间演化，于是脉冲的光强峰值也会随时间变化，即

$$I_{\max}(t) = I_{\max}(\Psi(t)) = 1 + 4\{1 + |\cos[(\Psi + dt)/2]|\}, \tag{5.46}$$

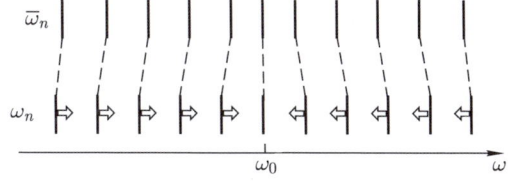

图 5.7　模牵引使得各个模式的频率从等间隔变为不等间隔

如图 5.8 所示，其中的灰色实线为瞬时光强的变化，黑色虚线为 (5.46) 式给出的光强峰值，可以看作瞬时光强的包络. 这表明模牵引会导致各个模式之间不等间隔，进而导致退谐，此时脉冲不再稳定. 因此只有模式之间经由锁模固定为等间隔时，激光器才可以形成稳定的短脉冲.

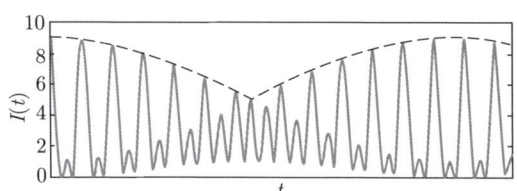

图 5.8　模牵引导致的光强峰值的改变

5A.3　多个模式的锁模

本节延续 5.5 节，对多个等间隔的模式合成的脉冲做解析讨论. 考虑 N 个模式的叠加，此时有 $N-2$ 个独立的相对相位：

$$\Psi_1 = 2\varphi_2 - \varphi_3 - \varphi_1,$$
$$\Psi_2 = 2\varphi_3 - \varphi_4 - \varphi_2,$$
$$\vdots$$
$$\Psi_{N-2} = 2\varphi_{N-1} - \varphi_N - \varphi_{N-2}.$$

在这里我们不具体求解多模相互作用的非线性方程组，而是假定其已达到了一个保证所有独立的相对相位都满足

$$\dot{\Psi}_s = 0$$

的不动点, 此时所有模式的频率都等间隔, 即实现了锁模.

多个模式实现锁模后可以输出时间短、光强高的脉冲, 且锁模的模式越多, 脉冲的间隔就越短. 锁模脉冲在频域的形式为

$$F(\omega) = \sum_m f(\omega)\delta(\omega - \omega_0 - m\Delta\omega),$$

其中, 函数 $f(\omega = \omega_0 + m\Delta\omega)$ 给出了模式 $\omega_m = \omega_0 + m\Delta\omega$ 的振幅和相对相位. 设 $\tilde{f}(t)$ 是将函数 $f(\omega)$ 通过傅里叶逆变换得到的时域的波包, 则

$$f(\omega) = \int_{-\infty}^{\infty} dt e^{i\omega t} \tilde{f}(t). \tag{5.47}$$

下面对 $F(\omega)$ 进行傅里叶逆变换, 可以得到其在时域的形式. 结合 (5.47) 式可得

$$\tilde{F}(t) = \frac{1}{2\pi} \int_{-\infty}^{\infty} d\omega e^{-i\omega t} F(\omega)$$

$$= \frac{1}{2\pi} \int_{-\infty}^{\infty} d\omega e^{-i\omega t} \sum_m \int_{-\infty}^{\infty} dt' e^{i(\omega_0 + m\Delta\omega)t'} \tilde{f}(t')\delta(\omega - \omega_0 - m\Delta\omega),$$

交换对 ω 和 t' 的积分顺序, 可得

$$\tilde{F}(t) = \frac{1}{2\pi} \int_{-\infty}^{\infty} dt' \tilde{f}(t') e^{i\omega_0(t'-t)} \sum_m e^{-im\Delta\omega(t'-t)},$$

这里,

$$\sum_m e^{-im\Delta\omega(t'-t)} = 2\pi \sum_n \delta(t' - t - nT),$$

其中, $T = 2\pi/\Delta\omega$. 最终我们得到时域脉冲的形式为

$$\tilde{F}(t) = \sum_{n=-\infty}^{\infty} \tilde{f}(t + nT) e^{in\omega_0 T}.$$

这意味着一系列在时间轴上按照间隔 $T \equiv 2\pi/\Delta\omega$ 排列的波包的形状为频域包络 $\tilde{f}(\omega)$ 的傅里叶逆变换.

由傅里叶变换的性质, 可以证明时间 – 频率的不确定关系:

$$\Delta t \Delta \Omega \geqslant \frac{1}{2}.$$

对于 $\tilde{f}(t)$ 是高斯脉冲的情况, 上式取等号. 在实际情况中通常用 $\Delta t \Delta \omega \approx 2\pi$ 来估计脉冲时间和频谱宽度之间的关系 (见图 5.4). $\Delta \Omega$ 越大, 意味着锁模的模式越多, 进而在时域的脉冲越窄, 见图 5.9.

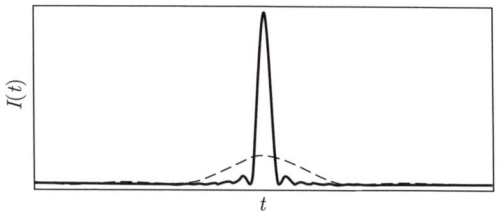

图 5.9 5 个模式 (虚线) 锁模和 30 个模式 (实线) 锁模的脉冲光强对比, 这两个脉冲光强的时间平均相等, 但是 30 个模式锁模形成的脉冲显然更短

第六章

相干脉冲传播——自诱导透明和超辐射

6.1 布洛赫 – 麦克斯韦方程

本章讨论相干的电磁波在各种介质中的传播. 对电磁场的处理, 我们首先采取 (半) 经典的方式和场的时空表象, 在附录 6A 中补充了 1985 年以后的量子化方法 (如电磁诱导透明).

电磁场在原子介质中传播, 当涉及的模式数量很多时, 使用多模展开的处理方式不如采用时空表象. 假设原子有非均匀展宽, 即原子能级频率在中心频率 (也称为共振频率) ω_0 附近有一分布, 分布函数为 $f(\omega-\omega_0)$, 满足 $\int f(\omega-\omega_0)\mathrm{d}\omega = 1$. 如前所述, 考察电场

$$\boldsymbol{E} = \sum_k \mathrm{i}\varepsilon_k \sqrt{\frac{2\pi\hbar\omega_k}{\Omega}} \mathrm{e}^{\mathrm{i}kz} a_k(t) + \mathrm{h.c.}$$
$$= \boldsymbol{E}(z,t)\mathrm{e}^{\mathrm{i}k_0 z - \mathrm{i}\omega_0 t} + \mathrm{h.c.},$$

因为考虑的频率都在共振频率 ω_0 附近 (相应波数 $k_0 = \omega_0/c$), 所以相对于行波 $\exp(\mathrm{i}k_0 z - \mathrm{i}\omega_0 t)$, $\boldsymbol{E}(z,t)$ 是 z, t 的缓变函数. 以后常常忽略 $\boldsymbol{E}(z,t)$ 对 z 和 t 的二阶微分项, 这叫作缓变包络近似 (Slowly Varying Envelope Approximation, 简称 SVEA). 与之前一样, 定义 $n_0\sigma \equiv \rho_{ab}\exp(\mathrm{i}k_0 z - \mathrm{i}\omega_0 t), \cdots$, 由 (5.7) 式, 在古典近似下得到布洛赫 –麦克斯韦 (简称 BM) 方程:

$$\dot{\rho}_{aa} = \Lambda_a - \gamma_a \rho_{aa} - \mathrm{i}\left[\frac{\boldsymbol{p}\cdot\boldsymbol{E}(z,t)}{\hbar}\rho_{ba} - \mathrm{c.c.}\right], \tag{6.1a}$$

$$\dot{\rho}_{bb} = \Lambda_b - \gamma_b \rho_{bb} + \mathrm{i}\left[\frac{\boldsymbol{p}\cdot\boldsymbol{E}(z,t)}{\hbar}\rho_{ba} - \mathrm{c.c.}\right], \tag{6.1b}$$

$$\dot{\rho}_{ab} = -\gamma_{ab}\rho_{ab} - \mathrm{i}(\omega - \omega_0)\rho_{ab} + \mathrm{i}\frac{\boldsymbol{p}\cdot\boldsymbol{E}(z,t)}{\hbar}(\rho_{aa} - \rho_{bb}). \tag{6.1c}$$

将 (5.8) 式中的 $\dot{a}_k$ 乘以 $\mathrm{i}\varepsilon_k\sqrt{2\pi\hbar\omega_k/\Omega}\exp[\mathrm{i}(k-k_0)z + \mathrm{i}\omega_0 t]$, 得到

$$\frac{\mathrm{d}}{\mathrm{d}t}\left[\mathrm{i}\varepsilon_k\sqrt{\frac{2\pi\hbar\omega_k}{\Omega}}\mathrm{e}^{\mathrm{i}(k-k_0)z + \mathrm{i}\omega_0 t}a_k\right]$$
$$= -\left[\frac{\kappa}{2} + \mathrm{i}(\omega_k - \omega_0)\right]\left[\mathrm{i}\varepsilon_k\sqrt{\frac{2\pi\hbar\omega_k}{\Omega}}\mathrm{e}^{\mathrm{i}(k-k_0)z + \mathrm{i}\omega_0 t}a_k\right]$$

$$-\mathrm{i}2\pi\omega_k(\boldsymbol{p}\cdot\boldsymbol{\varepsilon}_k)\varepsilon_k \mathrm{e}^{\mathrm{i}(k-k_0)z+\mathrm{i}\omega_0 t}\int\frac{\mathrm{d}z'}{L}\rho_{ab}\mathrm{e}^{-\mathrm{i}(k-k_0)z'-\mathrm{i}\omega_0 t}$$

$$=-\left(\frac{\kappa}{2}+c\frac{\partial}{\partial z}\right)\left[\mathrm{i}\varepsilon_k\sqrt{\frac{2\pi\hbar\omega_k}{\Omega}}\mathrm{e}^{\mathrm{i}(k-k_0)z+\mathrm{i}\omega_0 t}a_k\right]$$

$$-\mathrm{i}2\pi\omega_k(\boldsymbol{p}\cdot\boldsymbol{\varepsilon}_k)\varepsilon_k\int\frac{\mathrm{d}z'}{L}\rho_{ab}\mathrm{e}^{\mathrm{i}(k-k_0)(z-z')},$$

将上式对 k 求和,并让求和变为积分,即 $\sum_k \Rightarrow \int L\mathrm{d}k/(2\pi)$,得到

$$\left(\frac{\partial}{\partial t}+c\frac{\partial}{\partial z}\right)E(z,t)=-\frac{\kappa}{2}E(z,t)-\mathrm{i}p2\pi\omega_0\int\rho_{ab}(z,t,\omega-\omega_0)f(\omega-\omega_0)\mathrm{d}\omega, \tag{6.1d}$$

这里,我们假定 $\varepsilon_k \approx \varepsilon_0$,$\omega_k \approx \omega_0$,则 $\boldsymbol{E}(z,t) \approx E(z,t)\varepsilon_0$,并且 $p \equiv \boldsymbol{p}\cdot\varepsilon_0$,其中,$\varepsilon_0$ 是共振频率 ω_0 对应的偏振方向. (6.1d) 式的推导中考虑到了非均匀展宽: $\int \mathrm{d}z'/L \to \iint f(\omega-\omega_0)\mathrm{d}\omega\mathrm{d}z'/L$. 得到的 (6.1a) 式到 (6.1c) 式就是布洛赫方程,(6.1d) 式就是 SVEA 下的麦克斯韦方程.

6.2 BM 方程的不稳定性与混沌

如前所述,求解 BM 方程时,激光的出现依赖于初始的反转密度 $\rho_{aa}^{(0)}-\rho_{bb}^{(0)}$. 当 $\rho_{aa}^{(0)}-\rho_{bb}^{(0)}$ 处于阈值以下时,系统最终要处于热平衡态,无激光产生. 当 $\rho_{aa}^{(0)}-\rho_{bb}^{(0)}$ 达到阈值时,热平衡态失稳,激光出现,这也是 BM 方程的第一个分岔 (Bifurcation) 点. 激光通常在阈值以上的一个参数区域内产生. 当 $\rho_{aa}^{(0)}-\rho_{bb}^{(0)}$ 再增大到一定程度时,激光解变得不稳定,BM 方程出现第二个分岔点. 这样下去最终将产生混沌现象. 在这一节中我们将对上述现象做简单讨论.

假设纵弛豫 $\gamma_a=\gamma_b\equiv\gamma_\parallel$,横弛豫 $\gamma_{ab}\equiv\gamma_\perp\geqslant\gamma_\parallel$,且 $f(\omega-\omega_0)=\delta(\omega-\omega_0)$. 选择 a,b 能级的相位,使 ρ_{ab} 为纯虚数,即 $\rho_{ab}=-\rho_{ba}$. 记 $D\equiv\rho_{aa}-\rho_{bb}$,$P\equiv-\mathrm{i}\rho_{ab}$,$\Lambda\equiv\Lambda_a-\Lambda_b$,则 BM 方程简化成 ($E$ 被限制为实数场时有解)

$$\dot{D}=\Lambda-\gamma_\parallel D-\frac{4pE}{\hbar}P, \tag{6.2a}$$

$$\dot{P}=-\gamma_\perp P+\frac{pE}{\hbar}D, \tag{6.2b}$$

$$\frac{\partial E}{\partial t}+c\frac{\partial E}{\partial z}=-\frac{\kappa}{2}E+2\pi\omega_0 pP. \tag{6.2c}$$

这是物理上常见的一套非线性方程组. 例如, 在气象学中有洛伦兹 (Lorenz) 方程, 在流体力学中有贝纳 (Bénard) 对流方程等. 其中, $\Lambda, \gamma_\parallel, \gamma_\perp, \kappa$ 是外界控制参数. 在不同的外界控制参数区域会出现性质不同的稳定解. 临界点就是解的分岔点.

首先, (6.2a) 式到 (6.2c) 式有两个定态不动点解. 不动点 (i) 由

$$P = 0, \quad E = 0, \quad D = D_0 = \frac{\Lambda}{\gamma_\parallel}$$

定义, 代表无激光产生的热平衡态解; 不动点 (ii) 由

$$\begin{aligned}P_{\mathrm{CW}} &= \frac{pE_{\mathrm{CW}}D_{\mathrm{CW}}}{\hbar\gamma_\perp}, \\ E_{\mathrm{CW}} &= \frac{4\pi\omega_0 p}{\kappa}P_{\mathrm{CW}}, \\ D_{\mathrm{CW}} &= \frac{\Lambda}{\gamma_\parallel} - \frac{4pE_{\mathrm{CW}}}{\hbar\gamma_\parallel}P_{\mathrm{CW}}\end{aligned} \quad (6.3)$$

定义, 其中, 下标 "CW" 是连续激光的缩写, 因为 $E_{\mathrm{CW}} \neq 0$, 所以该点就代表 $\omega_k = \omega_0$ 的连续激光解.

为了解方程 (6.2), 可先将它无量纲化. 定义

$$\frac{P}{P_{\mathrm{CW}}} \Rightarrow P, \quad \frac{D}{D_{\mathrm{CW}}} \Rightarrow D, \quad \frac{E}{E_{\mathrm{CW}}} \Rightarrow E, \quad \frac{\Lambda/\gamma_\parallel}{D_{\mathrm{CW}}} \Rightarrow D_0,$$

则方程 (6.2) 变成

$$\begin{aligned}\dot{D} &= \gamma_\parallel(D_0 - D) - \gamma_\parallel(D_0 - 1)EP, \\ \dot{P} &= -\gamma_\perp(P - ED), \\ \dot{E} + c\frac{\partial E}{\partial z} &= -\frac{\kappa}{2}(E - P).\end{aligned} \quad (6.4)$$

方程 (6.4) 的两个定态不动点解对应于不动点 (i) 和 (ii):

(i) $P = E = 0, D = D_0$;

(ii) $P = E = D = 1$.

下面采用小扰动讨论在定态解附近的稳定问题. 在不动点 (i) 附近, 有

$$\begin{pmatrix} P \\ D \\ E \end{pmatrix} = \begin{pmatrix} 0 \\ D_0 \\ 0 \end{pmatrix} + \begin{pmatrix} \pi \\ \delta \\ \epsilon \end{pmatrix} \mathrm{e}^{\lambda t - ikz},$$

其中, π, δ, ϵ 是小量, 表示振幅. 当 $D_0 < 1$ 时, 对于任意 k, 都有 $\lambda < 0$, 热平衡态解稳定, 任何初值最终都趋于此解. 当 $D_0 = 1$ 时, 达到阈值. 而当 $D_0 > 1$ 时, 热平衡态解失稳. 在不动点 (ii) 附近, 有

$$\begin{pmatrix} P \\ D \\ E \end{pmatrix} = \begin{pmatrix} 1 \\ 1 \\ 1 \end{pmatrix} + \begin{pmatrix} \pi \\ \delta \\ \epsilon \end{pmatrix} \mathrm{e}^{\lambda t - \mathrm{i}kz},$$

当 $D_0 < 1$ 时, $\lambda > 0$, 因而解不稳定. 当

$$1 < D_0 < D_\mathrm{c} \equiv 5 + 3\eta + 2\sqrt{2(1+\eta)(2+\eta)}$$

时, 解变得稳定, 其中, $\eta \equiv \gamma_\parallel/\gamma_\perp \leqslant 1$. 初值在 $(1,1,1)^\mathrm{T}$ 附近时趋于此解. 不同 k 会有多模竞争. 当 $D_0 = D_\mathrm{c}$ 时, λ 的实部为 0, 连续激光解开始失稳. 这个现象首先发生在

$$k = k_\mathrm{c} = \omega_\mathrm{c} \left[1 - \frac{(D_\mathrm{c} - 1 + \eta)\kappa}{(3D_\mathrm{c} - 3 - \eta)(\gamma_\perp + \gamma_\parallel)} \right],$$
$$\lambda = \mathrm{i}\omega_\mathrm{c},$$
$$\omega_\mathrm{c}^2 = \frac{1}{2}(3D_\mathrm{c} - 3 - \eta)\gamma_\parallel \gamma_\perp$$

时, 这时没有连续激光解. 上面的解很复杂, 且 D_0 继续增大时出现混沌现象.

6.3 速率方程近似

本节讨论一脉宽为 τ_p 的相干脉冲由 $z = 0$ 点向右 (z 方向) 在共振介质中传播的情形, 如图 6.1 所示.

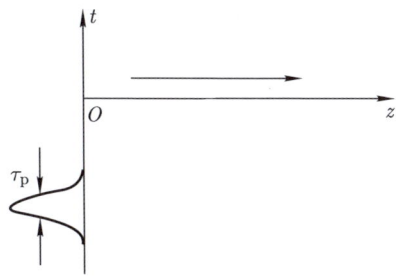

图 6.1 脉宽为 τ_p 的相干脉冲由 $z = 0$ 点向右传播

初始条件是 $t \to -\infty$ 时[1]，有

$$\rho_{aa}(z, -\infty) = \rho_{aa}^{(0)}, \quad \rho_{bb}(z, -\infty) = \rho_{bb}^{(0)},$$
$$\rho_{ab}(z, -\infty) = 0, \quad E(z, -\infty) = 0,$$

其中，$\rho_{aa}^{(0)}, \rho_{bb}^{(0)}$ 都是常量。

这一节中我们假设：介质只有均匀展宽，即 $f(\omega - \omega_0) = \delta(\omega - \omega_0)$；令泵浦项 $\Lambda_a = \Lambda_b = 0$；做速率近似，即在方程 (6.1) 中令 $\dot{\rho}_{ab} \approx 0$。这个近似成立的条件是 $\gamma_{ab} \gg \tau_p^{-1}, \gamma_{ab} \gg \gamma_a, \gamma_b, \kappa$。为了简单，在这一节中取 $\gamma_a = \gamma_b = \kappa = 0$，并记 $\gamma = \gamma_{ab}$。于是 (6.1c) 式变成

$$\rho_{ab} = \frac{\mathrm{i}pE}{\hbar \gamma}(\rho_{aa} - \rho_{bb}). \tag{6.5a}$$

将之代入 (6.1a) 式和 (6.1b) 式，得到

$$\frac{\partial}{\partial t}(\rho_{aa} - \rho_{bb}) = -4\frac{\boldsymbol{p}^2 |E|^2}{3\hbar^2 \gamma}(\rho_{aa} - \rho_{bb})$$
$$= -\Sigma(\omega = \omega_0) c \frac{|E|^2}{\pi \hbar \omega_0}(\rho_{aa} - \rho_{bb}). \tag{6.5b}$$

推导 (6.5b) 式时，考虑了各向同性，所以 $p^2 \to \boldsymbol{p}^2/3$。由 (6.1d) 式得到

$$\frac{\partial |E|^2}{\partial t} + c\frac{\partial |E|^2}{\partial z} = \Sigma c(\rho_{aa} - \rho_{bb})|E|^2, \tag{6.5c}$$

$\Sigma(\omega = \omega_0) = \pi \bar{\lambda}^2 A_{ab}/\gamma$ 是共振截面，$|E|^2/(\pi \hbar \omega_0)$ 是单位体积中的光子数。在速率近似下，可以把光子看成粒子，利用碰撞截面可以直观地写出 (6.5b) 式和 (6.5c) 式。利用 (6.5b) 式 $\times \hbar \omega_0$ + (6.5c) 式 $/\pi$，可以得到能量守恒方程：

$$\frac{\partial}{\partial t}\left[\frac{|E|^2}{\pi} + \hbar \omega_0 (\rho_{aa} - \rho_{bb})\right] = -c\frac{\partial}{\partial z}\frac{|E|^2}{\pi}. \tag{6.6}$$

解 (6.5b) 式可以得到

$$\rho_{aa} - \rho_{bb} = [\rho_{aa}^{(0)} - \rho_{bb}^{(0)}]\mathrm{e}^{-\Sigma \int_{-\infty}^{t} \mathrm{d}t' \varphi(z,t')}, \tag{6.7}$$

其中，$\varphi(z, t') = |E|^2 c/(\pi \hbar \omega_0)$ 为光子流。当 $\rho_{aa} - \rho_{bb} \to 0$ 时，即表示诱导发射等于

---

[1] 原书稿中本节的初始时刻为 $t = 0$，为了与 6.4 节的讨论保持一致，此处将其改为 $t \to -\infty$，这并不影响本节讨论的物理问题。

诱导吸收. 定义 $J(z,t) \equiv \int_{-\infty}^{t} dt' \varphi(z,t')$ 为 z 点的光子积分流, $J_t(z) \equiv J(z,\infty) = \int_{-\infty}^{\infty} dt' \varphi(z,t')$ 为 z 点的总光子流. 通过对 (6.5c) 式求积分, 得到

$$\begin{aligned}
\frac{dJ_t}{dz} &= \Sigma \int_{-\infty}^{\infty} [\rho_{aa}(z,t') - \rho_{bb}(z,t')] \varphi(z,t') dt' \\
&= \Sigma [\rho_{aa}^{(0)} - \rho_{bb}^{(0)}] \int_{0}^{J_t} e^{-\Sigma J(z,t')} dJ(z,t') \\
&= [\rho_{aa}^{(0)} - \rho_{bb}^{(0)}] \left(1 - e^{-\Sigma J_t}\right).
\end{aligned} \tag{6.8}$$

当 $\Sigma J_t \ll 1$ 时, 有

$$\frac{dJ_t}{dz} = \Sigma [\rho_{aa}^{(0)} - \rho_{bb}^{(0)}] J_t,$$

对应比尔 (Beer) 定律; 当 $\Sigma J_t \gg 1$ 时, 有

$$\frac{dJ_t}{dz} = \rho_{aa}^{(0)} - \rho_{bb}^{(0)},$$

对应饱和效应. 这些式子的物理意义很明显.

下面进一步研究光子流 $\varphi(z,t)$. 由 (6.5c) 式得到

$$\frac{\partial \varphi}{\partial t} + c \frac{\partial \varphi}{\partial z} = \Sigma c [\rho_{aa}^{(0)} - \rho_{bb}^{(0)}] e^{-\Sigma \int_{-\infty}^{t} dt' \varphi(z,t')} \varphi, \tag{6.9}$$

引入推迟时间 $\tau = t - z/c$, 因此 $\varphi(z,\tau)$ 满足如下方程:

$$\left.\frac{\partial \varphi}{\partial z}\right|_\tau = \Sigma [\rho_{aa}^{(0)} - \rho_{bb}^{(0)}] \varphi e^{-\Sigma \int_{-\infty}^{\tau} d\tau' \varphi(z,\tau')},$$

由此得到

$$J(z,\tau) = \int_{-\infty}^{\tau} d\tau' \varphi(z,\tau')$$

满足的方程为

$$\frac{\partial J(z,\tau)}{\partial z} = [\rho_{aa}^{(0)} - \rho_{bb}^{(0)}] \left[1 - e^{-\Sigma J(z,\tau)}\right],$$

即

$$\frac{dJ}{1 - e^{-\Sigma J}} = [\rho_{aa}^{(0)} - \rho_{bb}^{(0)}] dz.$$

对上述方程求积分, 得到

$$\ln \frac{e^{\Sigma J(z,\tau)} - 1}{e^{\Sigma J(0,\tau)} - 1} = \Sigma[\rho_{aa}^{(0)} - \rho_{bb}^{(0)}]z,$$

即

$$\Sigma J(z,\tau) = \ln\left\{1 + [e^{\Sigma J(0,\tau)} - 1]e^{\Sigma[\rho_{aa}^{(0)} - \rho_{bb}^{(0)}]z}\right\}.$$

将上式对 τ 求微分得

$$\varphi(z,\tau) = \frac{\varphi(0,\tau)e^{\Sigma \int_{-\infty}^{\tau} \varphi(0,\tau')d\tau'}e^{\Sigma[\rho_{aa}^{(0)} - \rho_{bb}^{(0)}]z}}{1 + [e^{\Sigma \int_{-\infty}^{\tau} \varphi(0,\tau')d\tau'} - 1]e^{\Sigma[\rho_{aa}^{(0)} - \rho_{bb}^{(0)}]z}}. \tag{6.10}$$

(6.10) 式的物理意义可以分以下两种情况进行讨论:

(1) $\rho_{aa}^{(0)} - \rho_{bb}^{(0)} < 0$, 对应吸收介质. 当 z 足够大时, $\Sigma[\rho_{aa}^{(0)} - \rho_{bb}^{(0)}]z \ll -1$, 有

$$\varphi(z,\tau) \approx \varphi(0,\tau)e^{\Sigma \int_{-\infty}^{\tau} \varphi(0,\tau')d\tau'}e^{\Sigma[\rho_{aa}^{(0)} - \rho_{bb}^{(0)}]z},$$

即通过吸收介质, 光子流呈指数衰减.

(2) $\rho_{aa}^{(0)} - \rho_{bb}^{(0)} > 0$, 对应增益介质. 在脉冲前沿部分, $\tau \to -\infty$, 有

$$\int_{-\infty}^{\tau} \varphi d\tau' \to 0, \quad \varphi(z,\tau) \approx \varphi(0,\tau)e^{\Sigma[\rho_{aa}^{(0)} - \rho_{bb}^{(0)}]z},$$

即随着 z 的增大, 脉冲前沿部分呈指数增长, 而脉冲后沿部分满足 $\int_{-\infty}^{\tau} \varphi(z,\tau')d\tau' > 0$. 当 z 足够大时, 有

$$e^{\Sigma[\rho_{aa}^{(0)} - \rho_{bb}^{(0)}]z}\left(e^{\Sigma \int_{-\infty}^{\tau} \varphi d\tau'} - 1\right) \gg 1,$$

因此

$$\varphi(z,\tau) \approx \varphi(0,\tau)\frac{e^{\Sigma \int_{-\infty}^{\tau} \varphi d\tau'}}{e^{\Sigma \int_{-\infty}^{\tau} \varphi d\tau'} - 1},$$

这表明随着 z 的增大, 脉冲后沿部分只是略有增长. 增益介质中脉冲的具体演化行为的一个例子如图 6.2 所示. 在介质中, 脉冲前沿部分与后沿部分的增长速度不同会导致脉冲中心部分的传播速度比光速快[1]. 这个现象并不违背狭义相对论, 因为信息和能量不能通过这个脉冲来传播. 关于这个问题的更加详细的讨论见附录 6A.

---

[1] BASOV N G, AMBARTSUMYAN R V, ZUEV V S, et al. Nonlinear amplification of light pulses [J]. Sov. Phys. JETP, 1966, 23: 16.

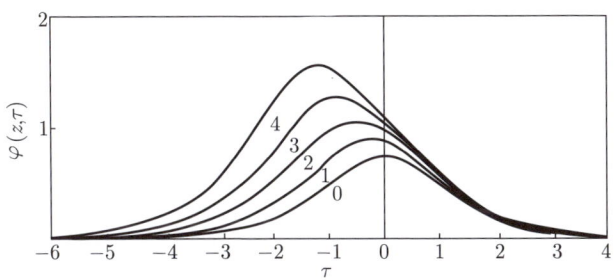

图 6.2 由 (6.10) 式给出的增益介质中的脉冲演化. 脉冲的初始形状满足 sech 函数, 即 (6.32) 式. 横坐标 τ 以初始脉宽 τ_p 为单位, 纵坐标 φ 以初始光子流的峰值为单位. 注意: 由于传播过程中介质的饱和, 脉冲前沿部分被放大, 而脉冲后沿部分几乎不变. 这导致了脉冲中心部分的传播速度超过了介质中的光速. 图中的 5 条线分别对应于 $\Sigma[\rho_{aa}^{(0)} - \rho_{bb}^{(0)}]z = 0, 1, 2, 3, 4$

6.4 面 积 定 理[①]

本节的研究对象依然是一光脉冲 (脉宽为 τ_p), 它在 $z = 0$ 点入射. 和 6.3 节不同, 本节讨论介质弛豫时间很长的情形, 近似地取作 $\gamma = \gamma_a = \gamma_b = 0$, 这时不能用速率近似. 令 $\rho_{ab}(z, -\infty) = 0$, 对于增益介质, $D^{(0)}(z, -\infty) = \rho_{aa}^{(0)} - \rho_{bb}^{(0)} = n_0 > 0$, 对于吸收介质, $D^{(0)}(z, -\infty) < 0$. 上述初始条件决定了原子处于什么状态. 在准备好初始条件后, 就去掉泵浦项, 即令 $\Lambda = 0$. 此外, 假设介质有非均匀展宽, 原子频率的分布函数为 $f(\omega - \omega_0)$, 一般情况下, 频率分布在 ω_0 附近对称, 即 $f(\omega - \omega_0) = f(\omega_0 - \omega)$.

在上述假设下, BM 方程 (6.1) 变成

$$\dot{D} = -2\mathrm{i}\left(\frac{pE}{\hbar}\rho_{ba} - \rho_{ab}\frac{pE^*}{\hbar}\right), \tag{6.11a}$$

$$\dot{\rho}_{ab} = -\mathrm{i}(\omega - \omega_0)\rho_{ab} + \mathrm{i}\frac{pE}{\hbar}D, \tag{6.11b}$$

$$\frac{\partial E}{\partial t} + c\frac{\partial E}{\partial z} = -\frac{\kappa}{2}E - 2\pi\mathrm{i}p\omega_0 \int \rho_{ab}(z, t, \omega - \omega_0)f(\omega - \omega_0)\mathrm{d}\omega. \tag{6.11c}$$

在上述初始条件下进一步假设边界条件 $E(0, t)$ 是实数, 不难看出

$$\rho_{ab}(z, t, \omega - \omega_0) = -\rho_{ab}^*(z, t, \omega_0 - \omega) = -\rho_{ba}(\omega_0 - \omega),$$
$$D(z, t, \omega - \omega_0) = D(z, t, \omega_0 - \omega),$$
$$E(z, t) = E^*(z, t).$$

[①] MCCALL S L, HAHN E L. Self-induced transparency by pulsed coherent light [J]. Physical Review Letters, 1967, 18: 908.

以后的讨论就限定在 E 为实数的区域.

在 (6.11) 式中, 一个重要的物理量是 $pE/\hbar$ (量纲为 s^{-1}), 其中, $p = \boldsymbol{p} \cdot \boldsymbol{\varepsilon}_0$ 是偶极矩在电场方向的分量, 这个量在单原子的拉比反转现象 (见 3.6 节) 中起主要作用, 在这里也起到了类似的作用. 定义

$$\theta(z,t) = 2\int_{-\infty}^{t} \frac{pE(z,t')}{\hbar} \mathrm{d}t', \qquad (6.12)$$

将 $\theta(z) = \theta(z,\infty)$ 定义为脉冲面积. 在 $\kappa = 0$ 的情况下, (6.11) 式是一个完全可积的方程组, 可以用散射反演方法完全解析解出, 得到孤立子解. 这种物理现象叫作脉冲在共振介质中产生的自诱导透明. 在 6.5 节中, 我们将简单讨论 (6.11) 式的解. 这一节先证明一个关于脉冲面积 $\theta(z)$ 的重要定理, 即面积定理.

(6.11b) 式的形式解是

$$\rho_{ab}(z,t,\omega-\omega_0) = \int_{-\infty}^{t} \mathrm{d}t' \frac{\mathrm{i}pE(z,t')}{\hbar} D(z,t',\omega-\omega_0) \mathrm{e}^{-\mathrm{i}(\omega-\omega_0)(t-t')}, \qquad (6.13)$$

将 (6.11c) 式做积分 $\int_{-\infty}^{\infty} \mathrm{d}t \frac{2p}{\hbar} \cdots$, 并将 (6.13) 式代入, 得到

$$\begin{aligned}
c\frac{\mathrm{d}\theta}{\mathrm{d}z} + \frac{\kappa}{2}\theta &= -\frac{4\pi\mathrm{i}p^2\omega_0}{\hbar} \int_{-\infty}^{\infty}\mathrm{d}t \int_{-\infty}^{\infty} f(\omega-\omega_0)\mathrm{d}\omega \\
&\quad \times \int_{-\infty}^{t} \mathrm{d}t' \frac{\mathrm{i}pE(z,t')}{\hbar} D(z,t',\omega-\omega_0)\mathrm{e}^{-\mathrm{i}(\omega-\omega_0)(t-t')} \\
&= \frac{4\pi p^3 \omega_0}{\hbar^2} \int_{-\infty}^{\infty} \mathrm{d}t \int_{-\infty}^{t} \mathrm{d}t'\, E(z,t') \tilde{D}(z,t',t-t') \\
&= \frac{4\pi p^3 \omega_0}{\hbar^2} \int_{-\infty}^{\infty} \mathrm{d}t'\, E(z,t') \int_{t'}^{\infty} \mathrm{d}t\, \tilde{D}(z,t',t-t'),
\end{aligned} \qquad (6.14)$$

其中,

$$\tilde{D}(z,t',t-t') = \int_{-\infty}^{\infty} f(\omega-\omega_0) D(z,t',\omega-\omega_0) \mathrm{e}^{-\mathrm{i}(\omega-\omega_0)(t-t')} \mathrm{d}\omega,$$

因此

$$\begin{aligned}
\int_{0}^{\infty} \mathrm{d}T\, \tilde{D}(z,t',T) &= \int_{-\infty}^{\infty} \mathrm{d}\omega\, f(\omega-\omega_0) D(z,t',\omega-\omega_0) \int_{0}^{\infty} \mathrm{e}^{-\mathrm{i}(\omega-\omega_0)T} \mathrm{d}T \\
&= \int_{-\infty}^{\infty} \mathrm{d}\omega f(\omega-\omega_0) D(z,t',\omega-\omega_0) \left[\pi\delta(\omega-\omega_0) - \frac{\mathrm{i}\mathcal{P}}{\omega-\omega_0}\right] \\
&= \pi f(0) D(z,t',0),
\end{aligned} \qquad (6.15)$$

6.4 面积定理

其中, $\mathcal{P}$ 表示主值积分. 因为 fD 是 $\omega - \omega_0$ 的偶函数, 所以主值积分项为零.

将 (6.15) 式代入 (6.14) 式, 得到

$$c\frac{\mathrm{d}\theta}{\mathrm{d}z} + \frac{\kappa}{2}\theta = \frac{4\pi^2 p^3 \omega_0}{\hbar^2} f(0) \int_{-\infty}^{\infty} \mathrm{d}t'\, E(z,t') D(z,t',0). \qquad (6.16)$$

下面求 $D(z,t,0)$, 即中心频率 $\omega = \omega_0$ 处的反转密度. 由 (6.11a) 式及 (6.13) 式, 得到

$$\frac{\partial D(z,t,0)}{\partial t} = -\frac{4p^2}{\hbar^2} E(z,t) \int_{-\infty}^{t} E(z,t') D(z,t',0)\mathrm{d}t'.$$

反转密度的初始条件为 $D(z,-\infty,0) = n_0$, 令 $\frac{2pE}{\hbar}\mathrm{d}t = \mathrm{d}\tau$, 上式变成

$$\frac{\partial D}{\partial \tau} = -\int_{-\infty}^{\tau} D(z,\tau',0)\mathrm{d}\tau',$$

解之得到

$$D(z,t,0) = n_0 \cos\tau = n_0 \cos\int_{-\infty}^{t} \frac{2pE(z,t')}{\hbar}\mathrm{d}t'. \qquad (6.17)$$

这和 3.6 节的拉比反转中的 (3.8) 式 ($\Delta\omega = 0$) 是一致的. 把 (6.17) 式代入 (6.16) 式, 可以得到脉冲面积 θ 满足

$$\begin{aligned}\frac{\mathrm{d}\theta}{\mathrm{d}z} + \frac{\kappa}{2c}\theta &= \frac{4\pi^2 p^3 \omega_0 n_0}{\hbar^2 c} f(0) \int_{-\infty}^{\infty} \mathrm{d}t'\, E(z,t') \cos\int_{-\infty}^{t'} \frac{2pE(z,t'')}{\hbar}\mathrm{d}t'' \\ &= a\sin\int_{-\infty}^{t} \frac{2pE(z,t')}{\hbar}\mathrm{d}t'\bigg|_{t=-\infty}^{t=\infty} = a\sin\theta,\end{aligned} \qquad (6.18)$$

其中,

$$a = \frac{2\pi^2 \boldsymbol{p}^2 \omega_0 n_0}{3\hbar c} f(0) = \pi\bar{\lambda}^2 A_{ab}\frac{\pi}{2} f(0) n_0. \qquad (6.19)$$

方程

$$\frac{\mathrm{d}\theta}{\mathrm{d}z} + \frac{\kappa}{2c}\theta = a\sin\theta$$

就是面积定理, 其中, $a > 0$ ($n_0 > 0$) 表示增益介质, $a < 0$ ($n_0 < 0$) 表示吸收介质. a 具有 Σn_0 的形式, 只是 $\Sigma = \pi\bar{\lambda}^2 A_{ab}/\gamma$ 中的均匀展宽 γ 在这里换成了非均匀展宽 $\gamma^* = 2/[\pi f(0)]$.

在 $z=0$ 点处给出入射波 $E(0,t)$, 得到

$$\theta(0) = \frac{2p}{\hbar} \int_{-\infty}^{\infty} E(0,t)\mathrm{d}t \equiv \theta_0.$$

取 $\kappa=0$, 只研究脉冲在和共振介质相互作用下的传播, 用这个初始条件很容易把 (6.18) 式解出:

$$\int_{z=0}^{z} \frac{\mathrm{d}\theta}{\sin\theta} = az = \int_{z=0}^{z} \frac{\mathrm{d}\theta}{2\sin(\theta/2)\cos(\theta/2)}$$
$$= \int_{z=0}^{z} \frac{\sec^2(\theta/2)}{2\tan(\theta/2)}\mathrm{d}\theta = \ln\tan(\theta/2)|_{z=0}^{z},$$

因此

$$\tan\frac{\theta}{2} = \tan\frac{\theta_0}{2}\mathrm{e}^{az}. \tag{6.20}$$

给定一个入射波 $E(0,t)$, 其在和共振介质的相互作用下传播, $E(z,t)$ 随 z 当然要发生复杂的变化, 这种变化将在 6.5 节中研究, 但是它的脉冲面积 θ 却满足一个非常简单的关系式, 即方程 (6.18) 及其解 (6.20). 这是什么意思呢?

为了理解面积定理的意义, 先看 $\omega=\omega_0$ 时的反转密度 $D(z,t,0)$, 也就是 (6.17) 式:

$$D(z,t,0) = n_0 \cos\int_{-\infty}^{t} \frac{2pE(z,t')}{\hbar}\mathrm{d}t',$$

即

$$\begin{aligned} D(z,t\to-\infty,0) &= n_0, \\ D(z,t\to\infty,0) &= n_0\cos\theta(z), \end{aligned} \tag{6.21}$$

它们分别对应初始时刻和脉冲过后的反转密度. 当 $\theta=(2n+1)\pi$ 时, $D(z,\infty,0)=-n_0$, 即介质中的原子由 a 能级跳到 b 能级 ($n_0>0$), 或者由 b 能级跳到 a 能级 ($n_0<0$); 当 $\theta=2n\pi$ 时, $D(z,\infty,0)=n_0$, 即回到初始状态. 这就是拉比振荡, 每传过一个 π 脉冲, 都有 $a\to b$ 或 $b\to a$, 不断循环.

下面先研究吸收介质, 这时 $n_0<0$, 即 $a<0$. 初始条件为 $\rho_{ab}(z,-\infty,\omega-\omega_0)=0$, $D(z,-\infty,\omega-\omega_0)=n_0<0$, 边界条件为 $\theta(z=0)=\theta_0$. 由此可得, θ 和 D 随 z 的变化如表 6.1 和图 6.3 所示. 当 $z\to\infty$ 时, $\theta\to$ 稳定值 $2n\pi$. 在脉冲过后, 介质恢复到初始状态 $n_0<0$, 不难验证 $\rho_{ab}(z,\infty,0)=0$, 也回到初始状态. 也就是说, 脉冲使原子状态旋转几圈, 最终回到初始状态, 脉冲面积也不改变. 由此可以想象, 脉冲

形状在 $z \to \infty$ 时趋于定态解. 事实上, 真实情况是趋于几个分立的孤立子解, 这一点将在 6.5 节中讨论. 虽然是吸收介质, 但脉冲传播一段距离以后 (z 足够大时) 便不再改变, 所以把这种现象叫作自诱导透明.

表 6.1 吸收介质中, θ, D 随 z 的变化

z	$\theta(z)$	$D(z, \infty, 0)$
0	$2n\pi \leqslant \theta_0 < (2n+1)\pi$	$n_0 \cos\theta_0$
∞	$2n\pi$	$n_0 < 0$
$-\infty$	$(2n+1)\pi$	$-n_0 > 0$
0	$(2n+1)\pi < \theta_0 \leqslant (2n+2)\pi$	$n_0 \cos\theta_0$
∞	$(2n+2)\pi$	$n_0 < 0$
$-\infty$	$(2n+1)\pi$	$-n_0 > 0$

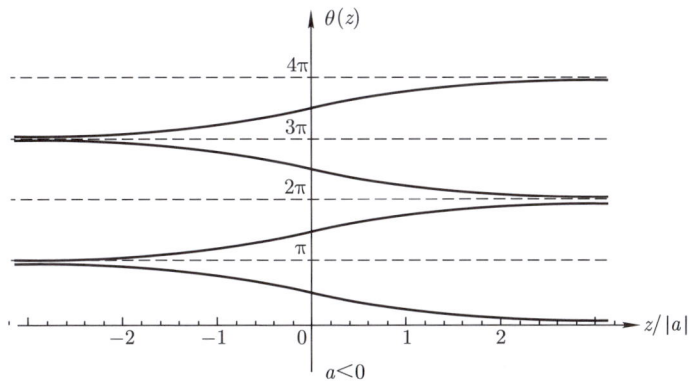

图 6.3 吸收介质中, 由 (6.20) 式给出的脉冲面积 θ 随 z 的变化. 随着 z 的增大, 最终 $\theta \to 2n\pi$

对于增益介质, $a > 0$, 即 $n_0 > 0$, 情况很不一样, 见表 6.2. 只要把 $z \to -z$, 就是吸收介质解. 对于增益介质, 当 $z \to \infty$ 时, 虽然 θ 不再改变, 趋于稳定值 $(2n+1)\pi$, 但反转密度趋于 $-n_0 < 0$, 不是回到初始状态. 原子把能量释放出来, 所以脉冲能量是不断增加的, 但却维持脉冲面积不变. 这意味着在脉冲传播过程中, 脉冲越来越窄, 但越来越高, 即维持脉冲面积为 $(2n+1)\pi$ 不变. 显然, 这种情况下不存在稳定定态解, 只能数值计算.

表 6.2 增益介质中，θ, D 随 z 的变化

z	$\theta(z)$	$D(z,\infty,0)$
0	$2n\pi < \theta_0 \leqslant (2n+1)\pi$	$n_0 \cos\theta_0$
∞	$(2n+1)\pi$	$-n_0 < 0$
$-\infty$	$2n\pi$	$n_0 > 0$
0	$(2n+1)\pi \leqslant \theta_0 < (2n+2)\pi$	$n_0 \cos\theta_0$
∞	$(2n+1)\pi$	$-n_0 < 0$
$-\infty$	$(2n+2)\pi$	$n_0 > 0$

6.5 自诱导透明

这一节只讨论吸收介质，也就是 $\rho_{aa}^{(0)} - \rho_{bb}^{(0)} = -n_0 < 0$ 的情况. 为了简单，假设所有吸收、弛豫系数都等于零，即 $\kappa = \gamma_a = \gamma_b = \gamma = \Lambda = 0$. 上面讲过，这时的 BM 方程是完全可解的，对于任何初始条件都可以得到解析解. 这里不去讲散射反演方法，而是只给出定态解.

考察 BM 方程 (6.11):

$$\dot{D} = -\frac{2\mathrm{i}p}{\hbar}(E\rho_{ba} - \rho_{ab}E^*),$$

$$\dot{\rho}_{ab} = -\mathrm{i}(\omega - \omega_0)\rho_{ab} + \mathrm{i}\frac{pE}{\hbar}D,$$

$$\frac{\partial E}{\partial t} + c\frac{\partial E}{\partial z} = -2\pi\mathrm{i}p\omega_0 \int \rho_{ab}(z,t,\omega-\omega_0)f(\omega-\omega_0)\mathrm{d}\omega,$$

仍然假设非均匀展宽分布函数满足 $f(\omega - \omega_0) = f(\omega_0 - \omega)$，即其关于中心频率 ω_0 左右对称. 我们只在实数区域讨论，即 $E = E^*$. 将

$$\rho_{ab}(z,t,\Delta\omega) = \frac{1}{2}[u(z,t,\Delta\omega) + \mathrm{i}v(z,t,\Delta\omega)]$$

用实函数 u 和 v 表示出来，其中，$\Delta\omega = \omega - \omega_0$，则 (6.11) 式变成

$$\dot{D} = -2\frac{pE}{\hbar}v, \tag{6.22a}$$

$$\dot{u} = \Delta\omega\, v, \tag{6.22b}$$

$$\dot{v} = -\Delta\omega\, u + 2\frac{pE}{\hbar}D, \tag{6.22c}$$

$$\frac{\partial E}{\partial t} + c\frac{\partial E}{\partial z} = \pi p\omega_0 \int \mathrm{d}\omega f(\Delta\omega)v(z,t,\Delta\omega). \tag{6.22d}$$

(6.22) 式有两个显而易见的守恒量 (事实上有无穷多个):

(1) $\dfrac{\mathrm{d}}{\mathrm{d}t}(u^2 + v^2 + D^2) = 0$;

(2) $\dfrac{\partial}{\partial t}\left[\int \hbar\omega_0 D(z,t,\Delta\omega)f(\Delta\omega)\mathrm{d}\Delta\omega + \dfrac{E^2}{\pi}\right] = -c\dfrac{\partial(E^2/\pi)}{\partial z}$, 它代表能量守恒.

下面我们求 (6.22) 式的定态解, 即孤立子解. 令

$$D = D(s,\Delta\omega), \quad u = u(s,\Delta\omega),$$
$$v = v(s,\Delta\omega), \quad E = E(s),$$

并定义推迟时间

$$s = t - z/\bar{v},$$

其中, $\bar{v}$ 是孤立子的速度. 这样, (6.22) 式变成

$$\dot{u} = \Delta\omega\, v, \tag{6.23a}$$

$$\dot{v} = -\Delta\omega\, u + 2\dfrac{pE}{\hbar}D, \tag{6.23b}$$

$$\dot{D} = -2\dfrac{pE}{\hbar}v, \tag{6.23c}$$

$$\left(1 - \dfrac{c}{\bar{v}}\right)\dot{E} = \pi p\omega_0 \int \mathrm{d}\omega f(\Delta\omega)v(s,\Delta\omega), \tag{6.23d}$$

这里, 上标 "·" 表示 $\mathrm{d}/\mathrm{d}s$. 初始条件是 $u(-\infty,\Delta\omega) = v(-\infty) = E(-\infty) = 0$, $D(-\infty,\Delta\omega) = -n_0 < 0$. 我们的目标是找一个具有可分离变量形式的解:

$$v(s,\Delta\omega) = g(\Delta\omega)v(s,0), \tag{6.24}$$

其中, $g(0) = 1$. 将 (6.24) 式代入 (6.23d) 式, 得到

$$\dot{E} = \dfrac{\pi p\omega_0}{1 - c/\bar{v}}Fv(s,0), \tag{6.25}$$

这里,

$$F = \int g(\Delta\omega)f(\Delta\omega)\mathrm{d}\Delta\omega. \tag{6.26}$$

将 (6.25) 式代入 (6.23a) 式, 得到

$$\dot{u} = \dfrac{\Delta\omega\, c}{\pi p\omega_0 F}\left(\dfrac{1}{c} - \dfrac{1}{\bar{v}}\right)g(\Delta\omega)\dot{E}.$$

对上式求积分得到

$$u = \frac{c}{\pi p \omega_0 F}\left(\frac{1}{c} - \frac{1}{\bar{v}}\right) E \Delta\omega g(\Delta\omega) \equiv u(s,0)\Delta\omega g(\Delta\omega). \tag{6.27}$$

这表明 u 也可以分离变量, 其对 $\Delta\omega$ 的依赖关系是 $\Delta\omega g(\Delta\omega)$. 将 (6.25) 式代入 (6.23c) 式, 得到

$$\dot{D} = -\frac{2c}{\pi\hbar\omega_0 F}\left(\frac{1}{c} - \frac{1}{\bar{v}}\right) g(\Delta\omega) E\dot{E}.$$

对上式求积分可得

$$D = -\frac{c}{\pi\hbar\omega_0 F}\left(\frac{1}{c} - \frac{1}{\bar{v}}\right) g(\Delta\omega) E^2 - n_0, \tag{6.28}$$

其中, 用到了 $s \to -\infty$ 时, $D = -n_0, E = 0$. 这样, u (见 (6.27) 式), v (见 (6.25) 式), D (见 (6.28) 式) 都能用场 E 表示出来. 将它们代入 (6.23b) 式, 则 E 满足

$$\frac{c}{\pi p \omega_0 F}\left(\frac{1}{c} - \frac{1}{\bar{v}}\right) g(\Delta\omega)\ddot{E} = -\frac{c(\Delta\omega)^2 g(\Delta\omega)}{\pi p \omega_0 F}\left(\frac{1}{c} - \frac{1}{\bar{v}}\right) E$$
$$-2\frac{pE}{\hbar}\left[n_0 + \frac{cg(\Delta\omega)}{\pi\hbar\omega_0 F}\left(\frac{1}{c} - \frac{1}{\bar{v}}\right) E^2\right]. \tag{6.29}$$

接下来求解满足 (6.29) 式的 $E(s)$ 和 $g(\Delta\omega)$. 首先考虑 $\Delta\omega = 0$ 的情况, 此时有 $g(\Delta\omega) = 1$, 则 (6.29) 式变成

$$\ddot{E} = \frac{E}{\tau_p^2} - \left(\frac{2pE}{\hbar}\right)^2 \frac{E}{2}, \tag{6.30}$$

其中,

$$\tau_p^2 = \frac{c\hbar}{2\pi p^2 \omega_0 n_0 F}\left(\frac{1}{\bar{v}} - \frac{1}{c}\right). \tag{6.31}$$

(6.30) 式的解是 sech 函数:

$$\frac{pE}{\hbar} = \frac{1}{\tau_p}\text{sech}\frac{s}{\tau_p}. \tag{6.32}$$

这里我们假定初始脉冲在 $s = 0$ 时达到峰值.

接下来考察 $\Delta\omega \neq 0$ 的情形. 将 (6.30) 式代入 (6.29) 式, 得到

$$-\frac{2p}{\hbar}Eg(\Delta\omega)n_0 = \frac{c(\Delta\omega)^2 g(\Delta\omega)}{\pi p \omega_0 F}\left(\frac{1}{\bar{v}} - \frac{1}{c}\right) E - \frac{2pE}{\hbar}n_0.$$

消去 E, 得到
$$g(\Delta\omega) = \frac{1}{1 + (\tau_p \Delta\omega)^2}. \tag{6.33}$$

将 (6.33) 式代入 (6.28) 式, 得到
$$D(s, \Delta\omega) = -n_0 \left[1 - 2g(\Delta\omega)\mathrm{sech}^2(s/\tau_p)\right]; \tag{6.34}$$

将 (6.33) 式代入 (6.27) 式, 得到
$$u(s, \Delta\omega) = -\Delta\omega g(\Delta\omega) 2n_0 \tau_p \mathrm{sech}(s/\tau_p); \tag{6.35}$$

将 (6.33) 式代入 (6.25) 式, 得到
$$v(s, \Delta\omega) = g(\Delta\omega) 2n_0 \mathrm{sech}(s/\tau_p) \tanh(s/\tau_p). \tag{6.36}$$

(6.32) 式到 (6.36) 式就是孤立子解. 这是一个具有 sech 形状且脉宽为 τ_p 的 2π 脉冲, 即
$$\int_{-\infty}^{\infty} \frac{2pE(s/\tau_p)}{\hbar} dt = 2\pi.$$

这一脉冲使原子从 b 态过 a 态绕一圈又回到 b 态. 由 (6.34) 式可以看到, 不仅对于共振原子 ($\omega = \omega_0$) 来说是这样, 对于非共振原子来说也是如此. 由图 6.4 可以看出, $D(s, \Delta\omega)$ 总是从 $-n_0$ 回到 $-n_0$, 只是最高点 $D(0, \Delta\omega) = n_0[1 - (\Delta\omega)^2 \tau_p^2]/[1 + (\Delta\omega)^2 \tau_p^2]$ 不同. 对于共振原子, 在 $s = 0$ 处的点完全反转, 即 $D = n_0$, 对于非共振原子, $\Delta\omega \neq 0$, 反转数要少一些.

由 (6.31) 式可见, $\bar{v} < c$, 波速变慢. 记
$$\tau_p^2 = \tau_0^2 \left(\frac{c}{\bar{v}} - 1\right),$$

其中,
$$\tau_0^{-2} = \frac{2\pi \mathbf{p}^2 \omega_0 n_0 F}{3\hbar} = \frac{\pi}{2} \bar{\lambda}^2 A_{ab} c n_0, \tag{6.37}$$

这里, τ_0 是一个重要物理量, 当脉宽 $\tau_p = \tau_0$ 时, 脉冲速度降到 $c/2$. 脉宽越宽, 脉冲速度越小. 对于任意初始条件 ($t \to -\infty$), 按散射反演理论, 初始脉冲将分成几个 2π 脉冲, 即几个孤立子传播. 孤立子的数目由 $\theta(-\infty)$ 决定, 这与 6.4 节的讨论类似. 传播过程中部分脉冲能量被介质原子吸收.

1967 年, 麦考尔 – 哈恩 (McCall–Hahn) 提出自诱导透明, 并于 1969 年做了第一个实验, 兰姆于 1973 年指出这个系统完全可积. 自诱导透明为我们提供了一个测试介质参数的手段. 在实验中确实观测到了脉冲速度变慢, 高度变大, 脉宽变窄, 分裂成几个 2π 脉冲等现象.

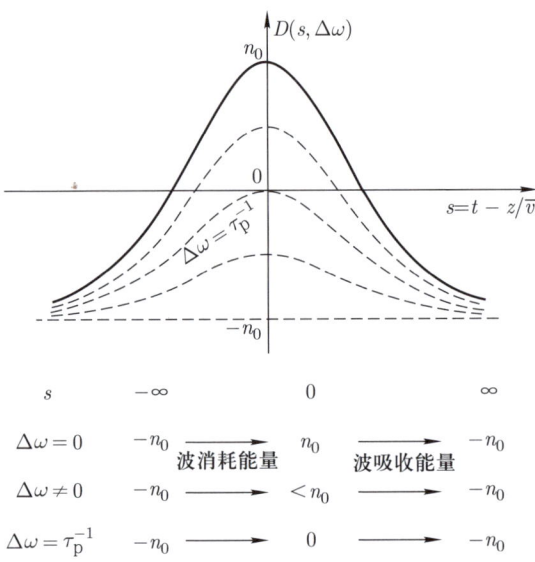

图 6.4 在不同的失谐情形下，反转密度 $D(s, \Delta\omega)$ 的演化，其中，实线表示共振原子 ($\Delta\omega = 0$) 的情况

6.6 超 辐 射

本节我们研究一个微弱信号 $E(z=0,t) = E_0$ 由 $z=0$ 点入射到一块厚增益介质 ($n_0 > 0$) 上的情形. 介质的弛豫时间很长, 近似地取 $\gamma = \gamma_a = \gamma_b = 0$, 泵浦源已被去掉, 即 $\Lambda = 0$. 为了简单, 假设非均匀展宽 $\Delta\omega = 0$. 接下来研究在这种情况下, 由介质另一端出射的信号 $E(z=L,t)$, 见图 6.5.

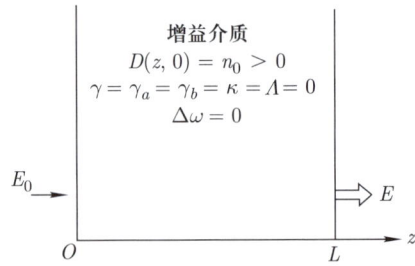

图 6.5 在增益介质中, 由初始微弱信号 E_0 产生超辐射 E 的示意图

微弱信号 E_0 可以是由介质中原子的自发辐射产生的, 也可以是由热涨落产生的. 假设微弱信号由 $t=0$ 时刻开始, 加在 $z=0$ 面上, 其强度 E_0 一直不

变. 这一点为我们在数学解上带来方便, 但物理上没有太大影响, 因为增益介质很快释放完能量, 由增益介质 ($D(z,0) = n_0 > 0$) 变成非增益介质 ($D = 0$). 令 $f(\omega - \omega_0) = \delta(\omega - \omega_0)$, 则 (6.22) 式变成

$$\dot{u} = 0, \quad \dot{v} = 2\frac{pE}{\hbar}D, \quad \dot{D} = -2\frac{pE}{\hbar}v, \tag{6.38a}$$

$$\frac{\partial E}{\partial t} + c\frac{\partial E}{\partial z} = \pi p \omega_0 v. \tag{6.38b}$$

定义 $\tau = t - z/c$ 为推迟时间, 即 z 点的场由 $\tau = 0$ 时刻开始. 再定义

$$\begin{aligned}\theta(z,\tau) &= \frac{2p}{\hbar}\int_0^\tau E(z,\tau')\mathrm{d}\tau', \\ \theta(z) &= \theta(z,\infty),\end{aligned} \tag{6.39}$$

其中, $\theta(z)$ 是脉冲面积. 由 (6.38a) 式可得

$$\begin{aligned}D &= n_0 \cos\theta(z,\tau), \\ v &= n_0 \sin\theta(z,\tau), \\ D^2 + v^2 &= n_0^2 = 常量.\end{aligned} \tag{6.40}$$

(6.38b) 式变成

$$c\frac{\partial E(z,\tau)}{\partial z} = \pi p \omega_0 n_0 \sin\theta(z,\tau),$$

或者

$$\frac{\partial^2 \theta(z,\tau)}{\partial z \partial \tau} = \frac{1}{c\tau_0^2}\sin\theta, \tag{6.41}$$

其中,

$$\tau_0^{-2} = \frac{2\pi p^2 \omega_0 n_0}{3\hbar} = \frac{\pi}{2}\bar{\lambda}^2 A_{ab} c n_0, \tag{6.42}$$

这就是 (6.37) 式 ($F = 1$).

我们要求的物理量是 $E(z = L, \tau)$ 或 $\theta(z = L, \tau)$, 因此将 (6.41) 式无量纲化:

$$z' = z/L, \quad \tau' = \tau/\tau_\mathrm{R},$$

其中,

$$\tau_\mathrm{R} = \frac{c\tau_0^2}{L} = \frac{8\pi}{A_{ab}n_0 \lambda^2 L},$$

这样, (6.41) 式变成 (注意: 去掉上标 "′" 不写)

$$\frac{\partial^2 \theta(z,\tau)}{\partial z \partial \tau} = \sin\theta, \tag{6.41′}$$

θ 是 $z/L, \tau/\tau_R$ 的函数. 由此可见, τ_R 是一个很重要的物理量, 它标志着原子系统发生集体发射 (超辐射) 的特征时间.

由 3.9 节可知, 原子集体发射的算符是

$$R_{\bm{k}}^- = \sum_j \sigma^{-(j)} e^{-i\bm{k}\cdot\bm{R}_j}.$$

令样品的横截面积 $A = a^2$, 只有满足 $k_\perp a \leqslant 1$ 的光才能有超辐射, 所以可以有超辐射的立体角是 $\pi\theta^2 \sim \pi(k_\perp/k)^2 \sim \pi[1/(ka)]^2 \sim \pi(\bar\lambda/a)^2$. 单个原子自发辐射的概率是 A_{ab}, 在上述小立体角内的单个原子的自发辐射概率是

$$A_{ab}\frac{\pi}{4\pi}\left(\frac{\bar\lambda}{a}\right)^2 = A_{ab}\frac{\lambda^2}{16\pi^2 A}.$$

按照狄克模型的讨论可知, 超辐射的概率是单个原子自发辐射概率的 $N = n_0 AL$ 倍, 所以超辐射的特征时间是

$$\frac{16\pi^2 A}{A_{ab}\lambda^2 n_0 AL} = \frac{16\pi^2}{A_{ab} n_0 \lambda^2 L} \sim \tau_R.$$

能够发生超辐射的必要条件是

$$\tau_R \ll \frac{1}{A_{ab}} \equiv \tau_{\rm sp} \Rightarrow n_0\lambda^2 L \gg 1.$$

可以把 τ_R 看作原子系统集体发射的衰变时间.

下面近似求解 (6.41′) 式. 定义

$$\theta_0 = \frac{2pE_0}{\hbar}\tau_R, \tag{6.43}$$

由于 E_0 是由自发辐射或热涨落产生的, 因此很微弱, 并且 τ_R 很短, 所以 $\theta_0 \ll 1$. 在一些实验中, θ_0 都是很小的, 如 10^{-8}, 所以在 $z=0$ 点附近一段很长的距离内都有 $\theta \ll 1$, 因此 (6.41′) 式近似写为

$$\frac{\partial^2\theta(z,\tau)}{\partial z \partial \tau} = \theta,$$

或者

$$\frac{\partial^2 E(z,\tau)}{\partial z \partial \tau} = E(z,\tau). \tag{6.44}$$

6.6 超辐射

当然, 在 $z \to L$ 时, 对于厚靶, 要产生 π 脉冲, (6.44) 式不能用. 以下求解中将其用到 $z = L$ 点是近似外推的, 得到的结论只能是定性的.

由于 $E(0,\tau) = E_0$ 是常量, 因此 (6.44) 式的解只是 $w = 2\sqrt{z\tau}$ 的函数, 即 $E(z,\tau) = E(w)$. 当 $z = 0$, 即 $w = 0$ 时, $E(0) = E_0$. E 的微分变为

$$\frac{\partial E}{\partial \tau} = \sqrt{\frac{z}{\tau}}\frac{\mathrm{d}E}{\mathrm{d}w}, \quad \frac{\partial^2 E(z,\tau)}{\partial z \partial \tau} = \frac{\mathrm{d}^2 E}{\mathrm{d}w^2} + \frac{1}{w}\frac{\mathrm{d}E}{\mathrm{d}w},$$

则 (6.44) 式变成

$$\frac{\mathrm{d}^2 E}{\mathrm{d}w^2} + \frac{1}{w}\frac{\mathrm{d}E}{\mathrm{d}w} - E = 0. \tag{6.45}$$

它的解是虚宗量贝塞尔 (Bessel) 函数, 即

$$E = E_0 I_0(w). \tag{6.46}$$

在 $z = 1$ 点处, $w = 2\sqrt{\tau}$, 则

$$E(z=1,\tau) = E_0 I_0(2\sqrt{\tau}), \tag{6.47}$$

$$\theta(z=1,\tau) = \frac{2pE_0\tau_\mathrm{R}}{\hbar}\int_0^\tau I_0(2\sqrt{\tau'})\mathrm{d}\tau' = \frac{pE_0\tau_\mathrm{R}}{\hbar}2\sqrt{\tau}I_1(2\sqrt{\tau}). \tag{6.48}$$

回到原来的量纲, 我们重新写出上述方程:

$$E(L,\tau) = E_0 I_0\left(2\sqrt{\frac{\tau}{\tau_\mathrm{R}}}\right), \tag{6.47'}$$

$$\theta(L,\tau) = \theta_0 \sqrt{\frac{\tau}{\tau_\mathrm{R}}} I_1\left(2\sqrt{\frac{\tau}{\tau_\mathrm{R}}}\right), \tag{6.48'}$$

这里, $\theta_0 = 2pE_0\tau_\mathrm{R}/\hbar$. 当 $w \gg 1$ 时, $I_0(w)$ 和 $I_1(w)$ 随 w 呈指数增长:

$$I_0(w) \approx I_1(w) \approx \frac{\mathrm{e}^w}{\sqrt{2\pi w}}.$$

在 $z = L$ 点处, 信号从 $\tau = 0$ 时刻开始出现, 但非常微弱. 要过一段时间 τ_D 的延迟才能有 $\theta(\tau_\mathrm{D}) \sim \pi$, 这时, $\tau_\mathrm{D}/\tau_\mathrm{R} \gg 1$. 用 (6.48') 式做渐近展开, 可以得到

$$\pi \approx \theta_0 \sqrt{\frac{\tau_\mathrm{D}}{\tau_\mathrm{R}}} \frac{\mathrm{e}^{2\sqrt{\tau_\mathrm{D}/\tau_\mathrm{R}}}}{\sqrt{4\pi}\left(\frac{\tau_\mathrm{D}}{\tau_\mathrm{R}}\right)^{1/4}},$$

即

$$\tau_D \approx \frac{\tau_R}{4}\left(\ln\frac{\pi\sqrt{4\pi}}{\theta_0}\right)^2 \propto N^{-1}. \qquad (6.49)$$

脉宽 τ_w 可由 $\theta(\tau_D - \tau_w/2) = \theta(\tau_D)/2$ 求出, 即

$$\tau_w \approx \tau_R \ln\frac{2\pi\sqrt{\pi}}{\theta_0} \propto N^{-1},$$

$\tau = \tau_D$ 时的峰值功率 I_p 为

$$I_p = \frac{E^2(\tau_D)}{\pi}cA \approx \frac{2\pi^2 A L n_0 \hbar\omega_0}{\tau_R\left(\ln\frac{2\pi\sqrt{\pi}}{\theta_0}\right)^2} \propto N^2. \qquad (6.50)$$

第一波瓣 (Lobe) 的能量为

$$E \approx I_p \tau_w \approx \frac{2\pi^2 A L n_0 \hbar\omega_0}{\ln\frac{2\pi\sqrt{\pi}}{\theta_0}} \propto N,$$

其中, $N = n_0 AL$ 是反转原子总数. 总之, $z = L$ 点处的辐射有一个延迟时间 $\tau_D \propto N^{-1}$, 脉宽 $\tau_w \propto N^{-1}$, 即脉宽很窄, 峰值功率 $I_p \propto N^2$, 即峰值功率很高, 这些主要结果都已经被数值计算和实验所证实.

在许多实验上都观测到过这种超辐射. 图 6.6 是 1973 年费尔德 (Feld) 等人在氟

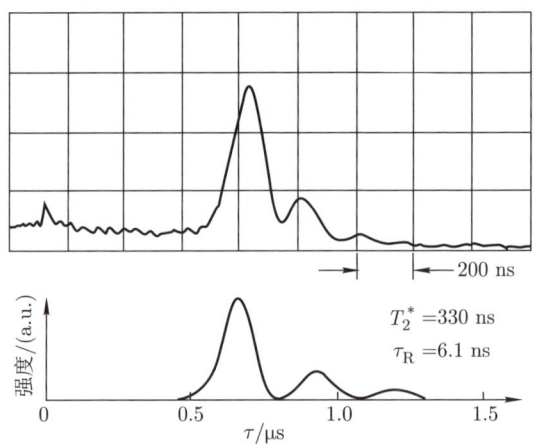

图 6.6　1973 年在 HF 上的超辐射实验结果

化氢上所做的实验结果[①]，参数如下：$p = 1.3$ mTorr, $L = 100$ cm, $\kappa L = 2.5$, $\lambda = 84$ μm, $\tau_R = 6.1$ ns, $T_2^* = 1/\Delta\omega$ (非均匀展宽)=330 ns.

6.7 回 波

另一类可以观察超辐射的实验是光回波实验. 图 6.7 是红宝石晶体回波实验的示意图. 完成这样的实验, 需要样品的非均匀展宽远大于均匀展宽, 即 $\Delta\omega \gg \gamma$.

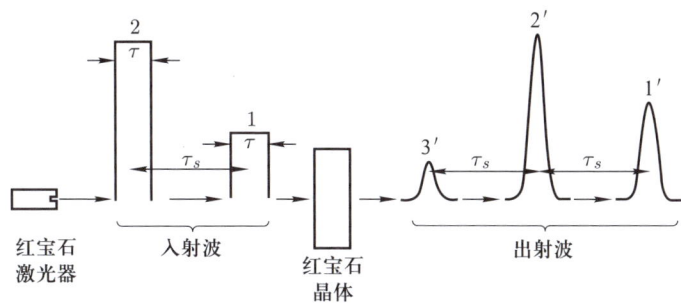

图 6.7 光回波实验的示意图

由红宝石激光器发出的第一个脉冲的脉冲面积为 $\theta_1 = 2pE_1\tau/\hbar = \pi/2$ ($\pi/2$ 脉冲), 该脉冲先打到红宝石晶体样品上, 样品处于基态 ($D(0) < 0$), 且有 $\tau \sim 10$ ns. 再经过一段比较长的时间 $\tau_s \sim 100$ ns, 红宝石激光器发出第二个脉冲, 脉冲面积为 $\theta_2 = 2pE_2\tau/\hbar = \pi$ (π 脉冲). 这两个脉冲组成入射波. 出射波除了 $1'$ 和 $2'$ 以外, 在脉冲 $2'$ 以后经过时间 τ_s 又出现了第三个脉冲 $3'$, 这就是光回波现象. 这种现象可简单解释如下.

介质满足 (6.22) 式对应的布洛赫方程:

$$\dot{\boldsymbol{R}} = \boldsymbol{\omega} \times \boldsymbol{R},$$
$$\boldsymbol{R} = u\boldsymbol{x} - v\boldsymbol{y} + D\boldsymbol{z},$$
$$\boldsymbol{\omega} = \frac{2pE}{\hbar}\boldsymbol{x} + \Delta\omega\boldsymbol{z}.$$

在第一个脉冲入射之前, 有 $u = v = 0$, $D = -n_0$, 即样品处于基态. 在 $t = 0$ 到 τ 的时间范围内, 因为有 $\Delta\omega\tau \ll 1$, $\boldsymbol{\omega} \approx 2pE_1\boldsymbol{x}/\hbar$, $\boldsymbol{R}$ 绕 x 轴旋转 $2pE_1\tau/\hbar = \pi/2$, 这时, $u = 0$, $v = -n_0$, $D = 0$.

[①] SKRIBANOWITZ N, HERMAN I P, MACGILLIVRAY J C, et al. Observation of Dicke superradiance in optically pumped HF gas [J]. Physical Review Letters, 1973, 30: 309.

当 $\tau < t < \tau_s$ 时，$E = 0$，因此有 $\boldsymbol{\omega} = \Delta\omega\boldsymbol{z}$，$\boldsymbol{R}$ 绕 z 轴以大小等于 $\Delta\omega$ 的角速度旋转，$\boldsymbol{R}$ 留在 xy 面内，旋转角度为 $\Delta\omega\tau_s$。因为 $\Delta\omega$ 的分布函数是 $f(\Delta\omega)$，所以 $\int vf(\Delta\omega)\mathrm{d}\Delta\omega$ 逐渐减小，见图 6.8(a)。当 $\tau_s < t < \tau_s + \tau$ 时，因为 $\Delta\omega\tau \ll 1$，$\boldsymbol{\omega} \approx 2pE_2\boldsymbol{x}/\hbar$，$\boldsymbol{R}$ 又绕 x 轴旋转 $2pE_2\tau/\hbar = \pi$，见图 6.8(b)。当 $\tau + \tau_s < t$ 时，$E = 0$，$\boldsymbol{\omega} = \Delta\omega\boldsymbol{z}$，$\boldsymbol{R}$ 绕 z 轴以大小等于 $\Delta\omega$ 的角速度旋转，经过 τ_s 时间后，原子系统回到 $u = 0$，$v = n_0$ 的状态。因此各原子同步振荡，有超辐射，这就是第三个脉冲 $3'$。

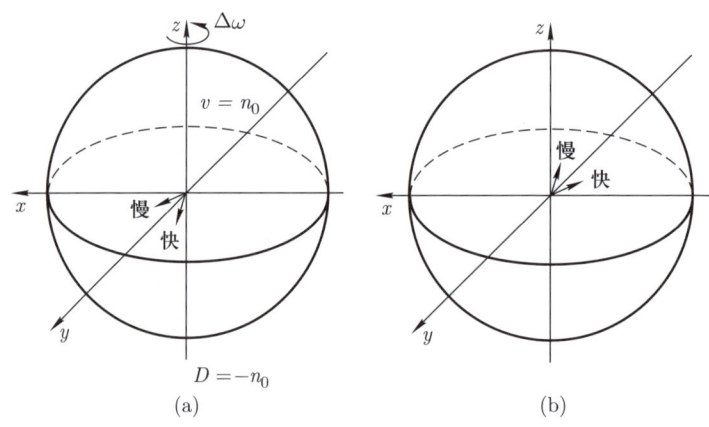

图 6.8 光回波实验中原子总角动量的旋转示意图

当 $t = \tau$ 时，$v = -n_0$，也有超辐射，不过被淹没在第一个脉冲 $1'$ 中，难以分开。当 $\Delta\omega\tau$ 增大时，回波减弱；当 $\gamma\tau_s$ 起作用时，回波也减弱。所以利用回波可以测量非均匀展宽和均匀展宽。关于回波的讨论详见附录 6B。

附录 6A 电磁诱导透明

本附录我们将进一步讨论光在反常介质中传播的行为。这是过去三十年量子光学的重要进展，并应用到量子信息存储领域。当探测光和驱动光同时入射，并与原子系统作用时，由于量子相干性和特定的跃迁选择定则，探测光在近共振范围内近乎完全透过而不被反射或吸收，这种现象被称为电磁感应透明 (也叫作电磁诱导透明)[1]。此时系统会出现群速度超光速或慢光现象。

---

[1] HARRIS S E, FIELD J E, IMAMOĞLU A. Nonlinear optical processes using electromagnetically induced transparency [J]. Physical Review Letters, 1990, 64: 1107.

附录 6A 电磁诱导透明

下面以 Λ 型三能级原子为例 (其能级结构如图 6.9 所示),先介绍暗态的概念,再讨论电磁诱导透明.

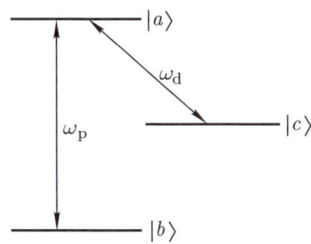

图 6.9 单个三能级原子与两模经典光场相互作用的能级图

在旋转波近似下,三能级原子与两模经典光场的相互作用为

$$H = \hbar\omega_a|a\rangle\langle a| + \hbar\omega_b|b\rangle\langle b| + \hbar\omega_c|c\rangle\langle c| - (\hbar\Omega_\mathrm{p}\mathrm{e}^{-\mathrm{i}\omega_\mathrm{p}t}|a\rangle\langle b| + \hbar\Omega_\mathrm{d}\mathrm{e}^{-\mathrm{i}\omega_\mathrm{d}t}|a\rangle\langle c| + \mathrm{h.c.}),$$

这里,$\Omega_\lambda = \boldsymbol{E}_\lambda \cdot \boldsymbol{p}_{ab}/\hbar$ 是拉比频率,$\boldsymbol{p}_{ab} = e\langle a|\boldsymbol{r}|b\rangle$ 是原子的跃迁偶极矩,$\boldsymbol{E}_\lambda = \mathrm{i}\sqrt{\hbar\omega_\lambda/(2\epsilon_0 V)}A_\lambda\boldsymbol{\varepsilon}_\lambda$ (其中,下标 "$\lambda = \mathrm{d},\mathrm{p}$") 为光场的电场强度. 将其变换到相互作用表象,哈密顿量是

$$H_\mathrm{I}(t) = -\hbar\Omega_\mathrm{p}(t)|a\rangle\langle b| - \hbar\Omega_\mathrm{d}(t)|a\rangle\langle c| + \mathrm{h.c.},$$

这里,$\Omega_\mathrm{p}(t)$ 和 $\Omega_\mathrm{d}(t)$ 随时间改变:

$$\Omega_\mathrm{p}(t) = \Omega_\mathrm{p}\mathrm{e}^{\mathrm{i}(\omega_{ab}-\omega_\mathrm{p})t}, \quad \Omega_\mathrm{d}(t) = \Omega_\mathrm{d}\mathrm{e}^{\mathrm{i}(\omega_{ac}-\omega_\mathrm{d})t},$$

其中,$\omega_{ab} = \omega_a - \omega_b$, $\omega_{ac} = \omega_a - \omega_c$. 可以解得哈密顿量的一个瞬时本征态为

$$|D(t)\rangle = \cos\theta(t)|b\rangle - \sin\theta(t)|c\rangle,$$

这里,$\tan\theta(t) = \Omega_\mathrm{p}(t)/\Omega_\mathrm{d}(t)$. 本征态 $|D(t)\rangle$ 的本征值为零,即 $H_\mathrm{I}(t)|D(t)\rangle = 0$. 若原子在初始时刻处于状态 $|D(0)\rangle = |b\rangle$,即 $\Omega_\mathrm{p}(t) = 0$,绝热地增加 $\Omega_\mathrm{d}(t)$,则原子布居将逐渐转移到 $|c\rangle$ 态,但系统将始终处于 $|D(t)\rangle$ 状态,不发生到其他态的跃迁,故称 $|D(t)\rangle$ 为暗态. 暗态的存在意味着原子系统几乎不吸收光子,光几乎透明地穿过原子系统. 对于多个三能级原子系统,若其中一个模式的光为量子光场,则其在相互作用表象中的哈密顿量为

$$H_\mathrm{I} = -ga\sum_{j=1}^{N}|a\rangle_{jj}\langle b| - \Omega_\mathrm{d}(t)\sum_{j=1}^{N}|a\rangle_{jj}\langle c| + \mathrm{h.c.},$$

第六章 相干脉冲传播——自诱导透明和超辐射

其中, a 是量子光场的湮灭算符, g 是光场与原子的耦合强度. 此时, 多原子系统的暗态为①

$$|D_n\rangle = \frac{1}{\sqrt{n!}} D^{\dagger n}|\mathbf{0}\rangle,$$

这里, 算符 $D = \cos\theta \cdot a - \sin\theta \cdot C$ 混合了光场和原子集体的激发, 其中, $C = \frac{1}{\sqrt{N}} \cdot \sum_j |b\rangle_{jj}\langle c|$ 是多原子的集体激发算符. $|\mathbf{0}\rangle = |v\rangle \otimes |0\rangle$ 是原子与光场的直积态, 其中, $|v\rangle = |b, b, \cdots, b\rangle$ 表示 N 个原子都处于 $|b\rangle$ 态, 并且 $|0\rangle$ 态是光场的真空态.

下面我们考虑两个经典光场中的一个是强驱动光 Ω_d, 另一个是弱探测光 $\Omega_p \approx \mathscr{E}_p p_{ab}/\hbar$, 并且考虑原子能级与环境耦合引起的耗散强度分别为 $\gamma_{ab}, \gamma_{ac}, \gamma_{cb}$. 此时, 利用密度矩阵的演化方程 $\dot\rho(t) = -\frac{\mathrm{i}}{\hbar}[\rho(t), H]$ 得到

$$\frac{\mathrm{d}}{\mathrm{d}t}\rho_{ab}(t) = -(\mathrm{i}\omega_{ab} + \gamma_{ab})\rho_{ab}(t) - \mathrm{i}\mathscr{E}_p p_{ac}\mathrm{e}^{-\mathrm{i}\omega_p t}[\rho_{aa}(t) - \rho_{bb}(t)] + \mathrm{i}\Omega_d \mathrm{e}^{-\mathrm{i}\omega_d t}\rho_{cb}(t),$$

$$\frac{\mathrm{d}}{\mathrm{d}t}\rho_{cb}(t) = -(\mathrm{i}\omega_{cb} + \gamma_{cb})\rho_{cb}(t) - \mathrm{i}\mathscr{E}_p p_{ac}\mathrm{e}^{-\mathrm{i}\omega_p t}\rho_{ca}^{(i)}(t) + \mathrm{i}\Omega_d^* \mathrm{e}^{\mathrm{i}\omega_d t}\rho_{ab}(t),$$

$$\frac{\mathrm{d}}{\mathrm{d}t}\rho_{ac}(t) = -(\mathrm{i}\omega_{ac} + \gamma_{ac})\rho_{ac}(t) + \mathrm{i}\mathscr{E}_p p_{ac}\mathrm{e}^{-\mathrm{i}\omega_p t}\rho_{bc}(t) - \mathrm{i}\Omega_d^* \mathrm{e}^{\mathrm{i}\omega_d t}[\rho_{aa}(t) - \rho_{cc}(t)].$$

设初始时刻, 原子处于下能级, 即 $\rho_{bb}^{(0)}(0) = 1, \rho_{\alpha\beta}^{(0)}(0) = 0$, 这里, $\alpha, \beta \neq b$. 因为探测场的强度 $\mathscr{E}_p$ 较弱, 所以可以作为小量. 密度矩阵可以展开为零阶和一阶量, 即 $\rho_{\alpha\beta}(t) \approx \rho_{\alpha\beta}^{(0)} + \rho_{\alpha\beta}^{(1)}$, 在一阶近似下, 通过如下变量替换:

$$\tilde\rho_{ab}(t) = \rho_{ab}^{(1)}(t)\mathrm{e}^{\mathrm{i}\omega_p t}, \quad \tilde\rho_{cb}(t) = \rho_{cb}^{(1)}(t)\mathrm{e}^{\mathrm{i}(\omega_p - \omega_d)t},$$

得到 $\tilde\rho_{ab}$ 和 $\tilde\rho_{cb}$ 的封闭方程:

$$\frac{\mathrm{d}}{\mathrm{d}t}\tilde\rho_{ab}(t) = -(\mathrm{i}\Delta + \gamma_{ab})\tilde\rho_{ab}(t) + \mathrm{i}\frac{\mathscr{E}_p p_{ab}}{\hbar} + \mathrm{i}\Omega_d \tilde\rho_{cb}(t),$$

$$\frac{\mathrm{d}}{\mathrm{d}t}\tilde\rho_{cb}(t) = -(\mathrm{i}\Delta + \gamma_{cb})\tilde\rho_{cb}(t) + \mathrm{i}\Omega_d^* \tilde\rho_{ab}(t),$$

这里, $\Delta = \omega_{ab} - \omega_p$ 是探测场的失谐. 上述一阶线性非齐次方程的解为

$$\tilde\rho_{ab}(t) = \frac{\mathrm{i}(\mathrm{i}\Delta + \gamma_{cb})\mathscr{E}_p p_{ab}/\hbar}{(\mathrm{i}\Delta + \gamma_{ab})(\mathrm{i}\Delta + \gamma_{cb}) + |\Omega_d|^2},$$

由此得到

$$\rho_{ab}(t) \approx \rho_{ab}^{(1)}(t) + \rho_{ab}^{(0)}(t) = \frac{\mathrm{i}(\mathrm{i}\Delta + \gamma_{cb})\mathscr{E}_p p_{ab}/\hbar}{(\mathrm{i}\Delta + \gamma_{ab})(\mathrm{i}\Delta + \gamma_{cb}) + |\Omega_d|^2}\mathrm{e}^{-\mathrm{i}\omega_p t}.$$

---

① SUN C P, LI Y, LIU X F. Quasi-spin-wave quantum memories with a dynamical symmetry [J]. Physical Review Letters, 2003, 91: 147903.

若考虑多个三能级原子组成的介质,则 $|a\rangle$ 态和 $|b\rangle$ 态之间的偶极跃迁产生的总的复极化强度为

$$\boldsymbol{P}_{ab}(t) = \sum_i \text{tr}[\rho^{(i)}(t)\boldsymbol{p}^{(i)}] = N_0(\rho_{ab}\boldsymbol{p}_{ba} + \text{c.c.}),$$

其中,N_0 为原子数密度. 又因为在线性介质中,极化强度和电磁场的关系为 $\boldsymbol{P}_{ab}(t) = \epsilon_0 \chi \boldsymbol{E}_p(t)$,所以得到介质电极化率的实部和虚部分别为

$$\begin{aligned}\chi' &= \frac{N_0|p_{ab}|^2\Delta}{2\hbar\epsilon_0}\frac{(\gamma_{ab}+\gamma_{cb})\gamma_{cb} - (|\Omega_d|^2 + \gamma_{ab}\gamma_{cb} - \Delta^2)}{(|\Omega_d|^2 + \gamma_{ab}\gamma_{cb} - \Delta^2)^2 + \Delta^2(\gamma_{ab}+\gamma_{cb})^2}, \\ \chi'' &= \frac{N_0|p_{ab}|^2}{2\hbar\epsilon_0}\frac{\Delta^2(\gamma_{ab}+\gamma_{cb}) + \gamma_{cb}(|\Omega_d|^2 + \gamma_{ab}\gamma_{cb} - \Delta^2)}{(|\Omega_d|^2 + \gamma_{ab}\gamma_{cb} - \Delta^2)^2 + \Delta^2(\gamma_{ab}+\gamma_{cb})^2}.\end{aligned} \quad (6.51)$$

实部 χ' 和虚部 χ'' 分别表征了介质对探测场的色散和吸收[①]. 可以看到,吸收谱在共振频率附近打开了一个透明窗口,因此当多个三能级原子组成的不透明介质被强光驱动时,会使得介质对特定频率范围内的弱探测光透明,见图 6.10.

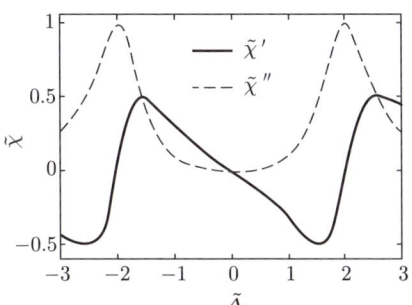

图 6.10 归一化的电极化率 $\tilde{\chi} = \tilde{\chi}' + i\tilde{\chi}''$ 随着失谐 $\tilde{\Delta}$ 的改变,它的实部 (实线) 和虚部 (虚线) 分别为 $\tilde{\chi}', \tilde{\chi}''$,其中,$\tilde{\chi} = \chi/[N_0|p_{ab}|^2/(2\gamma_{ab}\hbar\epsilon_0)]$,$\tilde{\Delta} = \Delta/\gamma_{ab}$,耗散 $\gamma_{cb} = 10^{-4}\gamma_{ab}$,并且驱动场的拉比频率为 $\Omega_d = 2\gamma_{ab}$

探测场在介质中传播时满足如下麦克斯韦方程组:

$$\nabla \cdot \boldsymbol{D} = 0, \quad \nabla \times \boldsymbol{E} = -\frac{\partial \boldsymbol{B}}{\partial t},$$
$$\nabla \cdot \boldsymbol{B} = 0, \quad \nabla \times \boldsymbol{H} = \frac{\partial \boldsymbol{D}}{\partial t}.$$

[①] 从后面的方程 (6.54) 可以看出,χ 的实部改变了色散关系,而 χ 的虚部会使得波矢 $\boldsymbol{k}$ 存在虚部,这正是由于光在传播过程中被介质吸收造成的,故 χ 的虚部表征了吸收.

在线性极化的介质中，电位移矢量和磁场强度分别满足

$$D = \epsilon_0 E + P, \quad H = B/\mu_0.$$

通过麦克斯韦方程组和介质中的极化关系得到

$$\nabla \times (\nabla \times E) + \epsilon_0 \mu_0 \frac{\partial^2 E}{\partial t^2} = -\mu_0 \frac{\partial^2 P}{\partial t^2}. \tag{6.52}$$

若考虑电场偏振沿 x 方向，且只依赖于空间位置 z，即 $E = E(z,t)x$，则 (6.52) 式简化为

$$-\frac{\partial^2 E(z,t)}{\partial z^2} + \frac{1}{c^2}\frac{\partial^2 E(z,t)}{\partial t^2} = -\mu_0 \frac{\partial^2 P}{\partial t^2}. \tag{6.53}$$

利用 $P_{ab}(t) = \epsilon_0 \chi E_{\mathrm{p}}(t)$，并把探测场的平面波形式

$$E_{\mathrm{p}}(z,t) = \mathrm{i}\sqrt{\hbar\omega_{\mathrm{p}}/(2\epsilon_0 V)} A_{\mathrm{p}} \mathrm{e}^{-\mathrm{i}\omega_{\mathrm{p}}t+\mathrm{i}kz} := E_{\mathrm{p}} \mathrm{e}^{-\mathrm{i}\omega_{\mathrm{p}}t+\mathrm{i}kz}$$

代入 (6.53) 式，得到介质中的色散关系：

$$k^2 = (1+\chi)\frac{\omega_{\mathrm{p}}^2}{c^2}. \tag{6.54}$$

由此可以定义介质中的复折射率：

$$n^2(\omega_{\mathrm{p}}) := 1 + \chi(\omega_{\mathrm{p}}). \tag{6.55}$$

根据介质的色散关系，光在介质中传播的群速度为

$$v_{\mathrm{g}} = \Re\left(\frac{\mathrm{d}\omega_{\mathrm{p}}}{\mathrm{d}k}\right) = \Re\left(\frac{c}{n + \omega_{\mathrm{p}}\dfrac{\mathrm{d}n}{\mathrm{d}\omega_{\mathrm{p}}}}\right).$$

将复折射率分解成实部和虚部：$n = n' + \mathrm{i}n''$. 利用 (6.51) 式和 (6.55) 式可得

$$n' = \left\{\frac{[(1+\chi')^2 + \chi''^2]^{1/2} + (1+\chi')}{2}\right\}^{1/2},$$

$$n'' = \mathrm{sgn}(\chi'')\left\{\frac{[(1+\chi')^2 + \chi''^2]^{1/2} - (1+\chi')}{2}\right\}^{1/2},$$

这里，n' 是介质的折射率，n'' 描述了介质对光的吸收. 因此群速度变成了

$$v_{\mathrm{g}} = \frac{c}{\left(n' - \omega_{\mathrm{p}}\dfrac{\mathrm{d}n'}{\mathrm{d}\Delta}\right) + \left(n'' - \omega_{\mathrm{p}}\dfrac{\mathrm{d}n''}{\mathrm{d}\Delta}\right)^2 \bigg/ \left(n' - \omega_{\mathrm{p}}\dfrac{\mathrm{d}n'}{\mathrm{d}\Delta}\right)}, \tag{6.56}$$

并且

$$\begin{aligned}\frac{\mathrm{d}n'}{\mathrm{d}\Delta} &= \frac{1}{4n'}\left[\frac{1+\chi'}{\sqrt{(1+\chi')^2+\chi''^2}}+1\right]\frac{\mathrm{d}\chi'}{\mathrm{d}\Delta} + \frac{1}{4n'}\frac{\chi''}{\sqrt{(1+\chi')^2+\chi''^2}}\frac{\mathrm{d}\chi''}{\mathrm{d}\Delta}, \\ \frac{\mathrm{d}n''}{\mathrm{d}\Delta} &= \frac{\mathrm{sgn}(\chi'')}{4|n''|}\left[\frac{1+\chi'}{\sqrt{(1+\chi')^2+\chi''^2}}-1\right]\frac{\mathrm{d}\chi'}{\mathrm{d}\Delta} + \frac{\mathrm{sgn}(\chi'')}{4|n''|}\frac{\chi''}{\sqrt{(1+\chi')^2+\chi''^2}}\frac{\mathrm{d}\chi''}{\mathrm{d}\Delta},\end{aligned} \qquad (6.57)$$

这里忽略了 $\mathrm{sgn}(\chi'')$ 的导数项.

下面考虑近共振情况, 此时, Δ 是一个小量, 因此保留到 Δ 的一阶电极化强度:

$$\chi' \approx \frac{N_0|p_{ab}|^2\Delta}{\hbar\epsilon_0}\frac{\gamma_{cb}^2-|\Omega_\mathrm{d}|^2}{(|\Omega_\mathrm{d}|^2+\gamma_{ab}\gamma_{cb})^2}, \qquad \chi'' \approx \frac{N_0|p_{ab}|^2}{\hbar\epsilon_0}\frac{\gamma_{cb}}{|\Omega_\mathrm{d}|^2+\gamma_{ab}\gamma_{cb}},$$

并且它们的导数分别是

$$\frac{\mathrm{d}\chi'}{\mathrm{d}\Delta} \approx \frac{N_0|p_{ab}|^2}{\hbar\epsilon_0}\frac{\gamma_{cb}^2-|\Omega_\mathrm{d}|^2}{(|\Omega_\mathrm{d}|^2+\gamma_{ab}\gamma_{cb})^2} := \alpha, \qquad \frac{\mathrm{d}\chi''}{\mathrm{d}\Delta} \approx 0, \qquad (6.58)$$

这里, α 是近共振附近的频率的斜率 (见图 6.10 中的实线在 $\Delta \approx 0$ 附近的斜率). 当 $\chi' \gg \chi''$ 时, 复折射率近似为 $n' \approx 1, n'' \approx 0$, 并且其导数分别为

$$\begin{aligned}\frac{\mathrm{d}n'}{\mathrm{d}\Delta} &= \frac{\alpha}{4n'}\left[\frac{1+\chi'}{\sqrt{(1+\chi')^2+\chi''^2}}+1\right] \approx \frac{\alpha}{2}, \\ \frac{\mathrm{d}n''}{\mathrm{d}\Delta} &= \frac{\alpha}{4|n''|}\left[\frac{1+\chi'}{\sqrt{(1+\chi')^2+\chi''^2}}-1\right] \approx 0.\end{aligned} \qquad (6.59)$$

利用 (6.59) 式, (6.56) 式变为

$$v_\mathrm{g} \approx \frac{c}{n'-\omega_\mathrm{p}\frac{\mathrm{d}n'}{\mathrm{d}\Delta}} = \frac{c}{1-\alpha\omega_\mathrm{p}/2}. \qquad (6.60)$$

又因为 $\alpha < 0$, 这表明光在介质中是正常色散, 即 $\mathrm{d}n'/\mathrm{d}\omega_\mathrm{p} = -\alpha > 0$, 所以 $v_\mathrm{g} < c$. 因此近共振附近的光通过不透明介质时, 其群速度会变小. 反之, $\alpha > 0$, 光在介质中是反常色散, 即 $\mathrm{d}n'/\mathrm{d}\omega_\mathrm{p} < 0$, 因此光在介质中的群速度将超过光速, 即 $v_\mathrm{g} > c$[①].

[①] 费兆宇, 马宇翰, 孙昌璞. 相速度和群速度超光速问题再辨析 [J]. 现代物理知识, 2022, 34: 3.

附录 6B 自 旋 回 波

光回波的基本思想来自自旋回波. 为了进一步理解回波的基本原理, 在本附录中我们将简要介绍一下自旋回波. N 个自旋在磁场中进动系统的哈密顿量为

$$H = -g \sum_{j=1}^{N} B_z^{[j]} S_z^{[j]},$$

其中, $B_z^{[j]}$ 是作用在第 j 个自旋上且沿 z 方向的磁场, g 是自旋与磁场间的耦合强度. 由上述哈密顿量, 可以直接得到时间演化算符:

$$U(t) = \exp\left(ig \sum_{j=1}^{N} B_z^{[j]} S_z^{[j]} t\right) \equiv \prod_{j=1}^{N} R_z^{[j]}(\theta_j),$$

这里, $R_z^{[j]}(\theta_j) = \exp(i\theta_j S_z^{[j]})$ 是沿 z 方向的转动算符, 其中, 转角为 $\theta_j = gB_z^{[j]} t \equiv \omega_j t$.

对于给定的初态 $|I\rangle$, 考虑 t 时刻沿 x 方向的自旋极化:

$$S_x(t) = \langle I|S_x(t)|I\rangle = \sum_j \langle I|S_x^{[j]}(t)|I\rangle = \sum_j \langle S_x^{[j]}\rangle \cos\omega_j t + \langle S_y^{[j]}\rangle \sin\omega_j t, \quad (6.61)$$

上面的计算中利用了公式

$$R_z(-\theta) S_x R_z(\theta) = S_x \cos\theta + S_y \sin\theta.$$

考虑作用在不同自旋上磁场的非均匀性, 这将导致自旋进动频率 $\omega_j = gB_z^{[j]}$ 有一个非均匀展宽. 我们假设 $g(\omega)$ 是一个高斯分布, 即

$$g(\omega) = N\sqrt{4\pi} T \exp[-T^2(\omega - \omega_0)^2],$$

并且它满足 $\frac{1}{2\pi}\int_{-\infty}^{\infty} g(\omega)d\omega = N$. 上式中, T 描述了频率展宽的大小, 当 $T \to \infty$ 时, $g(\omega) = 2\pi N\delta(\omega - \omega_0)$. 这表明所有自旋感受到的磁场都是均匀的.

若初态是 N 个自旋的直积态, 即 $|I\rangle = \prod_{\omega=1}^{N} |I_\omega\rangle$, 则

$$\langle I_\omega|S_y(\omega, 0)|I_\omega\rangle = s_y(0), \qquad \langle I_\omega|S_x(\omega, 0)|I_\omega\rangle = s_x(0),$$

其中, $s_x(0), s_y(0)$ 是初始时刻频率为 ω (由磁场确定) 的自旋 $S_x(\omega, 0), S_y(\omega, 0)$ 的平

均值. 利用公式

$$\sum_j \langle S_x^{[j]} \rangle \cos \omega_j t = \frac{N}{2\pi} \int_{-\infty}^{\infty} \langle I_\omega | S_x(\omega, 0) | I_\omega \rangle \sqrt{4\pi} T \exp[-T^2(\omega-\omega_0)^2] \cos \omega t \, d\omega$$

$$= N \exp\left(-\frac{t^2}{4T^2}\right) s_x(0) \cos \omega_0 t,$$

并且 $\sum_j \langle S_y^{[j]} \rangle \sin \omega_j t = N \exp[-t^2/(4T^2)] s_y(0) \sin \omega_0 t$, 则 (6.61) 式变为

$$S_x(t) = N \exp\left(-\frac{t^2}{4T^2}\right) [s_x(0) \cos \omega_0 t + s_y(0) \sin \omega_0 t].$$

当 $T \to \infty$ 时, $S_x(t) \to N[s_x(0) \cos \omega_0 t + s_y(0) \sin \omega_0 t]$, 当 T 为常量, 且时间足够长时, $S_x(t) \to 0$, 即 x 方向的极化将消失. 因此, 当所有自旋感受到的磁场都相同时, 自旋进动的速度都相同, 这使得自旋在 x 方向具有宏观极化. 而当磁场非均匀时, 每个自旋进动的速度不同, 时间足够长以后, 所有自旋在 x 方向的平均作用将相互抵消, 导致宏观极化消失.

自旋回波就是利用两个合适的脉冲等效反向地驱动自旋, 使得非均匀磁场带来的进动频率的展宽效应可以相互抵消, 在一定时间后, 自旋极化的信号得以恢复, 这种现象就是自旋回波. 对于自旋回波, 其物理原理可以有如下形象的理解. 我们可以想象一群学生聚集在操场上的圆形跑道的 x 点处, 老师一声令下, 学生便开始顺时针方向绕着圆形跑道奔跑时间 τ, 由于每个学生奔跑的速度不同, 因此他们会分布在圆形跑道的不同位置, 足够长时间以后, 他们的位置平均下来为零. 在后来的某一时刻, 老师又一声令下, 学生同时在不同的位置反向奔跑, 经过时间 τ 他们将都回到出发的位置, 见图 6.11. 下面给出自旋回波的具体计算过程.

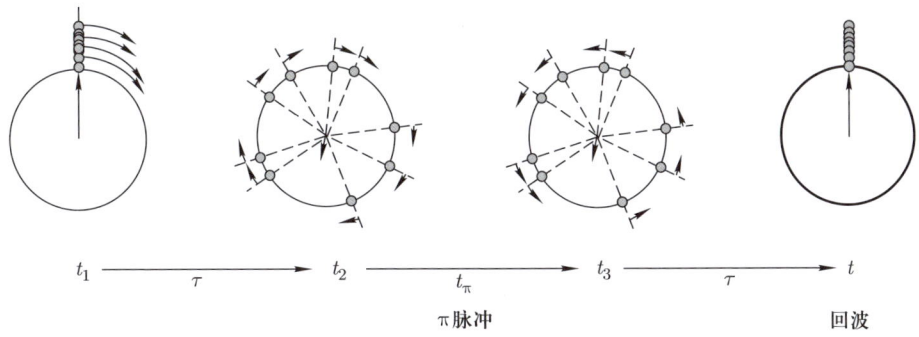

图 6.11 关于自旋回波的形象理解

考虑在 $[0, t_1]$ 和 $[t_2, t_3]$ 的时间间隔内增加两个脉冲 (沿 x 方向的强磁场), 见图 6.12, 则系统的哈密顿量为

$$H = -g \sum_{j=1}^{N} (B_z^{[j]} S_z^{[j]} + B_x(t) S_x^{[j]}) \equiv H_0 + H_1,$$

其中, 沿 x 方向的外磁场为

$$B_x(t) = \begin{cases} B_x, & t \in [0, t_1], [t_2, t_3], \\ 0, & \text{其他情况}. \end{cases}$$

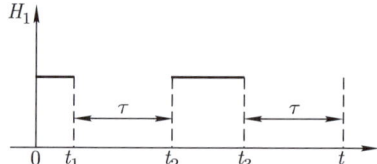

图 6.12 在 $[0, t_1]$ 和 $[t_2, t_3]$ 的时间间隔内增加两个脉冲

由于 $B_x \gg B_z^{[j]}$, 因此, 当外加脉冲打开时, 我们可以忽略自旋的进动效应, 即认为 $H_0 = 0$. 在此假设下, 时间演化算符可以分解成如下分段形式:

$$U(t) = \prod_{j=1}^{N} \exp[\mathrm{i}g B_z^{[j]} S_z^{[j]} (t-t_3)] \exp[\mathrm{i}g B_x S_x^{[j]} (t_3-t_2)] \exp(\mathrm{i}g B_z^{[j]} S_z^{[j]} \tau) \exp(\mathrm{i}g B_x S_x^{[j]} t_1),$$

其中, $\tau = t_2 - t_1$. 当两个外加脉冲中的一个是 $\pi/2$ 脉冲, 另一个是 π 脉冲, 即 $g B_x t_1 = \pi/2, g B_x (t_3 - t_2) = \pi$ 时, 见图 6.13, 则有

$$\begin{aligned} U(t) &= \prod_{j=1}^{N} \exp[\mathrm{i}g B_z^{[j]} S_z^{[j]} (t-t_3)] \exp(\mathrm{i}\pi S_x^{[j]}) \exp(\mathrm{i}g B_z^{[j]} S_z^{[j]} \tau) \exp\left(\mathrm{i}\frac{\pi}{2} S_x^{[j]}\right) \\ &= \prod_{j=1}^{N} \exp[\mathrm{i}g B_z^{[j]} S_z^{[j]} (t-t_3)] \exp(\mathrm{i}\pi S_x^{[j]}) \exp(\mathrm{i}g B_z^{[j]} S_z^{[j]} \tau) \\ &\quad \times \exp(-\mathrm{i}\pi S_x^{[j]}) \exp\left(\mathrm{i}\frac{3}{2}\pi S_x^{[j]}\right) \\ &= \prod_{j=1}^{N} \exp[\mathrm{i}g B_z^{[j]} S_z^{[j]} (t-t_3)] \exp(-\mathrm{i}g B_z^{[j]} S_z^{[j]} \tau) \exp\left(\mathrm{i}\frac{3\pi}{2} S_x^{[j]}\right). \end{aligned} \quad (6.62)$$

附录 6B 自旋回波

容易看出，当时间到 $t = t_3 + \tau$ 时，时间演化算符将不再含时，即

$$U(t) = \prod_{j=1}^{N} \exp\left(\mathrm{i}\frac{3\pi}{2} S_x^{[j]}\right) \equiv \exp\left(\mathrm{i}\frac{3\pi}{2} S_x\right).$$

此时，在给定的初态 $|I\rangle = \prod_j |I_j\rangle$ 下，x 方向的极化为

$$S_x(t) = \langle I_j | U^\dagger(t) S_x U(t) | I_j \rangle = S_x(0) = N s_x(0).$$

以上结果表明，在非均匀磁场下，本来应该消失的 (沿 x 方向) 极化信号在两个脉冲的作用下又得以恢复，这就是自旋回波现象，见图 6.13。从物理上看，非均匀磁场会使得不同自旋进动的角速度不同，即有的自旋"跑"得快，有的自旋"跑"得慢，因此长时间后在 x 方向上的平均极化为零. 通过外加两个脉冲使得自旋进动的方向反转，导致每个自旋向前进动的时间 $t_2 - t_1 = \tau$ 和向后进动的时间 $t - t_3 = \tau$ 相等，此时，即便每个自旋进动的快慢不同，但它们在 2τ 时刻都回到了起点，这就抵消了非均匀磁场带来的进动频率的展宽效应 (见演化算符 (6.62))，因此 x 方向上的平均极化等于初态在 x 方向上的平均极化，看起来信号又得以恢复了 (见图 6.13).

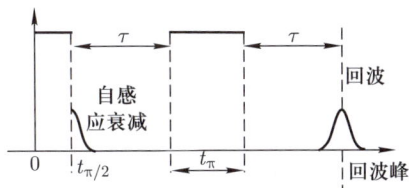

图 6.13 自旋回波的原理图

第七章

量子激光理论

在第五章中,我们已经用古典电磁场理论和古典态矢量的方法描述了电磁现象,但这种方法没有考虑涨落,因此具有一定的局限性: (1) 不能描述光子分布; (2) 不能描述光场由真空态开始的过渡阶段; (3) 不能描述激光的固有线宽. 因此,为了克服上述局限性,需要借助量子电动力学等其他量子理论来更好地描述相关的复杂物理现象.

另外,激光的量子理论描述也有两种主要表象: (1) 海森伯表象,其与古典理论对比物理图像清晰,但数学表述复杂; (2) 薛定谔表象,其不仅物理图像清晰,而且计算简单. 下面我们采用薛定谔表象进行讨论. 为了简单,我们只讨论以下情况: (1) 单模共振情况,即 $\omega = \omega_0$; (2) 绝热近似,电磁场发生显著变化的时间 τ_f 远大于原子寿命 $T \equiv 1/\gamma$,即 $\tau_f \gg T$,这相当于速率近似.

7.1 电磁场的约化密度矩阵

本节我们将处理由电磁场与其损耗热池和二能级原子系统与其损耗泵浦热池构成的总系统,即

$$\boxed{\text{总系统} = (\text{电磁场} + \text{损耗热池}) + (\text{二能级原子系统} + \text{损耗泵浦热池})}$$

在下面的讨论中,首先通过平均掉热池的自由度来得到电磁场与原子系统的约化密度矩阵. 进一步,通过绝热近似平均掉原子系统的自由度,最终得到电磁场的约化密度矩阵. 在 1967 年,斯库利 (Scully) 和兰姆利用热池模型近似处理了以上问题. 接下来我们将只讨论斯库利对这个问题的处理,也即使用原子束热池的方法.

在单位时间内向谐振腔的单位体积中射入原子束,其中的每个原子均处于 $|a\rangle$ 态,且原子束的粒子数密度为 λ_a. 设某一原子在 t_0 时刻入射,其在与电磁场相互作用一段时间 T 后,在 $t_0 + T$ 时刻被移走,如图 7.1 所示. 如果忽略原子由热池引起的涨落,仅考虑一个参数: $T^{-1} = \gamma = \gamma_a = \gamma_b$,则平均掉热池的自由度后的约化

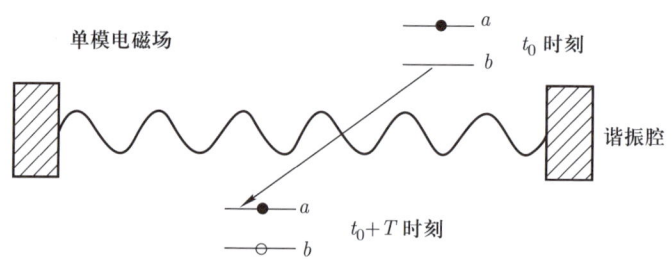

图 7.1 单模电磁场与原子束相互作用的示意图

密度矩阵为 ρ_{a-f}. 通过绝热近似, 得到平均掉原子系统的自由度后的电磁场的约化密度矩阵为 $\text{tr}_a(\rho_{a-f}) = \rho_f$.

消去电磁场的损耗热池的影响后, 得到 (见 (4.42) 式)

$$\left(\frac{\mathrm{d}\rho}{\mathrm{d}t}\right)_{\text{loss}} = -\frac{\kappa}{2}(a^\dagger a\rho + \rho a^\dagger a - 2a\rho a^\dagger), \tag{7.1}$$

它描述了由热池引发的电磁场的耗散过程, 其中, $a^\dagger$ 和 a 分别是单模电磁场的产生算符和湮灭算符. 在绝热近似下, 消去原子系统的影响后, 得到描述电磁场增益过程的方程:

$$\left(\frac{\mathrm{d}\rho}{\mathrm{d}t}\right)_{\text{gain}} = \lambda_a \Omega \left[\delta\rho(t)\right]_{\text{gain}},$$

其中, $[\delta\rho(t)]_{\text{gain}} \equiv \rho(t+T) - \rho(t)$ 是原子束中的一个原子对场的贡献, 下面具体计算原子系统对电磁场的影响.

单模电磁场与原子的相互作用哈密顿量为

$$\begin{aligned} H_{\text{int}} &= \mathrm{i}p\sqrt{\frac{2\pi\hbar\omega}{\Omega}}(\sigma^+ a_k \mathrm{e}^{\mathrm{i}kz} - a_k^\dagger \sigma \mathrm{e}^{-\mathrm{i}kz}) \\ &\equiv \mathrm{i}\hbar g(\sigma^+ a_k' - \text{h.c.}), \end{aligned} \tag{7.2}$$

其中, $g = p\sqrt{2\pi\omega/(\hbar\Omega)}$ 为耦合常数, $\sigma^+ = |a\rangle\langle b|$, $a_k' = a_k \mathrm{e}^{\mathrm{i}kz}$ (以后省略上标 "$\prime$" 和下标 "k" 不写). 对于共振的情况 (电磁场和原子跃迁频率相等), 选取 $H_0 = \hbar\omega a^\dagger a + \hbar\omega\sigma_z/2$, 将相互作用哈密顿量变换到相互作用表象, 即

$$H_{\text{I}} = \mathrm{e}^{\mathrm{i}H_0 t/\hbar} H_{\text{int}} \mathrm{e}^{-\mathrm{i}H_0 t/\hbar}.$$

注意到

$$\begin{aligned} \mathrm{e}^{\mathrm{i}H_0 t/\hbar}\sigma \mathrm{e}^{-\mathrm{i}H_0 t/\hbar} &= \sigma \mathrm{e}^{-\mathrm{i}\omega t}, \\ \mathrm{e}^{\mathrm{i}H_0 t/\hbar} a \mathrm{e}^{-\mathrm{i}H_0 t/\hbar} &= a \mathrm{e}^{-\mathrm{i}\omega t}, \end{aligned}$$

则得到相互作用表象中的哈密顿量:

$$H_{\text{I}} = \mathrm{i}\hbar g(\sigma^+ a - a^\dagger \sigma) = \mathrm{i}\hbar g \begin{pmatrix} 0 & a \\ -a^\dagger & 0 \end{pmatrix},$$

其与 (7.2) 式一样. 电磁场与原子的密度矩阵的演化遵循

$$\frac{\mathrm{d}\rho_{a-f}}{\mathrm{d}t} = -\frac{\mathrm{i}}{\hbar}[H_{\text{I}}, \rho_{a-f}(t)].$$

从 t 时刻到 $t+T$ 时刻进行积分，得到上式的形式解：

$$\rho_{a-f}(t+T) = \rho_{a-f}(t) - \frac{\mathrm{i}}{\hbar}\int_t^{t+T}[H_{\mathrm{I}}, \rho_{a-f}(t')]\,\mathrm{d}t'.$$

将上述形式解代回演化方程，并进一步迭代得到

$$\rho_{a-f}(t+T) - \rho_{a-f}(t) = \sum_{s=1}^{\infty}\left(-\frac{\mathrm{i}}{\hbar}\right)^s \int_t^{t+T}\mathrm{d}t_1 \int_t^{t_1}\mathrm{d}t_2 \cdots \int_t^{t_{s-1}}\mathrm{d}t_s \\ \times [H_{\mathrm{I}},[H_{\mathrm{I}},\cdots[H_{\mathrm{I}},\rho_{a-f}(t)]\cdots]].$$

设在 t 时刻，一个处于 $|a\rangle$ 态的原子射入谐振腔中，并且 t 时刻的密度矩阵为原子与电磁场的密度矩阵的直积：

$$\rho_{a-f}(t) = \rho_a(t) \otimes \rho_f(t) = \begin{pmatrix} \rho_f(t) & 0 \\ 0 & 0 \end{pmatrix}. \tag{7.3}$$

入射的原子对电磁场的贡献由下式描述：

$$[\delta\rho(t)]_{\mathrm{gain}} = \mathrm{tr}_a[\rho_{a-f}(t+T)] - \mathrm{tr}_a[\rho_{a-f}(t)] \\ = \mathrm{tr}_a[\delta\rho_{a-f}^{(1)} + \delta\rho_{a-f}^{(2)} + \delta\rho_{a-f}^{(3)} + \delta\rho_{a-f}^{(4)} + \cdots]. \tag{7.4}$$

下面计算各阶微扰：

$$\delta\rho_{a-f}^{(1)}(t) = g\int_t^{t+T}\mathrm{d}t_1 \left[\begin{pmatrix} 0 & a \\ -a^\dagger & 0 \end{pmatrix}, \begin{pmatrix} \rho(t) & 0 \\ 0 & 0 \end{pmatrix}\right] = -gT\begin{pmatrix} 0 & \rho a \\ a^\dagger \rho & 0 \end{pmatrix}, \tag{7.5}$$

$$\delta\rho_{a-f}^{(2)}(t) = -g^2\frac{T^2}{2!}\begin{pmatrix} aa^\dagger\rho + \rho aa^\dagger & 0 \\ 0 & -2a^\dagger\rho a \end{pmatrix}, \tag{7.6}$$

$$\delta\rho_{a-f}^{(3)}(t) = -g^3\frac{T^3}{3!}\begin{pmatrix} 0 & -3aa^\dagger\rho a - \rho aa^\dagger a \\ -3a^\dagger\rho aa^\dagger - a^\dagger aa^\dagger\rho & 0 \end{pmatrix}, \tag{7.7}$$

$$\delta\rho_{a-f}^{(4)}(t) = -g^4\frac{T^4}{4!}\begin{pmatrix} -aa^\dagger aa^\dagger\rho - \rho aa^\dagger aa^\dagger - 6aa^\dagger\rho aa^\dagger & 0 \\ 0 & 4a^\dagger aa^\dagger\rho a + 4a^\dagger\rho aa^\dagger a \end{pmatrix}, \tag{7.8}$$

其中已忽略了下标"f"。可以证明，奇次阶微扰满足

$$\mathrm{tr}_a\left(\delta\rho_{a-f}^{2n+1}\right) = 0, \quad n \in \mathbb{N},$$

因此

$$\left(\frac{\mathrm{d}\rho}{\mathrm{d}t}\right)_{\mathrm{gain}} = \lambda_a \Omega (\delta\rho)_{\mathrm{gain}} = \lambda_a \Omega \mathrm{tr}_a (\delta\rho_{a-f}) \tag{7.9}$$

$$= -\frac{A}{2}(aa^\dagger \rho + \rho aa^\dagger - 2a^\dagger \rho a)$$

$$+\frac{B}{8}(aa^\dagger aa^\dagger \rho + \rho aa^\dagger aa^\dagger + 6aa^\dagger \rho aa^\dagger - 4a^\dagger \rho aa^\dagger a - 4a^\dagger aa^\dagger \rho a), \tag{7.10}$$

其中①,

$$A = \lambda_a \Omega g^2 T^2 = \frac{\lambda_a \Omega g^2 \cdot 2}{\gamma^2} = N^0 \Sigma c, \tag{7.11}$$

$$B = \frac{8\lambda_a \Omega g^4 T^4}{4!} = \frac{8\lambda_a \Omega g^4}{\gamma^4} = N^0 \Sigma c \Sigma c \frac{1}{\Omega} \frac{2}{\gamma}, \tag{7.12}$$

这里, $N^0 = \lambda_a/\gamma$, 共振截面 $\Sigma = \pi\bar{\lambda}^2 A_{ab}/\gamma$. (7.11) 式和 (7.12) 式对应于古典理论中的 (5.19) 式. 最后, 结合 (7.1) 式和 (7.9) 式, 可以得到电磁场的密度矩阵的演化方程:

$$\frac{\mathrm{d}\rho}{\mathrm{d}t} = \left(\frac{\mathrm{d}\rho}{\mathrm{d}t}\right)_{\mathrm{loss}} + \left(\frac{\mathrm{d}\rho}{\mathrm{d}t}\right)_{\mathrm{gain}}. \tag{7.13}$$

7.2 物理意义

下面从密度矩阵的方程出发, 讨论系统粒子数 $\langle n \rangle = \mathrm{tr}(a^\dagger a \rho)$ 的演化:

$$\frac{\mathrm{d}\langle n \rangle}{\mathrm{d}t} = \left(\frac{\mathrm{d}\langle n \rangle}{\mathrm{d}t}\right)_{\mathrm{loss}} + \left(\frac{\mathrm{d}\langle n \rangle}{\mathrm{d}t}\right)_{\mathrm{gain}},$$

其中, 耗散和增益项分别为

$$\left(\frac{\mathrm{d}\langle n \rangle}{\mathrm{d}t}\right)_{\mathrm{loss}} = -\frac{\kappa}{2}\mathrm{tr}(a^\dagger aa^\dagger a\rho + a^\dagger a\rho a^\dagger a - 2a^\dagger aa\rho a^\dagger)$$

$$= -\frac{\kappa}{2} \cdot 2\mathrm{tr}(a^\dagger a\rho) = -\kappa\langle n \rangle, \tag{7.14}$$

---

① 和比较精细的模型 (见 SCULLY M O, LAMB JR W E. Quantum theory of an optical maser. I. general theory [J]. Physical Review, 1967, 159: 208) 对比, 应取 $T^m/m! = \gamma^{-m}$.

$$\left(\frac{\mathrm{d}\langle n\rangle}{\mathrm{d}t}\right)_{\text{gain}} = -\frac{A}{2}\text{tr}(a^\dagger aaa^\dagger\rho + a^\dagger a\rho aa^\dagger - 2a^\dagger aa^\dagger\rho a)$$
$$+\frac{B}{8}\text{tr}(a^\dagger aaa^\dagger aa^\dagger\rho + a^\dagger a\rho aa^\dagger aa^\dagger$$
$$+6a^\dagger aaa^\dagger\rho aa^\dagger - 4a^\dagger aa^\dagger\rho aa^\dagger a - 4a^\dagger aa^\dagger aa^\dagger\rho a) \tag{7.15}$$
$$= A\left(\langle n\rangle + 1\right) - B\left(\langle n^2\rangle + 2\langle n\rangle + 1\right). \tag{7.16}$$

当 $\langle n\rangle \gg 1$ 时，增益项可以近似为

$$\left(\frac{\mathrm{d}\langle n\rangle}{\mathrm{d}t}\right)_{\text{gain}} \approx A\langle n\rangle - B\langle n\rangle^2,$$

进一步可得

$$\frac{\mathrm{d}\langle n\rangle}{\mathrm{d}t} = (A - \kappa - B\langle n\rangle)\langle n\rangle$$
$$= \left(-\kappa + N^0\varSigma c - N^0\varSigma c\frac{\langle n\rangle}{\varOmega}\varSigma c\frac{2}{\gamma}\right)\langle n\rangle, \tag{7.17}$$

此即 (5.19) 式的微扰展开式 (这里, $\gamma_a = \gamma_b = \gamma$)。

下面讨论密度矩阵的物理意义，首先采用福克表示，然后再讨论相干态表示。在福克表示下，密度矩阵的矩阵元 $\rho_{nn'}$ 的演化方程为

$$\dot{\rho}_{nn'} = -\frac{\kappa}{2}(n+n')\rho_{nn'} + \kappa\sqrt{(n+1)(n'+1)}\rho_{n+1,n'+1}$$
$$-\left\{\frac{A}{2}(n+1+n'+1) - \frac{B}{8}\left[(n+1)^2 + (n'+1)^2 + 6(n+1)(n'+1)\right]\right\}\rho_{nn'}$$
$$+\left[A - \frac{B}{2}(n+n')\right]\sqrt{nn'}\rho_{n-1,n'-1}. \tag{7.18}$$

(7.18) 式具有泡利主方程的形式：

$$\dot{\rho}_{nn'} = [\text{流入的速率}] - [\text{流出的速率}].$$

$\rho_{nn'}$ 有一个重要的特点：不同的下标之差 $p \equiv n - n'$ 之间无关联，也就是说，$n - n' = p$ 张成的子空间 (n, n') 是独立演化的，因此我们可以对每一个 p 值进行分别研究，见图 7.2。

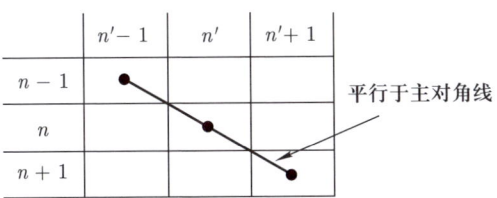

图 7.2　$p=0$ (对角线) 给出光子分布与过渡阶段 (任意时刻的密度矩阵) 的信息. $p=1$ 给出电场强度 $\langle E \rangle$ 的固有线宽

7.3　光子分布

(7.18) 式确定了密度矩阵的对角元 ρ_{nn} 的演化, 其微扰结果是

$$\dot{\rho}_{nn} = -\kappa n \rho_{nn} + \kappa(n+1)\rho_{n+1,n+1} \\ - \left[A(n+1) - B(n+1)^2\right]\rho_{nn} + \left(An - Bn^2\right)\rho_{n-1,n-1}. \tag{7.19}$$

更精确的解由以下方程确定:

$$\dot{\rho}_{nn} = -\kappa n \rho_{nn} + \kappa(n+1)\rho_{n+1,n+1} \\ - \frac{A(n+1)}{1+\frac{B}{A}(n+1)}\rho_{nn} + \frac{An}{1+\frac{B}{A}n}\rho_{n-1,n-1}. \tag{7.19'}$$

在以后的讨论中, 根据不同的情况或用 (7.19) 式或用 (7.19′) 式. 下面先分线性近似与非线性近似两种情况进行讨论.

7.3.1　线性近似

该近似相当于取 $B=0$, 这时有

$$\dot{\rho}_{nn} = -\kappa n \rho_{nn} + An\rho_{n-1,n-1} + \kappa(n+1)\rho_{n+1,n+1} - A(n+1)\rho_{nn}. \tag{7.20}$$

(7.20) 式的定态解由下式确定:

$$\dot{\rho}_{nn} = 0, \\ nA\rho_{n-1,n-1} - \kappa n \rho_{nn} = 0. \tag{7.21}$$

$n-1$ 个光子态与 n 个光子态之间有两个过程相联系, 如图 7.3 所示. 当吸收速率等于发射速率时, 二者平衡, 即达到细致平衡, 这时我们可以得到 $\rho_{nn} = (A/\kappa)\rho_{n-1,n-1}$,

所以
$$\rho_{nn} = \frac{(A/\kappa)^n}{\sum_m (A/\kappa)^m} = \left(1 - \frac{A}{\kappa}\right)\left(\frac{A}{\kappa}\right)^n, \tag{7.22}$$

第一个等号右边的分母为归一化因子，以上解只适用于 $A < \kappa$，即次临界情况. 在古典理论中，$\rho_{00} = 1$，$\rho_{nn} = 0\,(n \neq 0)$. 因此(7.22) 式是光场的热平衡分布：

$$P_n = e^{-\frac{n\hbar\omega}{k_B T}}\left(1 - e^{-\frac{\hbar\omega}{k_B T}}\right).$$

相应的温度为 T，它对应于 $A/\kappa = \exp[-\hbar\omega/(k_B T)]$.

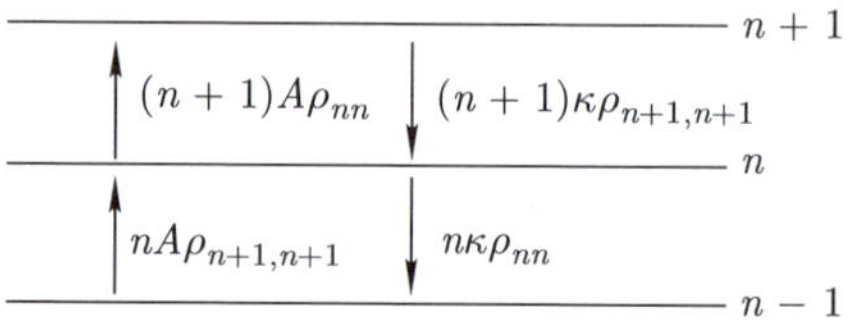

```
_____ n+1
        ↑ (n+1)Aρ_{nn}    ↓ (n+1)κρ_{n+1,n+1}
_____ n
        ↑ nAρ_{n+1,n+1}   ↓ nκρ_{nn}
_____ n-1
```

图 7.3　↑ 表示发射一个光子，其概率正比于末态光子数. ↓ 表示吸收一个光子，其概率正比于初态光子数

7.3.2　非线性近似

当 $A > \kappa$ 时，我们需要采用非线性近似. 此时，我们可以采用更高阶的微扰结果 (7.19)，它与线性近似的方程 (7.20) 相比，相当于

$$An \to (A - Bn)n,$$

与更精确的方程 (7.19′) 相比，相当于

$$An \to \frac{An}{1 + \frac{Bn}{A}}.$$

由此可见，微扰的适用条件是

$$Bn/A < 1.$$

在非线性近似下，除了伴随原子的发射过程 $An\rho_{n-1,n-1}$ 外，还有发射 ($\propto n$) 后又吸收 ($\propto n$) 的过程 $Bn^2\rho_{n-1,n-1}$，如图 7.4 所示.

由 (7.19′) 式得到定态解 (细致平衡) 的递推关系为

$$\frac{An}{1 + \frac{B}{A}n}\rho_{n-1,n-1} = \kappa n\rho_{nn},$$

7.3 光子分布

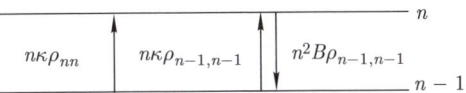

图 7.4 n 能级与 $n-1$ 能级之间的跃迁过程. 线性项代表发射过程, 而非线性项代表发射后又吸收的过程

则

$$\rho_{nn} = \frac{A/\kappa}{1+\dfrac{Bn}{A}}\rho_{n-1,n-1}.$$

由此可得以下定态解:

$$\rho_{nn} = \mathcal{N}\prod_{j=1}^{n}\frac{A/\kappa}{1+\dfrac{B}{A}j} = \mathcal{N}\left(\frac{A^2}{B\kappa}\right)^n\prod_{j=1}^{n}\frac{1}{\dfrac{A}{B}+j}, \tag{7.23}$$

这里, $\mathcal{N}$ 是归一化因子. 设 ρ_{nn} 的峰值在 $n=\bar{n}$ 处, 则有

$$\frac{A^2}{B\kappa}\frac{1}{\dfrac{A}{B}+\bar{n}} = 1,$$

即

$$\bar{n} = \frac{A}{B}\left(\frac{A}{\kappa}-1\right),$$

或者

$$\kappa = \frac{A}{1+\dfrac{B}{A}\bar{n}}. \tag{7.24}$$

注意: $A = N^0\Sigma c, B = 2N^0\Sigma c\cdot\Sigma c/(\Omega\gamma)$, 所以 (7.24) 式即 (5.22) 式. 不过那里只有古典光场强度, 没有光子数分布.

对于远远超过阈值的情况, 即 $A/\kappa \gg 1$, 这时

$$\bar{n} = \frac{A^2}{\kappa B} \gg \frac{A}{B},$$

则

$$\rho_{nn} \approx \mathcal{N}\frac{\bar{n}^n}{n!} = \mathrm{e}^{-\bar{n}}\frac{\bar{n}^n}{n!}.$$

这恰好是泊松分布, 激光光子分布逼近格劳伯相干态分布. 线性近似与非线性近似的光子分布分别如图 7.5 和图 7.6 所示. 这里附带说一下, (7.19) 式的微扰适用条件是 $B\bar{n}/A < 1$, 即 $A/\kappa - 1 < 1$ (从 (7.24) 式推出), 这是近阈值情况.

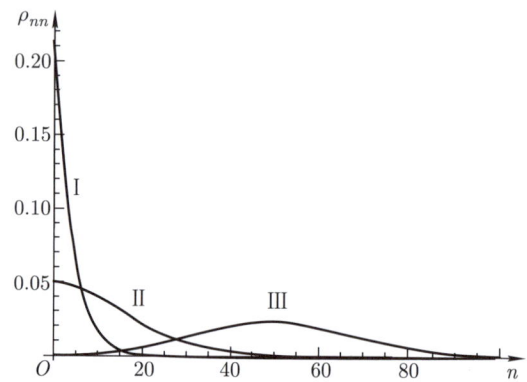

图 7.5 按 (7.23) 式计算的光子分布. I: 阈值下 20%，是热平衡分布; II: 阈值 $A/\kappa = 1$; III: 阈值上 20%，$A/B = 250$，相当于 $\bar{n} = 50$

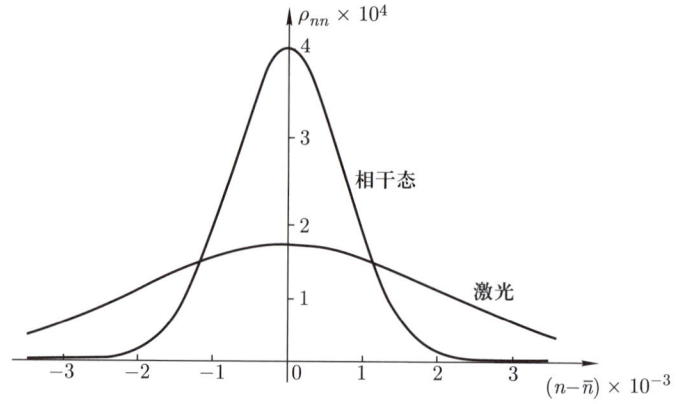

图 7.6 对于阈值上 20% 的激光光子分布与相干态光子分布，二者的 $\bar{n} = 10^6$，上述光子分布的实验结果与理论结果符合得很好

7.4 过 渡 阶 段

在以前的章节中，我们详细讨论了方程 (7.19′) 的定态解. 接下来，我们将进一步讨论这一方程在任意时刻的解. 为此，设系统的初态为真空态，即密度矩阵的对角元的初值为

$$\rho_{nn}(t=0) = \begin{cases} 1, & n = 0, \\ 0, & n \neq 0. \end{cases}$$

7.4 过渡阶段

为了方便, 将 (7.19′) 式简写成

$$\dot{\rho}_{nn} = a_{nn}\rho_{nn} + a_{n,n-1}\rho_{n-1,n-1} + a_{n,n+1}\rho_{n+1,n+1},$$

其中,

$$a_{n,n-1} = \frac{nA}{1+\frac{nB}{A}}, \quad a_{nn} = -\kappa n - \frac{A(n+1)}{1+\frac{B}{A}(n+1)}, \quad a_{n,n+1} = \kappa(n+1).$$

要求解上述关于 ρ_{nn} 的线性方程, 首先需要求出特征根 $\mu_j\,(j=0,1,2,\cdots)$, 以及相应的本征矢量 $\varphi_j(n)$. 对于给定的 n, 将

$$\rho_{nn} = \varphi_j(n)\mathrm{e}^{-\mu_j t}$$

代入 (7.19′) 式的简写形式, 得

$$a_{n,n-1}\varphi_j(n-1) + (a_{nn}+\mu_j)\varphi_j(n) + a_{n,n+1}\varphi_j(n+1) = 0.$$

可以证明, $\mu_j \geqslant 0$, $\mu_0 = 0$ 无重根. 由上述递推方程确定的 $\varphi_0(n)$ 就是 (7.23) 式给出的定态解:

$$\varphi_0(n) = \mathcal{N}\left(\frac{A^2}{B\kappa}\right)^n \prod_{j=1}^{n} \frac{1}{\frac{A}{B}+j}. \tag{7.25}$$

因为本征矢量 $\varphi_j(n)\,(j=0,1,\cdots)$ 组成了一个完备集, 并且它是正交归一化的, 所以将对角元的初值在本征矢量 $\varphi_j(n)$ 上展开, 即

$$\rho_{nn}(t=0) = \sum_j a_j \varphi_j(n),$$

则 t 时刻的对角元为

$$\rho_{nn}(t) = \sum_j a_j \varphi_j(n) \mathrm{e}^{-\mu_j t}.$$

我们根据以下激光实验参数进行数值计算. 给定参数 $\kappa = 0.9\,\mu\mathrm{s}^{-1}$, $A = 1.0\,\mu\mathrm{s}^{-1}$, $\bar{n} = 50$, $B = 2.22\times 10^{-3}\,\mu\mathrm{s}^{-1}$. $t=0$ 时刻系统处于真空态. 当 $t \sim 63.8\,\mu\mathrm{s}$ 时, 系统趋于稳态, 如图 7.7 所示. 此外, 也可以利用 $\mathrm{d}\bar{n}/\mathrm{d}t \sim (A-\kappa)\bar{n}$ 进行数量级估计, 即

$$t \sim \frac{\ln \bar{n}}{A-\kappa} \sim 40\,\mu\mathrm{s}.$$

这与利用数值计算得到的结果相差不大.

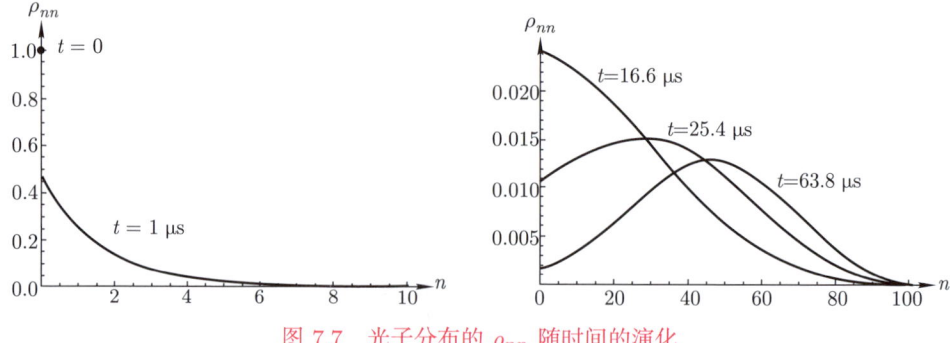

图 7.7　光子分布的 ρ_{nn} 随时间的演化

7.5　激光的固有线宽

量子化的电场可以用产生算符和湮灭算符展开, 即

$$\boldsymbol{E} = \mathrm{i}\sqrt{\frac{2\pi\hbar\omega}{\Omega}} a \mathrm{e}^{\mathrm{i}\boldsymbol{k}\cdot\boldsymbol{r}-\mathrm{i}\omega t}\boldsymbol{\varepsilon} + \mathrm{h.c.},$$

其中, $\boldsymbol{\varepsilon}$ 是电场方向的单位矢量. 电场在福克态 $|n\rangle$ 下的平均值为

$$\begin{aligned}\langle\boldsymbol{E}\rangle &= \mathrm{tr}(\rho\boldsymbol{E}) \\ &= \mathrm{i}\sqrt{\frac{2\pi\hbar\omega}{\Omega}}\boldsymbol{\varepsilon}\mathrm{e}^{\mathrm{i}\boldsymbol{k}\cdot\boldsymbol{r}-\mathrm{i}\omega t}\left[\sum_n \sqrt{n}\rho_{n,n-1}(t)\right] \\ &\quad -\mathrm{i}\sqrt{\frac{2\pi\hbar\omega}{\Omega}}\boldsymbol{\varepsilon}\mathrm{e}^{-\mathrm{i}\boldsymbol{k}\cdot\boldsymbol{r}+\mathrm{i}\omega t}\left[\sum_n \sqrt{n+1}\rho_{n,n+1}(t)\right].\end{aligned} \quad (7.26)$$

为了求激光的固有线宽, 应先求 $\rho_{n,n\pm 1}(t)$. 根据 (7.18) 式, 可得 $\rho_{n,n+p}$ 满足的线性微分方程:

$$\begin{aligned}\dot\rho_{n,n+p} = &-\kappa\left(n+\frac{p}{2}\right)\rho_{n,n+p} - \left[A - B\left(n+1+\frac{p}{2}\right)\right]\left(n+1+\frac{p}{2}\right)\rho_{n,n+p} \\ &-\frac{B}{8}p^2\rho_{n,n+p} + \left[A - B\left(n+\frac{p}{2}\right)\right]\sqrt{n(n+p)}\rho_{n-1,n-1+p} \\ &+\kappa\sqrt{(n+1)(n+1+p)}\rho_{n+1,n+1+p}.\end{aligned} \quad (7.27)$$

将 $\rho_{n,n+p}$ 以本征函数 $\varphi_j(n,p)$ 为基底展开, 即

$$\rho_{n,n+p}(t) = \sum_{j=0}^\infty \varphi_j(n,p)\mathrm{e}^{-\mu_j^{(p)}t}.$$

7.5 激光的固有线宽

可以证明,当 $p \neq 0$ 时,$\mu_j^{(p)} > 0$,即 $\lim_{t\to\infty} \rho_{n,n+p}(t) = 0$,进一步得到

$$\lim_{t\to\infty} \langle \boldsymbol{E}(t) \rangle = \boldsymbol{0}.$$

下面我们主要研究 $p \ll \bar{n}(\bar{n} \gg 1)$ 的情况. 因为 $p \ll \bar{n}$,所以 $\mu_0^{(p)}$ 很小. 类比 (7.23) 式,猜想

$$\rho_{n,n+p}(t) = \mathcal{N}_p \left(\prod_{j=1}^{n} \frac{A/\kappa}{1 + \frac{B}{A}j} \prod_{l=1}^{n+p} \frac{A/\kappa}{1 + \frac{B}{A}l} \right)^{1/2} \mathrm{e}^{-\mu_0^{(p)} t}. \qquad (7.28)$$

将 (7.28) 式代入 (7.27) 式,并按 $p/n, 1/n$ 展开,忽略高阶项后得到

$$\mu_0^{(p)} = \frac{1}{2} D p^2, \quad D = \frac{\kappa}{2\bar{n}}. \qquad (7.29)$$

将上述结果代入 (7.26) 式,得到

$$\langle \boldsymbol{E}(\boldsymbol{r},t) \rangle = \mathrm{i} \sqrt{\frac{2\pi\hbar\omega}{\Omega}} \boldsymbol{\varepsilon} \left[\sum_{n=0}^{\infty} \sqrt{n} \rho_{n,n-1}(0) \right] \mathrm{e}^{\mathrm{i}\boldsymbol{k}\cdot\boldsymbol{r}} \mathrm{e}^{-\mathrm{i}\omega t - Dt/2} + \mathrm{c.c.}$$
$$\equiv \langle \boldsymbol{E}^-(\boldsymbol{r}, t=0) \rangle \mathrm{e}^{-\mathrm{i}\omega t - \frac{1}{2}Dt} + \langle \boldsymbol{E}^+(\boldsymbol{r}, t=0) \rangle \mathrm{e}^{\mathrm{i}\omega t - \frac{1}{2}Dt}. \qquad (7.30)$$

注意到展开式中包含了 $\exp(-\mathrm{i}\omega t - Dt/2)$,这就确定了固有线宽 D. 具体地,我们对 $\langle \boldsymbol{E}(\boldsymbol{r},t) \rangle$ 做傅里叶变换,得到

$$\langle \boldsymbol{E}(\boldsymbol{r},\omega') \rangle \equiv \int_0^\infty \langle \boldsymbol{E}(\boldsymbol{r},t) \rangle \mathrm{e}^{\mathrm{i}\omega' t} \mathrm{d}t \approx \frac{\langle \boldsymbol{E}^-(\boldsymbol{r},0) \rangle}{-\mathrm{i}(\omega' - \omega) + \dfrac{D}{2}}, \quad \omega' > 0, \omega > 0,$$

即电场的频谱分布为

$$|\langle \boldsymbol{E}(\boldsymbol{r},\omega') \rangle|^2 = \frac{|\langle \boldsymbol{E}^-(\boldsymbol{r},0) \rangle|^2}{(\omega' - \omega)^2 + \left(\dfrac{D}{2}\right)^2}. \qquad (7.31)$$

因此激光的固有线宽为 $D = \kappa/(2\bar{n})$,其中,κ 是无激光反转时谐振腔模的宽度,而 D 是一个非常小的量. 例如,一个 He–Ne 激光器,它能够产生波长约为 $\lambda = 1.1\ \mu\mathrm{m}\,(\omega = 1.7 \times 10^{15}\ \mathrm{s}^{-1})$ 的激光,它的长度 $L = 1$ m,并且光腔的透射率为 2%,则 $\kappa = 2c \times 2\%/L\ \mathrm{s}^{-1} = 1.2 \times 10^7\ \mathrm{s}^{-1}$. 又根据激光功率 $P = \bar{n}\hbar\omega\kappa$,估算固有线宽为

$$D = \frac{\hbar\omega}{2P}\kappa^2 \sim \frac{10^{-5}}{P(\omega)}\ \mathrm{s}^{-1}.$$

而实际中由于各种噪声, 谱线线宽远远大于 D, 而且当 $t \to \infty$ 时, 有

$$\rho_{nn} \to 定态分布, \quad \rho_{n,n+1} \to 0,$$

见图 7.8, 因此 $\langle \boldsymbol{E}(\boldsymbol{r}, \infty) \rangle \to \boldsymbol{0}$. 电场强度趋于 $\boldsymbol{0}$ 不是振幅的阻尼造成的, 而是相位在一个个脉冲组成的激光脉冲系综中的扩散造成的.

由于增益、耗散和饱和效应, 振幅被稳定在一定的平均值附近, 并有涨落. 但是, 对于相位, 没有这些因素作用, 只有扩散, 所以即使初始相位固定为 $\langle \boldsymbol{E} \rangle \neq \boldsymbol{0}$, 经过一段特征时间 $t \sim D^{-1}$ 后, 相位也将变成完全任意的, 从而使 $\langle \boldsymbol{E} \rangle \to \boldsymbol{0}$. 这是对激光系综整体而言的, 而对系综中的某一脉冲, 在量子力学意义上, 可以有固定相位. 这些在相干态表象中将进一步讨论.

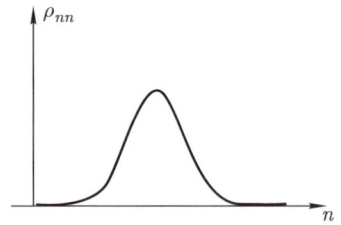

图 7.8 密度矩阵的对角元在 $t \to \infty$ 时趋于定态分布

7.6 相干态表示, 福克尔 – 普朗克方程

7.6.1 线性近似

该近似相当于阈值以下 $(A/\kappa < 1)$, 取 $B = 0$. 这时, 密度矩阵的演化方程为

$$\frac{\mathrm{d}\rho}{\mathrm{d}t} = -\frac{A}{2}(aa^\dagger \rho + \rho aa^\dagger - 2a^\dagger \rho a) - \frac{\kappa}{2}(a^\dagger a \rho + \rho a^\dagger a - 2a\rho a^\dagger). \tag{7.32}$$

在相干态表示下, 密度矩阵可以写为

$$\rho(t) = \int P(v, t) |v\rangle \langle v| \mathrm{d}^2 v.$$

在 4.4 节中, 曾讨论过这个问题, 即

$$a|v\rangle\langle v| = v|v\rangle\langle v|, \quad a^\dagger |v\rangle\langle v| = (\partial_v + v^*)|v\rangle\langle v|,$$

以及它的厄米共轭

$$|v\rangle\langle v|a^\dagger = v^*|v\rangle\langle v|, \quad |v\rangle\langle v|a = (\partial_{v^*} + v)|v\rangle\langle v|.$$

7.6 相干态表示, 福克尔 – 普朗克方程

可以证明, $P(v,t)$ 满足福克尔 – 普朗克方程 (4.48):

$$\frac{\partial P(v,t)}{\partial t} = A\partial_v \partial_{v^*} P + \frac{\kappa - A}{2}\left[\partial_v(vP) + \partial_{v^*}(v^*P)\right]. \tag{7.33}$$

将复数 v 分解成实部与虚部, 即 $v = x + \mathrm{i}y$, 进一步得到相应导数间的变换关系为

$$\partial_v = \frac{1}{2}\left(\frac{\partial}{\partial x} - \mathrm{i}\frac{\partial}{\partial y}\right), \quad \partial_{v^*} = \frac{1}{2}\left(\frac{\partial}{\partial x} + \mathrm{i}\frac{\partial}{\partial y}\right),$$

则 (7.33) 式重写为

$$\frac{\partial P}{\partial t} = -\frac{A-\kappa}{2}\left[\frac{\partial}{\partial x}(xP) + \frac{\partial}{\partial y}(yP)\right] + \frac{A}{4}\left(\frac{\partial^2 P}{\partial x^2} + \frac{\partial^2 P}{\partial y^2}\right). \tag{7.34}$$

令 $\boldsymbol{r} = x\boldsymbol{x} + y\boldsymbol{y}$, 则 (7.34) 式进一步改写为

$$\frac{\partial P}{\partial t} + \nabla \cdot \boldsymbol{J} = \frac{A}{4}\nabla^2 P,$$

其中,

$$\boldsymbol{J} = -\frac{\kappa - A}{2}\boldsymbol{r} P$$

代表系统的概率流. 在阈值以下, κ(损耗) > A(增益), 概率流 $\boldsymbol{J}$ 指向 $\boldsymbol{r} = \boldsymbol{0}$ (即 $v = 0$), 代表损耗. $A/4$ 代表扩散系数.

下面给出 (7.34) 式的一个基本解. 设 $P(v,t)$ 的初值为 $P(v = x + \mathrm{i}y, 0) = \delta(x - x_0)\delta(y - y_0)$, 这代表相干态, 即 $|v_0\rangle = |x_0 + \mathrm{i}y_0\rangle$ 或

$$\rho(0) = |v_0\rangle\langle v_0|.$$

因此 (7.34) 式的解为

$$P(\boldsymbol{r}, t) = \frac{1}{2\pi\sigma^2(t)} \exp\left[-\frac{\left|\boldsymbol{r} - \boldsymbol{r}_0 \mathrm{e}^{-\frac{\kappa-A}{2}t}\right|^2}{2\sigma^2(t)}\right], \tag{7.35}$$

其中,

$$2\sigma^2(t) = \frac{A}{\kappa - A}\left\{1 - \exp\left[-(\kappa - A)t\right]\right\}.$$

随着 t 增大, 平均值 $\boldsymbol{r}_0 \exp\left[-(\kappa - A)t/2\right]$ 减小, 分布宽度 $\sigma(t)$ 变大. 当 $t \to \infty$ 时, 分布 $P(\boldsymbol{r}, t)$ 趋于定态分布, 即

$$P(\boldsymbol{r}, \infty) = \frac{1}{2\pi\sigma^2}\exp\left(-\frac{|\boldsymbol{r}|^2}{2\sigma^2}\right).$$

根据 2.5 节的内容可知, 这就是热平衡态在相干态表示下的概率分布, 其中,

$$2\sigma^2 = \bar{n} = \frac{1}{e^{\beta\hbar\omega} - 1} = \frac{A}{\kappa - A}.$$

由此进一步得到, $A/\kappa = \exp[-\hbar\omega/(k_\mathrm{B}T)]$, 这与 7.3 节中用福克表示所得结果一样.

此外, 复数 v 也可以写成模长和辐角的形式, 即 $v = x + \mathrm{i}y = r\mathrm{e}^{\mathrm{i}\varphi}$, 此时, 福克尔 – 普朗克方程 (7.34) 改写为

$$\frac{\partial P}{\partial t} = -\frac{A - \kappa}{2}\frac{1}{r}\frac{\partial}{\partial r}(r^2 P) + \frac{A}{4}\frac{1}{r^2}\left[r\frac{\partial}{\partial r}\left(r\frac{\partial P}{\partial r}\right) + \frac{\partial^2 P}{\partial \varphi^2}\right].$$

7.6.2 非线性近似

对于阈值以上的情况, $A > \kappa$, 必须保留包含 B 的项. 根据 (7.1) 式、(7.9) 式和 (7.13) 式, 可以写出非线性近似下的密度矩阵的演化方程:

$$\begin{aligned}\frac{\mathrm{d}\rho}{\mathrm{d}t} = &-\frac{\kappa}{2}(a^\dagger a\rho + \rho a^\dagger a - 2a\rho a^\dagger) - \frac{A}{2}(aa^\dagger\rho + \rho aa^\dagger - 2a^\dagger\rho a) \\ &- \frac{B}{8}(aa^\dagger aa^\dagger\rho + \rho aa^\dagger aa^\dagger + 6aa^\dagger\rho aa^\dagger - 4a^\dagger\rho aa^\dagger a - 4a^\dagger aa^\dagger\rho a).\end{aligned} \quad (7.36)$$

下面用和 7.6.1 小节类似的方法推导福克尔 – 普朗克方程. 因为 (7.36) 式是微扰近似, 所以忽略 Bv^2/A 高阶项. 得到的结果和 (7.33) 式在形式上类似, 只是在 $(A-\kappa)/2$ 的基础上增加了一个饱和因子, 即

$$\frac{A-\kappa}{2} \to \frac{A-\kappa-B|v|^2}{2}.$$

此时的福克尔 – 普朗克方程为

$$\begin{aligned}\frac{\partial P(v,t)}{\partial t} = &-\frac{1}{2}\{\partial_v\left[(A-\kappa-B|v|^2)vP\right] \\ &+ \partial_{v^*}\left[(A-\kappa-B|v|^2)v^*P\right]\} + A\partial_v\partial_{v^*}P.\end{aligned} \quad (7.37)$$

这里包含了非线性项. 采用极坐标, $v = r\exp(\mathrm{i}\varphi)$, (7.37) 式进一步表达为

$$\begin{aligned}\frac{\partial}{\partial t}P(r,\varphi,t) = &-\frac{1}{2}\frac{\partial}{r\partial r}\left[r^2\left(A-\kappa-Br^2\right)P\right] \\ &+ \frac{A}{4}\frac{1}{r^2}\left[r\frac{\partial}{\partial r}\left(r\frac{\partial P}{\partial r}\right) + \frac{\partial^2 P}{\partial \varphi^2}\right].\end{aligned} \quad (7.37')$$

定态解满足 $\partial P/\partial t = 0$, 并假设系统处于定态时 P 是各向同性的 (即 P 与 φ 无关), 得到

$$\frac{\partial P}{\partial r} = 2r\frac{A - \kappa - Br^2}{A}P, \tag{7.38}$$

$$P(r) = \mathcal{N} \exp\left[-\frac{B}{2A}\left(r^2 - \frac{A-\kappa}{B}\right)^2\right]. \tag{7.39}$$

从 (7.39) 式可以看出, r 的平均位置满足 $\bar{r}^2 = (A-\kappa)/B$, 这就是 (7.24) 式 (因为 $\bar{r}^2 = \bar{n}, A/\kappa \approx 1$). 下面我们将 r 在其平衡位置 $\bar{r}$ 附近展开:

$$r = \bar{r} + \rho \quad (\rho \ll \bar{r}).$$

将之代入 (7.37′) 式, 并分离变量 $P(r,\varphi,t) = R(\rho,t)\Phi(\varphi,t)$, 得到如下激光方程:

$$\frac{\partial R}{\partial t} = (A - \kappa)\frac{\partial}{\partial \rho}(\rho R) + \frac{A}{4}\frac{\partial^2 R}{\partial \rho^2}, \tag{7.40}$$

$$\frac{\partial \Phi}{\partial t} = \frac{A}{4\bar{r}^2}\frac{\partial^2 \Phi}{\partial \varphi^2}, \tag{7.41}$$

这里, ρ 表示激光振幅在 $\bar{r}$ 附近的涨落. (7.41) 式可以自动给出激光相位扩散及其扩散系数:

$$\frac{A}{4\bar{r}^2} \approx \frac{\kappa}{4\bar{n}} = \frac{D}{2},$$

也就是激光的固有线宽. 这与 (7.29) 式给出的结果相同.

第八章

光之相干性

第八章 光之相干性

光的相干性与干涉现象是联系在一起的, 因为干涉是最简单的可以展示光束之间存在某种关联的物理现象, 光场相干性的好坏决定了干涉条纹的清晰程度. 从关联函数的角度来看, 这种相干性对应于一阶关联. 二十世纪五十年代, 随着现代光子探测器和具有极短时间分辨率的电子电路的出现, 关于光场高阶关联函数的实验研究逐渐展开. 此外, 微波激射器的发明使得相干态的概念变得更加重要. 由于这些进展, 光学中传统的相干性概念已经不能满足解释实验现象和实际应用的需要. 1963 年, 针对汉布里·布朗和特威斯实验, 格劳伯通过引入一系列关于场的高阶关联函数 (n 阶关联函数代表了场在 $2n$ 个不同时空点的取值之间的关联), 给出了描述相干性的一般量子理论[1]; 同时, 借助相干态的概念, 建立了相干态表象和 P 表示方法, 可以很方便地描述光场从经典到量子的过渡行为[2]. 相关研究表明传统意义上的相干光仅仅具有一阶相干性, 而处于相干态的光场具有更高阶的相干性. 这些工作为现代量子光学的发展奠定了基础. 特别是, 关联函数的概念在量子光学实验中被广泛使用, 例如, 测量光场的相干性和研究光子的统计性质, 对光的量子理论、光子统计和光场的相干性研究产生了深远影响. 在讨论量子相干性之前, 我们先简要回顾经典相干性.

8.1 经典相干性

在物理光学中, "相干性" 表示两个相距甚远的点或相隔很长时间的场值之间具有关联性. 当使用光学方法实现两处场的叠加 (例如, 在杨氏双缝实验中, 光通过两个狭缝后重新组合) 时, 就会产生强度的条纹结构. 在格劳伯的工作之前, 沃尔夫 (Wolf) 等曾将经典关联函数应用到光学领域中[3]. 下面我们用关联函数来度量光的经典相干性, 并以杨氏双缝实验为例, 给出对条纹可见度的分析. 根据麦克斯韦方程, 电场满足波动方程:

$$\left(\nabla^2 - \frac{1}{c^2}\frac{\partial^2}{\partial t^2}\right)\boldsymbol{E}(\boldsymbol{r},t) = \boldsymbol{0}. \tag{8.1}$$

不失一般性地, 可将电场分解为正频率分量和负频率分量:

$$\boldsymbol{E}(\boldsymbol{r},t) = \boldsymbol{E}^{(+)}(\boldsymbol{r},t) + \boldsymbol{E}^{(-)}(\boldsymbol{r},t), \tag{8.2}$$

---

[1] GLAUBER R J. The quantum theory of optical coherence [J]. Physical Review, 1963, 130: 2529.
[2] GLAUBER R J. Coherent and incoherent states of the radiation field [J]. Physical Review, 1963, 131: 2766.
[3] BORN M, WOLF E. Principles of optics [M]. Oxford: Pergamon Press, 1959.

它们满足 $\boldsymbol{E}^{(-)}(\boldsymbol{r},t) = \boldsymbol{E}^{(+)*}(\boldsymbol{r},t)$,其中,

$$\boldsymbol{E}^{(+)}(\boldsymbol{r},t) = \mathrm{i}\sum_k \left(\frac{1}{2}\hbar\omega_k\right)^{1/2} c_k \boldsymbol{u}_k(\boldsymbol{r}) \mathrm{e}^{-\mathrm{i}\omega_k t} \tag{8.3}$$

是由不同模式 $\boldsymbol{u}_k(\boldsymbol{r}) = L^{-3/2}\boldsymbol{e}^{(\lambda)}\exp(\mathrm{i}\boldsymbol{k}\cdot\boldsymbol{r})$ 线性叠加而成的,这里,$\boldsymbol{e}^{(\lambda)}(\lambda=1,2)$ 是偏振矢量,c_k 为叠加系数.

在自然界中,光场都伴随着一定的涨落,体现为叠加系数 c_k 是随机变量,并服从特定的概率分布.忽略掉场的矢量属性,经典一阶关联函数定义为

$$G^{(1)}(\boldsymbol{r},t;\boldsymbol{r}',t') = \langle E^{(-)}(\boldsymbol{r},t)E^{(+)}(\boldsymbol{r}',t')\rangle,$$

归一化的一阶关联函数也称为一阶相干度:

$$g^{(1)}(\boldsymbol{r},t;\boldsymbol{r}',t') = \frac{G(\boldsymbol{r},t;\boldsymbol{r}',t')}{\sqrt{G(\boldsymbol{r},t;\boldsymbol{r},t)G(\boldsymbol{r}',t';\boldsymbol{r}',t')}}.$$

在杨氏双缝实验中(见图 8.1),光屏上的场强为

$$E^{(+)}(\boldsymbol{r},t) = E_1^{(+)}(\boldsymbol{r},t) + E_2^{(+)}(\boldsymbol{r},t), \tag{8.4}$$

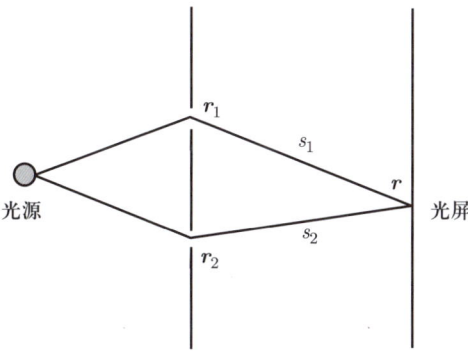

图 8.1 杨氏双缝实验示意图:光源发出的光分别经过位于 $\boldsymbol{r}_1$ 和 $\boldsymbol{r}_2$ 两处的狭缝到达光屏上的位置 $\boldsymbol{r}$,发生干涉

其中,$E_1^{(+)}$ 和 $E_2^{(+)}$ 分别是由位于 $\boldsymbol{r}_1$ 和 $\boldsymbol{r}_2$ 两处的狭缝传播过来的球面场:

$$\begin{aligned} E_1^{(+)}(\boldsymbol{r},t) &= E^{(+)}(\boldsymbol{r}_1,t_1)\frac{1}{s_1}\mathrm{e}^{\mathrm{i}(ks_1-\omega t)},\\ E_2^{(+)}(\boldsymbol{r},t) &= E^{(+)}(\boldsymbol{r}_2,t_2)\frac{1}{s_2}\mathrm{e}^{\mathrm{i}(ks_2-\omega t)}, \end{aligned} \tag{8.5}$$

这里，s_1 和 s_2 分别为两个狭缝到达光屏的距离. 由于两束光到达光屏时所经历的光程不同，因此反推回狭缝位置时，光场对应的时刻也有所不同: $t_1 = t - s_1/c$, $t_2 = t - s_2/c$. 于是光屏上的光强为

$$\begin{aligned}
I &= \langle E^{(-)}(\boldsymbol{r},t) E^{(+)}(\boldsymbol{r},t) \rangle \\
&= \frac{1}{R^2} \left\{ \langle E^{(-)}(x_1) E^{(+)}(x_1) \rangle + \langle E^{(-)}(x_2) E^{(+)}(x_2) \rangle \right. \\
&\quad \left. + 2\mathrm{Re}\left[\mathrm{e}^{-\mathrm{i}k(s_1-s_2)} \langle E^{(-)}(x_1) E^{(+)}(x_2) \rangle \right] \right\} \\
&= \frac{1}{R^2} \left\{ G^{(1)}(x_1,x_1) + G^{(1)}(x_2,x_2) + 2\mathrm{Re}\left[\mathrm{e}^{-\mathrm{i}k(s_1-s_2)} G^{(1)}(x_1,x_2) \right] \right\} \\
&= I_1 + I_2 + 2\sqrt{I_1 I_2}\,\mathrm{Re}\left[\mathrm{e}^{-\mathrm{i}k(s_1-s_2)} g^{(1)}(x_1,x_2) \right],
\end{aligned} \tag{8.6}$$

其中，$x = (\boldsymbol{r},t)$，$s_1 \approx s_2 = R$，并且 $I_1 = \langle |E_1|^2 \rangle$ 和 $I_2 = \langle |E_2|^2 \rangle$ 分别为两束光的光强. 对于稳恒光场，相干度只与时间差 $\tau = t_2 - t_1$ 有关，即 $g^{(1)}(\boldsymbol{r}_1,t_1;\boldsymbol{r}_2,t_2) = g^{(1)}(\boldsymbol{r}_1,\boldsymbol{r}_2,\tau)$. 当光屏上的位置 $\boldsymbol{r}$ 变化时（$\boldsymbol{r}_1,\boldsymbol{r}_2$ 不变），τ 发生变化，使得光强发生变化，从而产生条纹结构. 光强的极大值和极小值分别为

$$I_{\max/\min} = I_1 + I_2 \pm 2\sqrt{I_1 I_2}|g^{(1)}(x_1,x_2)|. \tag{8.7}$$

于是得到条纹分辨度:

$$\mathcal{V} = \frac{I_{\max} - I_{\min}}{I_{\max} + I_{\min}} = \frac{2\sqrt{I_1 I_2}}{I_1 + I_2} \left| g^{(1)}(x_1,x_2) \right|. \tag{8.8}$$

它正比于一阶相干度.

8.2 相干性的量子理论

根据上述讨论可知，传统的相干性概念对应于一阶关联函数. 采用经典理论足以描述经典相干行为，并不需要引入光的量子描述. 本质上，这是一阶关联函数只能区分频谱分布，无法区分光子数的统计分布导致的. 通过高阶关联函数，光的经典和量子属性具有实验可区分效应.

下面针对一个理想的探测器模型，计算单原子探测器的计数率与双原子探测器的符合计数率，并说明二者分别对应于光强和光强关联. 一方面，这个模型可以展示光子探测的原理，另一方面，可以由此建立光子数统计的高阶量子相干理论.

8.2 相干性的量子理论

8.2.1 单原子探测器

理想的探测器是一个二能级原子，其哈密顿量为

$$H_0 = \hbar\omega_g |g\rangle\langle g| + \hbar\omega_e |e\rangle\langle e|, \tag{8.9}$$

其中，$|g\rangle$ 和 $|e\rangle$ 分别表示基态和激发态. 探测器与光场之间有电偶极相互作用，它的哈密顿量为

$$H_1 = -\boldsymbol{d} \cdot \boldsymbol{E}(\boldsymbol{r}, t), \tag{8.10}$$

其中，$\boldsymbol{d}$ 是电偶极矩，电场算符为

$$\boldsymbol{E}(\boldsymbol{r}, t) = \mathrm{i}\sum_k \left(\frac{\hbar\omega_k}{2L^3}\right)^{1/2} a_k \boldsymbol{e}^{(\lambda)} \mathrm{e}^{\mathrm{i}\boldsymbol{k}\cdot\boldsymbol{r} - \mathrm{i}\omega_k t} + \mathrm{h.c.}, \tag{8.11}$$

这里，$\boldsymbol{e}^{(\lambda)}$ 为偏振矢量，a_k 为光场的湮灭算符. 将其变换到相互作用表象中，将相互作用哈密顿量记为

$$H_\mathrm{I} = \mathrm{e}^{\mathrm{i}H_0 t/\hbar} H_1 \mathrm{e}^{-\mathrm{i}H_0 t/\hbar} = -d_{eg}|e\rangle\langle g|\mathrm{e}^{\mathrm{i}\omega_{eg}t} E(\boldsymbol{r}, t) + \mathrm{h.c.}, \tag{8.12}$$

其中，$d_{eg} = \langle e|\boldsymbol{d}|g\rangle \cdot \boldsymbol{e}^{(\lambda)}$，$\omega_{eg} = \omega_e - \omega_g$. 考虑旋转波近似，我们得到

$$H_\mathrm{I} = -d_{eg}|e\rangle\langle g|\mathrm{e}^{\mathrm{i}\omega_{eg}t} E^{(+)}(\boldsymbol{r}, t) + \mathrm{h.c.}. \tag{8.13}$$

设系统的初态为 $|\Psi(0)\rangle = |I\rangle = |g\rangle \otimes |i\rangle$，演化一段时间后变成 $|\Psi(t)\rangle = c_I(t)|I\rangle + c_F(t)|F\rangle$，其中，$|F\rangle = |e\rangle \otimes |f\rangle$ 表示探测器被激发到 $|e\rangle$ 态，同时光场处于 $|f\rangle$ 态. 根据薛定谔方程 $\mathrm{i}\hbar\partial_t|\Psi(t)\rangle = H_\mathrm{I}|\Psi(t)\rangle$，得到系数满足的微分方程组：

$$\begin{aligned} \mathrm{i}\hbar\partial_t c_I(t) &= c_F(t)\langle I|H_\mathrm{I}|F\rangle, \\ \mathrm{i}\hbar\partial_t c_F(t) &= c_I(t)\langle F|H_\mathrm{I}|I\rangle. \end{aligned} \tag{8.14}$$

近似求解方程组 (8.14)，并将其精确到一阶，得到

$$\begin{aligned} c_F(t) &= -\frac{\mathrm{i}}{\hbar}\int_0^t \langle F|H_\mathrm{I}(t')|I\rangle \mathrm{d}t' \\ &= \frac{\mathrm{i}}{\hbar}\int_0^t d_{eg}\mathrm{e}^{\mathrm{i}\omega_{eg}t'}\left\langle f\left|E^{(+)}(\boldsymbol{r}, t')\right|i\right\rangle \mathrm{d}t'. \end{aligned} \tag{8.15}$$

由于我们只关心探测器的末态,因此计算跃迁概率时需要对所有光场的末态 $|f\rangle$ 求和,即

$$\begin{aligned}P_e &= \sum_f |c_F(t)|^2 \\ &= \sum_f \left(\frac{d_{eg}}{\hbar}\right)^2 \int_0^t \int_0^{t'} \mathrm{e}^{\mathrm{i}\omega_{eg}(t'-t'')} \left\langle i \left| E^{(-)}(\boldsymbol{r},t'') \right| f \right\rangle \left\langle f \left| E^{(+)}(\boldsymbol{r},t') \right| i \right\rangle \mathrm{d}t' \mathrm{d}t'' \\ &= \left(\frac{d_{eg}}{\hbar}\right)^2 \int_0^t \int_0^{t'} \mathrm{e}^{\mathrm{i}\omega_{eg}(t'-t'')} \left\langle i \left| E^{(-)}(\boldsymbol{r},t'')E^{(+)}(\boldsymbol{r},t') \right| i \right\rangle \mathrm{d}t' \mathrm{d}t''. \end{aligned} \quad (8.16)$$

考虑探测器激发态的能量分布 $\rho(\omega_{eg})$ 很宽 (否则探测器只能探测到特定频率的光),且可以近似为均匀分布,则根据

$$\int \mathrm{e}^{\mathrm{i}\omega_{eg}(t'-t'')} \mathrm{d}\omega_{eg} = 2\pi\delta(t'-t''), \quad (8.17)$$

得到宽频探测器的探测效率为

$$\begin{aligned}P &= \int \rho(\omega_{eg}) P_e(t) \mathrm{d}\omega_{eg} \approx \rho(\bar{\omega}_{eg}) \int P_e(t) \mathrm{d}\omega_{eg} \\ &= S \int_0^t \left\langle i \left| E^{(-)}(\boldsymbol{r},t')E^{(+)}(\boldsymbol{r},t') \right| i \right\rangle \mathrm{d}t',\end{aligned} \quad (8.18)$$

其中,$S = 2\pi\rho(\bar{\omega}_{eg})(d_{eg}/\hbar)^2$ 为与探测器有关的常量. 由此得到跃迁速率为

$$\frac{\mathrm{d}P}{\mathrm{d}t} \propto \left\langle i \left| E^{(-)}(\boldsymbol{r},t)E^{(+)}(\boldsymbol{r},t) \right| i \right\rangle. \quad (8.19)$$

此结果表明理想的探测器的响应依赖于瞬时局域场强. 上面只是讨论了单原子探测器的情况,下面我们继续讨论双原子探测器的情况.

8.2.2 双原子探测器

为了进行符合测量,需要在 $\boldsymbol{r}$ 和 $\boldsymbol{r}'$ 处分别放置一个原子探测器,如图 8.2 所示,此时,系统在相互作用表象中的哈密顿量为

$$\begin{aligned}H_\mathrm{I} = &-d_{eg}|e(\boldsymbol{r})\rangle\langle g(\boldsymbol{r})|\mathrm{e}^{\mathrm{i}\omega_{eg}t}E^{(+)}(\boldsymbol{r},t) \\ &-d_{eg}|e(\boldsymbol{r}')\rangle\langle g(\boldsymbol{r}')|\mathrm{e}^{\mathrm{i}\omega'_{eg}t}E^{(+)}(\boldsymbol{r}',t) + \mathrm{h.c.},\end{aligned} \quad (8.20)$$

其中,$|e(\boldsymbol{r})\rangle$ 和 $|g(\boldsymbol{r})\rangle$ 分别代表在 $\boldsymbol{r}$ 处原子的激发态和基态,$|e(\boldsymbol{r}')\rangle$ 和 $|g(\boldsymbol{r}')\rangle$ 分别代表在 $\boldsymbol{r}'$ 处原子的激发态和基态. 系统的初态为 $|I\rangle = |g(\boldsymbol{r})\rangle \otimes |g(\boldsymbol{r}')\rangle \otimes |i\rangle$,末态

为 $|F\rangle = |e(\boldsymbol{r})\rangle \otimes |e(\boldsymbol{r}')\rangle \otimes |f\rangle$. 在符合测量过程中, 双原子探测器是分别被激发的, 因此还需要引入中间态 $|M\rangle = |e(\boldsymbol{r})\rangle \otimes |g(\boldsymbol{r}')\rangle \otimes |m\rangle$ (假设 $\boldsymbol{r}$ 处的探测器先记录到光子).

双原子探测器工作的物理过程如下: 在初始时刻, 双原子探测器都处于基态, 光场处于 $|i\rangle$ 态; 然后, 位于 $\boldsymbol{r}$ 处的探测器吸收一个光子跃迁到激发态 $|e(\boldsymbol{r})\rangle$, 光场处于 $|m\rangle$ 态; 接着, 位于 $\boldsymbol{r}'$ 处的探测器吸收一个光子跃迁到激发态 $|e(\boldsymbol{r}')\rangle$, 光场处于 $|f\rangle$ 态. 在二阶微扰下, $|I\rangle, |F\rangle$ 和 $|M\rangle$ 近似张成一个不变子空间, 可以设 t 时刻的系统状态为

$$|\psi(t)\rangle = c_I|I\rangle + c_M|M\rangle + c_F|F\rangle. \tag{8.21}$$

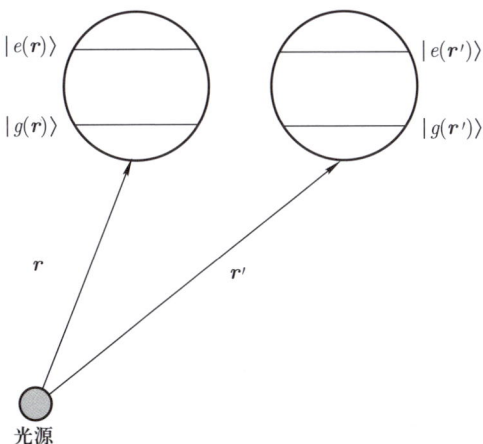

图 8.2 双原子探测器的示意图. $|e(\boldsymbol{r})\rangle$ 和 $|g(\boldsymbol{r})\rangle$ 分别代表在 $\boldsymbol{r}$ 处原子的激发态和基态, $|e(\boldsymbol{r}')\rangle$ 和 $|g(\boldsymbol{r}')\rangle$ 分别代表在 $\boldsymbol{r}'$ 处原子的激发态和基态

根据薛定谔方程, 有

$$\begin{aligned} i\hbar\partial_t c_I(t) &= c_M(t)\langle I|H_\mathrm{I}|M\rangle, \\ i\hbar\partial_t c_M(t) &= c_I(t)\langle M|H_\mathrm{I}|I\rangle + c_F(t)\langle M|H_\mathrm{I}|F\rangle, \\ i\hbar\partial_t c_F(t) &= c_M(t)\langle F|H_\mathrm{I}|M\rangle. \end{aligned} \tag{8.22}$$

近似求解方程组 (8.22)，并将其精确到二阶，得到

$$
\begin{aligned}
c_F^{(2)}(t) &= \left(\frac{-\mathrm{i}}{\hbar}\right)^2 \int_0^t \int_0^{t'} \langle M|H_\mathrm{I}(t'')|I\rangle \langle F|H_\mathrm{I}(t')|M\rangle \,\mathrm{d}t'\mathrm{d}t'' \\
&= \left(\frac{\mathrm{i}}{\hbar}d_{eg}\right)^2 \int_0^t \int_0^{t'} \mathrm{e}^{\mathrm{i}\omega'_{eg}t'} \mathrm{e}^{\mathrm{i}\omega_{eg}t''} \left\langle f\left|E^{(+)}(\boldsymbol{r}',t')\right|m\right\rangle \left\langle m\left|E^{(+)}(\boldsymbol{r},t'')\right|i\right\rangle \,\mathrm{d}t'\mathrm{d}t''.
\end{aligned}
\tag{8.23}
$$

与之前的做法一样，对所有的中间态 $|m\rangle$ 和末态 $|f\rangle$ 求和，得到符合测量的速率正比于

$$
\left\langle i\left|E^{(-)}(\boldsymbol{r},t)E^{(-)}(\boldsymbol{r}',t')E^{(+)}(\boldsymbol{r}',t')E^{(+)}(\boldsymbol{r},t)\right|i\right\rangle, \tag{8.24}
$$

这是单位时间内一个光子在 $\boldsymbol{r}$ 处在 t 时刻被记录并且另一个光子在 $\boldsymbol{r}'$ 处在 t' 时刻被记录的联合概率，这正是汉布里·布朗和特威斯的光子关联实验所观察的量.

上面我们假定了光场的初态为纯态，而更常见的情况是光场的初态为混合态，由密度矩阵 $\rho = \sum_n p_n |\psi_n\rangle\langle\psi_n|$ 描述，其中，p_n 代表光场处于 $|\psi_n\rangle$ 态上的概率. 由此确定力学量的平均值为 $\langle\mathcal{O}\rangle = \mathrm{tr}(\rho\mathcal{O})$. 例如，对于单模热平衡态，密度矩阵 $\rho \propto \sum_n \exp(-\beta n\hbar\omega)|n\rangle\langle n|$，其中，$|n\rangle$ 为光子数，则平均光子数为 $\langle n\rangle = 1/[\exp(\beta\hbar\omega)-1]$，满足玻色－爱因斯坦分布. 此时，单原子探测器的计数率正比于

$$
\mathrm{tr}[\rho E^{(-)}(\boldsymbol{r},t)E^{(+)}(\boldsymbol{r},t)], \tag{8.25}
$$

而双原子探测器的符合计数率正比于

$$
\mathrm{tr}[\rho E^{(-)}(\boldsymbol{r},t)E^{(-)}(\boldsymbol{r}',t')E^{(+)}(\boldsymbol{r}',t')E^{(+)}(\boldsymbol{r},t)]. \tag{8.26}
$$

8.2.3 量子关联函数

在更一般的情况中，光场的取值可以在不同的时空点 $x=(\boldsymbol{r},t)$. 定义一阶和二阶关联函数：

$$
G^{(1)}(x_1,x_2) = \mathrm{tr}[\rho E^{(-)}(x_1)E^{(+)}(x_2)], \tag{8.27}
$$

$$
G^{(2)}(x_1 x_2, x_3 x_4) = \mathrm{tr}[\rho E^{(-)}(x_1)E^{(-)}(x_2)E^{(+)}(x_3)E^{(+)}(x_4)]. \tag{8.28}
$$

类似地，也可以定义 n 阶关联函数：

$$
G^{(n)}(x_1\cdots x_n, x_{n+1}\cdots x_{2n}) = \mathrm{tr}[\rho E^{(-)}(x_1)\cdots E^{(-)}(x_n)E^{(+)}(x_{n+1})\cdots E^{(+)}(x_{2n})].
\tag{8.29}
$$

由此, 我们讨论 n 光子的符合测量. 可以验证, 一阶关联函数满足如下不等式 (施瓦茨不等式):

$$G^{(1)}(x_1,x_1)\,G^{(1)}(x_2,x_2) \geqslant \left|G^{(1)}(x_1,x_2)\right|^2, \tag{8.30}$$

它的 n 阶关联函数版本是

$$G^{(n)}(x_1\cdots x_n, x_n\cdots x_1)\,G^{(n)}(x_{n+1}\cdots x_{2n}, x_{2n}\cdots x_{n+1})$$
$$\geqslant \left|G^{(n)}(x_1\cdots x_n, x_{n+1}\cdots x_{2n})\right|^2. \tag{8.31}$$

微波激射器发出的光束具有非常窄的光谱带宽和非常高的场相关性, 可以在很远的距离上保持关联. 这种光束相关的现象被描述为高度相干. 其实, 经典意义上的相干远远没有揭示这种光束关联的独特之处. 为了更好地描述这种相干场, 格劳伯根据高阶关联函数 $G^{(n)}$ 定义了高阶相干性, 扩展了传统相干性的含义. 为了定量讨论相干性, 类似于经典情形, 引入归一化的关联函数, 也称为相干度. 例如, 对应于 $G^{(1)}$, 有

$$g^{(1)}(x_1,x_2) = \frac{G^{(1)}(x_1,x_2)}{\left[G^{(1)}(x_1,x_1)\,G^{(1)}(x_2,x_2)\right]^{1/2}}. \tag{8.32}$$

根据施瓦茨不等式, 得到

$$|g^{(1)}(x_1,x_2)| \leqslant 1. \tag{8.33}$$

通过一阶相干度, 光场相干可以分为三种不同的类型:

$$\text{I型}: \quad \left|g^{(1)}(x_1,x_2)\right| = 1, \quad \text{完全相干}, \tag{8.34}$$

$$\text{II型}: \quad 0 < \left|g^{(1)}(x_1,x_2)\right| < 1, \quad \text{部分相干}, \tag{8.35}$$

$$\text{III型}: \quad \left|g^{(1)}(x_1,x_2)\right| = 0, \quad \text{不相干}. \tag{8.36}$$

例如, 对于单色光, 有

$$\boldsymbol{E}^{(+)}(\boldsymbol{r},t) \propto \boldsymbol{e}^{(\lambda)} a \mathrm{e}^{\mathrm{i}(\boldsymbol{k}\cdot\boldsymbol{r}-\omega t)}, \tag{8.37}$$

设光场状态由密度矩阵 ρ 描述 (非真空态), 则其一阶相干度为

$$g^{(1)}(\boldsymbol{r}_1,\boldsymbol{r}_2,\tau) = \frac{\mathrm{tr}(\rho a^\dagger a)}{[\mathrm{tr}(\rho a^\dagger a)\mathrm{tr}(\rho a^\dagger a)]^{1/2}} \mathrm{e}^{\mathrm{i}\boldsymbol{k}\cdot(\boldsymbol{r}_1-\boldsymbol{r}_2)}\mathrm{e}^{-\mathrm{i}\omega\tau}$$
$$= \mathrm{e}^{\mathrm{i}\boldsymbol{k}\cdot(\boldsymbol{r}_1-\boldsymbol{r}_2)-\mathrm{i}\omega\tau}.$$

它满足 $|g^{(1)}(x_1,x_2)|=1$, 因此为完全相干. 这个结果与 ρ 的具体形式无关, 说明一阶相干度无法区分光的统计性质. 对于具有多普勒展宽的光源, 例如, 热灯, 其发出的光具有高斯型的谱分布:

$$I(\omega) = \exp\left[-\frac{(\omega-\omega_0)^2}{2\gamma^2}\right], \tag{8.38}$$

其中, γ 为展宽. 根据谱分布计算出一阶相干度:

$$g^{(1)}(\tau) = \frac{\int I(\omega)\mathrm{e}^{-\mathrm{i}\omega\tau}\mathrm{d}\omega}{\int I(\omega)\mathrm{d}\omega} = \exp\left(-\mathrm{i}\omega_0\tau - \frac{\gamma^2\tau^2}{2}\right), \tag{8.39}$$

其中, $\tau = t_2 - t_1 - (r_2 - r_1)/c$. 由此可见, (8.39) 式给出的相干时间尺度与频谱展宽成反比, 即 $\tau_\mathrm{c} = 1/\gamma$. 因此频谱展宽的增大会导致光的相干性降低, 这表明一阶相干度所衡量的相干性主要是指光的单色性. 尽管我们定义了量子版本的一阶相干度, 但由于其无法区分光的统计性质, 且取值范围与经典情形相同, 即 $0 < |g^{(1)}(x_1,x_2)| \leqslant 1$, 无法被实验所区分, 因此我们必须进一步讨论高阶关联效应.

格劳伯指出, 为了保证物理可实现性和实用性, 完全相干的必要条件为所有的相干度的绝对值都为 1:

$$|g^{(n)}(x_1\cdots x_{2n})|=1, \quad n=1,2,\cdots, \tag{8.40}$$

其中,

$$g^{(n)}(x_1\cdots x_{2n}) = \frac{G^{(n)}(x_1\cdots x_{2n})}{\left[\prod_{j=1}^{2n}G^{(1)}(x_j,x_j)\right]^{1/2}}$$

是 n 阶相干度. 如果 (8.40) 式是对于一个特定的 n 成立的, 则称光场具有 n 阶相干性. 例如, 二阶完全相干性需要满足

$$|g^{(1)}|=1, \quad |g^{(2)}|=1. \tag{8.41}$$

容易验证, (8.40) 式等价于关联函数的因子化:

$$\left|G^{(n)}(x_1\cdots x_{2n})\right| = \prod_{j=1}^{2n}\left[G^{(1)}(x_j,x_j)\right]^{1/2}. \tag{8.42}$$

8.2 相干性的量子理论

由此, 格劳伯进一步提出完全相干需要满足更强的条件: 存在一个函数 $\mathcal{E}(x)$, 使得所有的 n 阶关联函数都被表达为如下乘积的形式:

$$G^{(n)}(x_1\cdots x_n, x_{n+1}\cdots x_{2n}) = \mathcal{E}^*(x_1)\cdots\mathcal{E}^*(x_n)\mathcal{E}(x_{n+1})\cdots\mathcal{E}(x_{2n}). \quad (8.43)$$

由于相干态是 $\boldsymbol{E}^{(\pm)}$ 的本征态, 因此当体系处于相干态时, (8.43) 式自动满足. 由此可见, 相干态是具有任意阶相干性的态, 它表示光场的相干性最好.

下面我们具体讨论二阶相干性, 对应于 $G^{(2)}$ 的归一化函数为

$$g^{(2)}(x_1x_2, x_3x_4) = \frac{G^{(2)}(x_1x_2, x_3x_4)}{\left[G^{(1)}(x_1,x_1)G^{(1)}(x_2,x_2)G^{(1)}(x_3,x_3)G^{(1)}(x_4,x_4)\right]^{1/2}}. \quad (8.44)$$

在 8.2.2 小节中我们看到, 双光子的符合计数满足 $x_2 = x_3, x_1 = x_4$, 于是 (8.44) 式改写为

$$g^{(2)}(x_1x_2, x_2x_1) = \frac{G^{(2)}(x_1x_2, x_2x_1)}{G^{(1)}(x_1,x_1)G^{(1)}(x_2,x_2)}. \quad (8.45)$$

二阶完全相干性需要满足 $g^{(2)}(x_1x_2, x_2x_1) = 1$, 这等价于关联函数的因子化:

$$G^{(2)}(x_1x_2, x_2x_1) = G^{(1)}(x_1,x_1)G^{(1)}(x_2,x_2). \quad (8.46)$$

由此可见, 双光子的符合测量被分解成单独测量的计数率的乘积, 每个计数器的计数可以被认为是独立事件, 不具有统计关联. 在微波激射器和激光出现之前, 传统光源 (如放电管) 即使通过滤波等手段获得较好的一阶相干性, 其光场仍然是缺乏高阶相干性的.

通常的光源被热平衡态描述, 对于单模热平衡态, $\rho = \frac{1}{Z}\sum_n \exp(-\beta n\hbar\omega)|n\rangle\langle n|$, 二阶相干度为

$$g^{(2)}(\tau) = g^{(2)}(0) = \frac{\langle a^\dagger a^\dagger aa\rangle}{\langle a^\dagger a\rangle^2} = \frac{\langle a^\dagger aa^\dagger a - a^\dagger a\rangle}{\langle a^\dagger a\rangle^2} = 2. \quad (8.47)$$

对于多模热平衡态, 假设光场频谱满足高斯分布, 则一阶关联函数为

$$G^{(1)}(\tau) = G^{(1)}(0)\exp\left(i\omega_0\tau - \frac{1}{2}\gamma^2\tau^2\right). \quad (8.48)$$

利用热光在相干态表示下为高斯分布的结论 (见第二章), 可以将二阶关联函数用一阶关联函数表达为

$$G^{(2)}(x_1x_2, x_2x_1) = G^{(1)}(x_1,x_1)G^{(1)}(x_2,x_2) + |G^{(1)}(x_1,x_2)|^2. \quad (8.49)$$

结合 (8.48) 式和 (8.49) 式, 得到

$$g^{(2)}(\tau) = 1 + \exp(-\gamma^2\tau^2), \tag{8.50}$$

由此可见, 热光的二阶相干度变化的时间尺度 $\tau_c = 1/\gamma$, 也即取决于频谱展宽 γ.

8.2.4 光子聚束与反聚束

本小节讨论关联函数随延迟时间 τ 的变化情况, 并分析相应的光子聚束效应与反聚束效应, 其中, 反聚束效应只能用量子理论解释. 对于经典情形, 关联函数中的复场 $E^{(\pm)}$ 可以任意交换位置, 即

$$\langle E^{(-)}(t)E^{(-)}(t+\tau)E^{(+)}(t+\tau)E^{(+)}(t)\rangle = \langle E^{(-)}(t)E^{(+)}(t)E^{(-)}(t+\tau)E^{(+)}(t+\tau)\rangle$$
$$= \langle I(t)I(t+\tau)\rangle, \tag{8.51}$$

于是, 有二阶相干度:

$$g^{(2)}(\tau) = \frac{\langle I(t)I(t+\tau)\rangle}{\langle I(t)\rangle\langle I(t+\tau)\rangle}. \tag{8.52}$$

对于稳恒场 $\langle I(t+\tau)\rangle = \langle I(t)\rangle$, 有

$$\langle I(t)I(t+\tau)\rangle \leqslant \sqrt{\langle I^2(t)\rangle \langle I^2(t+\tau)\rangle} = \langle I^2(t)\rangle = g^{(2)}(0)\langle I(t)\rangle^2. \tag{8.53}$$

因此 $g^{(2)}(\tau) \leqslant g^{(2)}(0)$, 即随着延迟时间增大关联性降低, 这种现象称为聚束, 意思是两个光子倾向于在时间轴上彼此靠近、成对出现.

而在量子情形中, 由于算符的不可对易性, 贡献于关联函数中的复场算符必须按照正规序排列, 此时可能出现 $g^{(2)}(\tau) \geqslant g^{(2)}(0)$ 的情况. 例如, 激光驱动下二能级辐射的共振荧光, 当拉比频率远小于自发辐射速率 γ 时, 二阶相干度为

$$g^{(2)}(\tau) = (1 - e^{-\gamma\tau/2})^2. \tag{8.54}$$

这种现象称为反聚束, 其物理含义是两个光子倾向于相互排斥、远离, 这是经典理论无法描述的现象. 图 8.3(a) 为关于光子聚束与反聚束效应的图示, 图 8.3(b) 为实验观测到的反聚束效应.

另外, 对于经典情形, 二阶相干度的取值范围为 $1 < g^{(2)}(0) < \infty$, 而量子理论中可能出现 $g^{(2)}(0) < 1$, 这也是量子效应的直接体现. 例如, 对于单模福克态 $|n\rangle$, 二阶相干度为

$$g^{(2)}(\tau) = g^{(2)}(0) = \frac{\langle a^\dagger a^\dagger a a\rangle}{\langle a^\dagger a\rangle^2} = \frac{\langle a^\dagger a a^\dagger a - a^\dagger a\rangle}{\langle a^\dagger a\rangle^2} = \frac{n^2-n}{n^2} = 1 - \frac{1}{n}. \tag{8.55}$$

8.2 相干性的量子理论

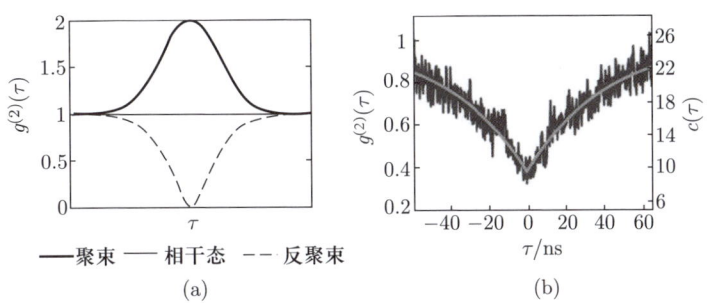

图 8.3 (a) 聚束 (热光)、相干态 (激光) 和反聚束的二阶相干度 $g^{(2)}(\tau)$ 与光子间的延迟时间 τ 的关系. (b) 碲化镉硒 (CdSeTe) 量子点荧光的反聚束效应, $g^{(2)}(0) = 0.382$. 右坐标轴代表原始符合计数 $c(\tau)$, 左坐标轴代表 $g^{(2)}(\tau)$[①]

由此可见, 相干度满足 $0 < g^{(2)}(0) < 1$, 这完全是量子力学描述的范围. 特别地, 若 $n = 1$, 则有 $g^{(2)} = 0$, 说明单光子态的二阶相干度为零.

需要指出的是, 这种聚束和反聚束的分析对于理解单光子量子技术和单粒子操纵技术来说非常关键. 在谈论单光子时, 我们必须考虑光子的统计性质. 例如, 在当代量子保密通信技术中, 单光子源是通信保密性的关键, 否则窃听者可以截获通信光子中的一个进行破译. 要确定光源是不是真正的单光子源, 必须考察它的二阶关联函数. 只有当它是反聚束的, 我们才能从光子序列中分离出单个光子 (见图 8.4(a)); 否则, 在聚束的情况下, 这将难以实现 (见图 8.4(b)).

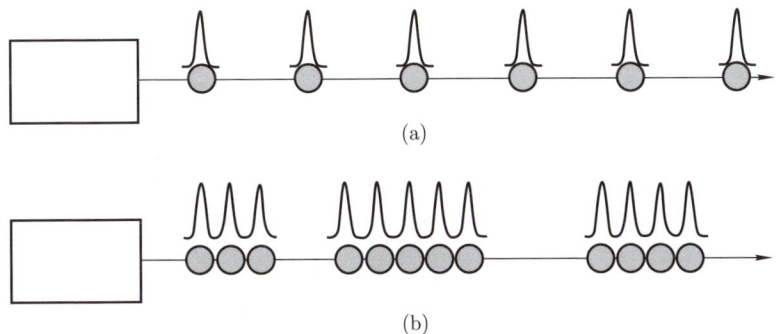

图 8.4 (a) 发出光子反聚束, 不易靠近; (b) 发出光子聚束, 倾向于几个光子聚在一起, 不易分离

需要声明, 人们常把单光子误解为一个相干态 $|\alpha\rangle = \sum_n c_n(\alpha)|n\rangle$, 只要平均光

[①]LUKISHOVA S G, BISSELL L J, WINKLER J, et al. Resonance in quantum dot fluorescence in a photonic bandgap liquid crystal host [J]. Optics Letters, 2012, 37: 1259.

子数 $\bar{n} = |\alpha|^2 < 1$, 就可以把它当成单光子源. 然而, 由于它概率性地包含了多光子成分, 通过它进行保密通信原则上是不保密的. 因此人们在过去的三十年中尝试了各种方法来克服这个问题, 并且已经取得了部分成功.

8.3 汉布里·布朗 – 特威斯实验与量子光学

以上关于高阶量子相干性和光子统计性质的理论均受到汉布里·布朗 – 特威斯实验的启发. 本节将深入讨论如何由格劳伯相干理论分析和解释汉布里·布朗 – 特威斯实验.

1890 年, 迈克耳孙 (Michelson) 利用杨氏干涉原理设计了一个星体干涉仪[①], 实验装置如图 8.5(a) 所示, 其两端的反射镜 P_1 和 P_2 等价于两个狭缝, 我们可以通过控制反射镜 P_1 和 P_2 的间距, 来测量星体的角直径. 为了解释该星体干涉仪的原理, 我们假设发光星体中的所有原子均辐射出波长为 λ 的单色平面波, 则干涉条纹的分辨度为

$$\mathcal{V} \propto |g^{(1)}(x_1, x_2)| = \left| \frac{2J_1(\pi d \Delta\theta/\lambda)}{\pi d \Delta\theta/\lambda} \right|, \tag{8.56}$$

其中, d 为反射镜 P_1 和 P_2 的间距, $J_1(x)$ 为一阶贝塞尔函数. 依照 (8.56) 式, 当我们将间距 d 缓慢地从很小的值开始增大时, 条纹分辨度逐渐降低, 而当将 d 增大到临界间距 $d_c \equiv 1.22\lambda/\Delta\theta$ 时, 条纹分辨度 $\mathcal{V}$ 恰好初次为零. 此时, 我们可以通过临界间距 d_c 确定星体的角直径 $\Delta\theta = 1.22\lambda/d_c$.

不久之后, 随着无线电技术, 特别是雷达技术水平的提高, 迈克耳孙星体干涉仪被迅速推广至无线电波段, 用于射电天文学的研究中. 如图 8.5(b) 所示, 其等效装置由两个独立的天线代替原来的反射镜 P_1 和 P_2, 将接收到的光场信号转换成放大的电信号, 然后通过电缆传输至终端形成干涉条纹. 然而, 该星体干涉仪存在严重的缺点: 一方面, 电离层的干扰会为光信号引入额外的随机相位; 另一方面, 要准确测量更小的角直径需要两个天线具有更大的间距, 当时的技术很难在不引入额外随机相位的同时实现天线与终端间的远程传输.

为克服迈克耳孙星体干涉仪的缺陷, 1954 年, 汉布里·布朗和特威斯设计出一套基于强度关联的射电干涉仪[②]. 如图 8.6(a) 所示, 其首先通过平方律探测器, 直

[①]MICHELSON A A. I. On the application of interference methods to astronomical measurements [J]. The London, Edinburgh, and Dublin Philosophical Magazine and Journal of Science, 1890, 30: 1.

[②]HANBURY BROWN R, TWISS R Q. LXXIV. A new type of interferometer for use in radio astronomy [J]. The London, Edinburgh, and Dublin Philosophical Magazine and Journal of Science, 1954, 45: 663.

8.3 汉布里·布朗–特威斯实验与量子光学

接测量天线处的光场的强度信号,以消除电离层引入的额外随机相位,并利用低通滤波器,仅允许较低频率的信号通过,使该干涉仪能够稳定地实现远程的信号传输. 基于此,在两个天线处测得的强度信号以电流信号的形式被传输至终端装备,其中一路信号额外经过大小为 τ 的延迟时间,二者在终端处进行线性相乘并取平均. 可以指出,线性乘法器处的联合光电流 $\langle i_1(t)i_2(t)\rangle \propto \langle I(x_1)I(x_2)\rangle$,由此,汉布里·布朗和特威斯定义了强度关联函数,今称为二阶相干度:

$$g^{(2)}(x_1,x_2) = \frac{\langle I(x_1)I(x_2)\rangle}{\langle I(x_1)\rangle\langle I(x_2)\rangle}, \tag{8.57}$$

其中, $x_j = (\boldsymbol{r}_j, t_j)$ 代表时空点, $d = |\boldsymbol{r}_1 - \boldsymbol{r}_2|$ 为两个天线的间距, $t_1 = t$, $t_2 = t - \tau$ 为光实际被探测的时刻, t 为强度信号线性相乘的时间. 特别地,当 $I(x_1)$ 和 $I(x_2)$ 无关联时, $g^{(2)}(x_1, x_2) = 1$. 与迈克耳孙星体干涉仪的测量原理一致,通过缓慢改变两个天线的间距,当二阶相干度恰好为 1 时,即可根据此时的临界间距确定星体的角直径.

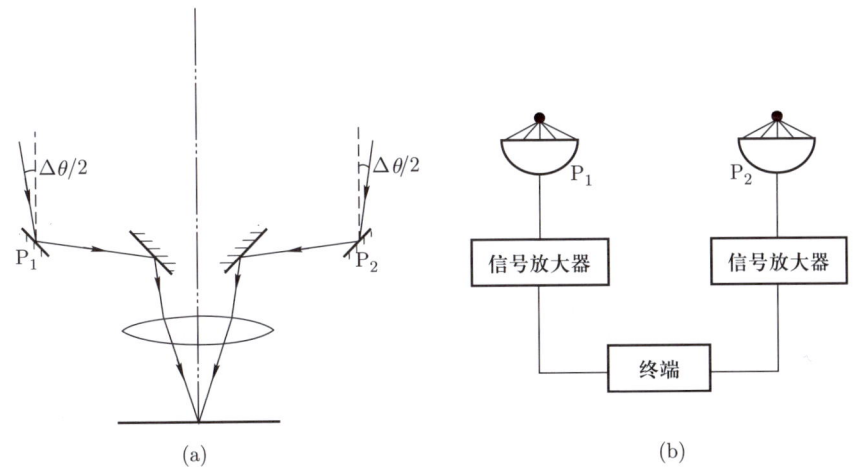

图 8.5 迈克耳孙星体干涉仪的实验装置图: (a) 原始光学装置, (b) 等效雷达电信号装置

1956 年,汉布里·布朗和特威斯将他们的干涉仪用到实验室中,以汞弧灯作为光源模拟星体,测量光的强度关联[1]. 同年,他们又将这个方法用于测量天狼星的角直径,并得到与参考值高度符合的实验结果[2]. 在这两次实验中,他们成功观

---

[1] HANBURY BROWN R, TWISS R Q. Correlation between photons in two coherent beams of light [J]. Nature, 1956, 177: 27.
[2] HANBURY BROWN R, TWISS R Q. A test of a new type of stellar interferometer on Sirius [J]. Nature, 1956, 178: 1046.

测到了热光具有强度关联. 图 8.6(b) 为汉布里·布朗－特威斯测星实验中 $\Gamma_{12} \equiv g^{(2)}(x_1,x_2)-1$ 随两个天线的间距 d 的变化曲线, 其中选取延迟时间 $\tau = 0$. 可以发现, 对于来自天狼星的热光, 其强度关联随着间距 d 的减小而逐渐增大, 并在 $d = 0$ 处达到最大值. 后续也有实验测量到, 固定间距 d, 强度关联随 τ 的减小而增大[1]. 这意味着, 完全随机且独立的热光子之间竟存在着某种关联. 因此汉布里·布朗－特威斯实验的结果迅速引发了物理学界的轰动, 有人甚至质疑性地直言[2]: "如果存在关联, 则将需要对量子力学的一些基本概念进行重大修正."

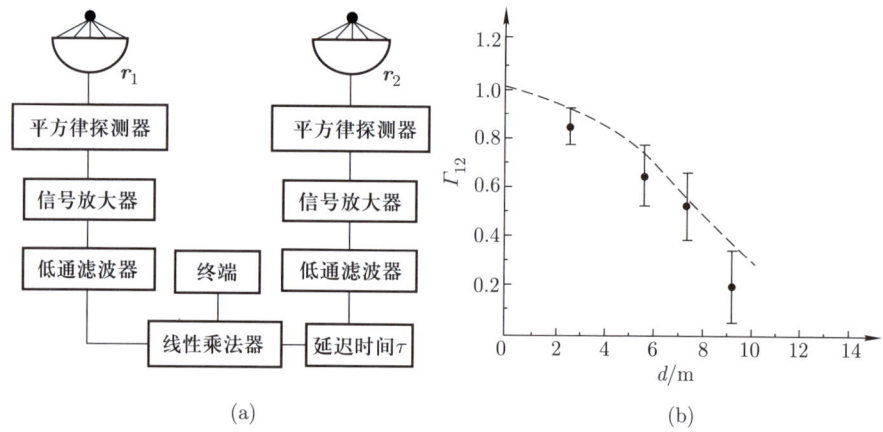

图 8.6 (a) 汉布里·布朗和特威斯的基于强度关联的射电干涉仪的装置图; (b) Γ_{12} 随两个天线的间距 d 的变化曲线

然而, 当时的物理学家未能合理地解释这一现象. 汉布里·布朗和特威斯仅从统计的角度解释热光为何具有强度关联, 他们将 (8.57) 式写为如下形式:

$$g^{(2)}(x_1, x_2) = 1 + \frac{\langle \Delta I(x_1) \Delta I(x_2) \rangle}{\langle I(x_1) \rangle \langle I(x_2) \rangle}, \tag{8.58}$$

其中, $\Delta I(x_j) = I(x_j) - \langle I(x_j) \rangle$ 代表时空点 x_j 处的光强涨落. 他们指出[3]: 当 $x_1 = x_2$, 即两个探测器 (如天线) 在相同时空点探测时, 它们自然接收到完全相同的光, 因此具备相同的光强涨落, 从而协方差 $\langle \Delta I(x_1) \Delta I(x_2) \rangle$ 最大, 故 $g^{(2)}(x_1, x_2)$ 最大. 由于热光源辐射的随机性, 当两个探测器的时空点相隔较远时, 它们将测到完全不同且不相干的两束光, 则光强涨落自然无关联, 因此 $\langle \Delta I(x_1) \Delta I(x_2) \rangle \sim 0$, 故

---

[1] PEBKA G A, POUND R A. Time-correlated photons [J]. Nature, 1957, 180: 1035.
[2] BRANNEN E, FERGUSON H I S. The question of correlation between photons in coherent light rays [J]. Nature, 1956, 178: 481.
[3] HANBURY BROWN R. Intensity interferometer [M]. London: Taylor and Francis Ltd, 1974.

8.3 汉布里·布朗 – 特威斯实验与量子光学

$g^{(2)}(x_1, x_2) \sim 1$. 他们进一步从微观的角度进行分析, 由于光子是玻色子, 服从玻色 – 爱因斯坦统计, 故倾向于聚束状态, 因此两个探测器在同一时空点的符合计数率最高[①]. 然而, 若依照汉布里·布朗和特威斯的解释, 根据 (8.58) 式, 当 $x_1 = x_2$ 时, $g^{(2)}(0) = 1 + \langle [\Delta I(x_1)]^2 \rangle / \langle I(x_1) \rangle^2 \geq 1$, 不幸的是, 热光反关联 $g^{(2)}(0) < 1$ 的现象已被实验观测到. 并且, 他们的微观解释显然无法描述光子出现的反聚束现象.

在若干年的时间里, 人们对这种现象进行了不断的争论与解释. 1963 年, 格劳伯敏锐地意识到, 若从光的粒子性的角度显然是无法很好地解释完全随机的热光子间为何会出现关联的, 然而, 由于光同时具有波动性, 这将导致光子间出现关联. 格劳伯指出, 汉布里·布朗 – 特威斯实验的现象是一种 "新的" 相干效应, 这种相干效应不同于杨氏干涉, 是传统 "相干性" 概念无法解释的. 因此, 他发展了光学相干的量子理论[②], 定义了量子高阶相干度, 将传统的 "相干性" 概念, 即一阶相干性, 拓展至更高阶. 他指出, 其引入的二阶量子关联函数 $G^{(2)}(x_1 x_2, x_2 x_1)$ 就是汉布里·布朗和特威斯定义的强度关联函数. 格劳伯进一步解释汉布里·布朗 – 特威斯实验这一类光的二阶相干过程本质上源于双光子干涉[③].

为直观地展现双光子干涉的物理图像, 下面我们将首先讨论单光子干涉, 即光的一阶相干现象. 下面考虑杨氏干涉实验, 如图 8.1 所示. 在量子理论的解释中, 干涉现象的存在与光子的波动性有很大的联系, 其本质上源于无法区分该光子实际通过哪个狭缝. 换句话说, 系统的最终状态为光子在光屏上的某个位置, 达到这个状态的概率振幅是两个部分概率振幅的总和, 它们分别对应于该光子经过 r_1 或者 r_2 狭缝的两条不同的路径, 两个部分概率振幅有明确的相位关系, 导致量子相干性体现在干涉实验中. 而干涉条纹的出现是大量相同状态的单光子依次通过双缝到达光屏的统计效应. 当在双缝后放置探测器以确定光子通过哪一个狭缝时, 测量导致退相干, 光子的波动性消失, 干涉条纹随之消失. 因此, 从量子的角度来看, (8.7) 式中决定干涉的项 $G^{(1)}(x_1, x_2)$ 可以视为光子在两条不同但不可区分的路径之间的关联, 是量子相干性的体现.

汉布里·布朗 – 特威斯实验涉及两个探测器分别探测到一个光子的符合探测. 这意味着, 不同于杨氏干涉, 这是双光子参与的干涉效应. 为简要体现双光子干涉的物理原理, 如图 8.7 所示, 我们首先以两个光子 (记为 1 和 2) 为例, r_1 和 r_2 处分

[①]需要指出的是, 不同于前面所述的基于两个探测器输出的光电流线性相乘的方式, 这是另外一种测量强度关联的方式, 该方式将线性乘法器更换为符合计数器. 首先基于光电倍增管, 每个光子触发探测器均引起一次光电脉冲, 两个探测器的脉冲同时到达符合计数器, 记录一次符合. 特别地, 符合计数率 $R_c \propto I(x_1) I(x_2)$.

[②]GLAUBER R J. The quantum theory of optical coherence [J]. Physical Review, 1963, 130: 2529.

[③]GLAUBER R J. Quantum theory of optical coherence: Selected papers and lectures [M]. Hoboken: John Wiley & Sons, Inc., 2007.

别有一个探测器,最终两个探测器分别吸收一个光子.可以看到,两个光子有两条不同的路径可以触发两个探测器.与上述讨论一致,当无法区分这两条路径时,光子的波动性将体现出来,两条路径将存在关联,由此出现干涉现象;而当引入探测器以确定是哪条路径时,测量导致退相干,这等价于一个光子直接入射到某个探测器,另一个光子入射到另一个探测器,显然两条不同的路径的关联消失.

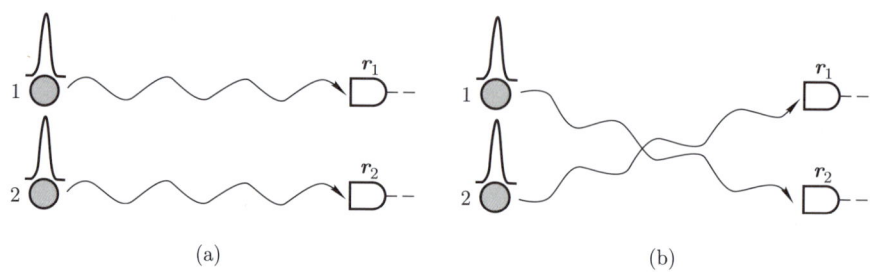

图 8.7 两个光子 1, 2 触发位于 r_1 和 r_2 的两个探测器的 (a), (b) 两条不同路径

更进一步①,对于汉布里·布朗-特威斯实验中使用的热光,其密度矩阵为

$$\rho = \sum_{n_k} |n_k\rangle\langle n_k| \prod_k \frac{\bar{n}_k^{n_k}}{(1+\bar{n}_k)^{1+n_k}}, \tag{8.59}$$

故热光的二阶相干度为

$$g^{(2)}(x_1x_2, x_2x_1) = 1 + \frac{G^{(1)}(x_1, x_2)G^{(1)}(x_2, x_1)}{G^{(1)}(x_1, x_1)G^{(1)}(x_2, x_2)}. \tag{8.60}$$

参考单光子干涉的讨论,从光子的波动性来看,$G^{(1)}(x_1, x_2)G^{(1)}(x_2, x_1)$ 可视为两个光子的两条不同但不可区分的路径之间的关联.这也意味着,汉布里·布朗-特威斯实验现象确实源于双光子干涉.特别地,当 $x_1 = x_2$ 时,可以得到 $g^{(2)}(0) = 2$,此时热光中大量的双光子发生最大程度的干涉.

值得指出的是,针对汉布里·布朗和特威斯无法解释的热光反关联 $g^{(2)}(0) < 1$ 现象,在格劳伯的相干理论中,其本质上是双光子发生"相消干涉"的现象.如图 8.8 所示为史砚华等人的热光反关联实验②,他们通过在路径中引入分束器 BS$_2$,使得 (8.60) 式中的"+"号变为"−"号③(这类似于杨氏干涉中,通过在某一路径中额外

---

①GLAUBER R J. Nobel lecture: One hundred years of light quanta [J]. Reviews of Modern Physics, 2006, 78: 1267.

②CHEN H, PENG T, KARMAKAR S, et al. Observation of anticorrelation in incoherent thermal light fields [J]. Physical Review A, 2011, 84: 033835.

③更严格来说,这是一个等效的变号,分束器 BS$_2$ 的作用是引入幺正变换,将两组热光模式混合成新的两组热光模式(读者可以进一步查阅马赫-曾德尔 (Mach–Zehnder) 干涉仪及其原理),此时测量的已是新的两组热光模式的二阶量子相干度,在这个"表象"中,符号为"−"号.

8.3 汉布里·布朗–特威斯实验与量子光学

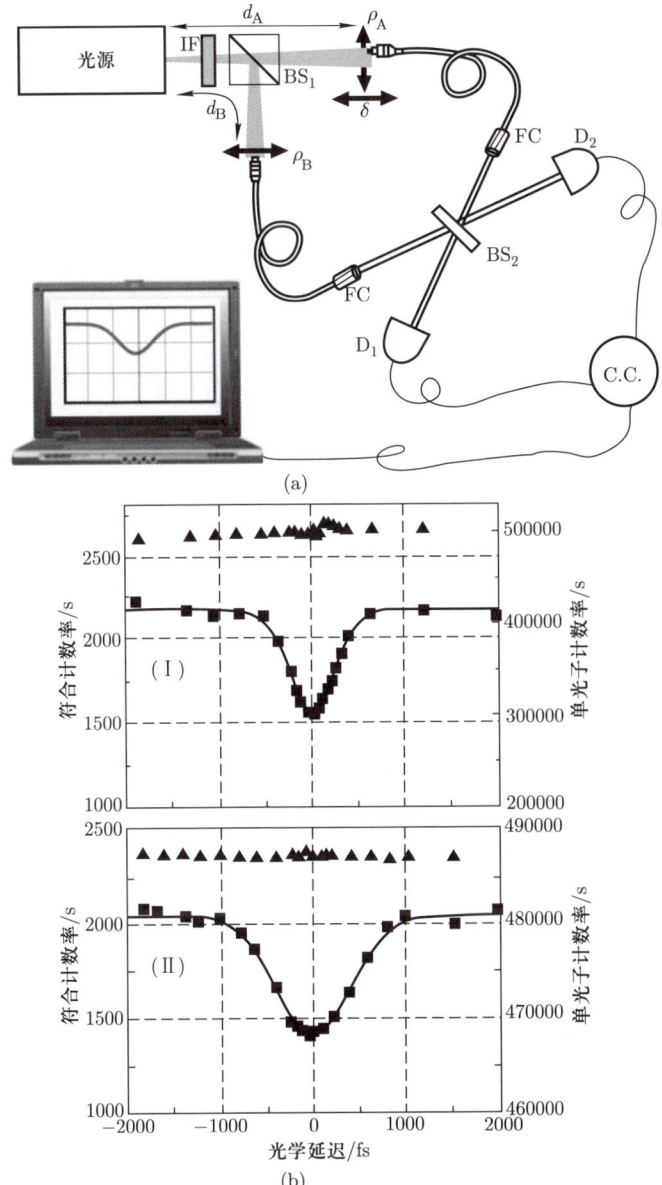

图 8.8 (a) 观察热光反关联 $g^{(2)}(0)<1$ 现象的实验装置图. 热光经过窄带干涉滤波片 IF, 被 50/50 分束器 BS_1 分成两束, 并分别耦合进光纤 A 和 B. 两束光在光纤的输出端由光纤准直器 FC 经过 50/50 分束器 BS_2, 并由光子探测器 D_1 和 D_2 进行单独测量和符合测量, 其中, C. C. 为用于符合测量的符合计数器. (b) 不同谱宽 τ_c 的热光随光学延迟 $\delta \propto d_A - d_B$ 的反关联曲线: (I) $\tau_c \sim 345$ fs, (II) $\tau_c \sim 541$ fs. 谱宽由滤波片IF的带宽决定. 右边纵轴为单光子计数率, 左边纵轴为符合计数率, 不同于汉布里·布朗–特威斯实验的结果, 符合计数率随光学延迟的增大而增大 ($\propto 1 - e^{-\delta^2/\tau_c^2}$)

引入 π 相位, 使得条纹的亮暗发生反转), 使双光子从 "相长干涉" 转变为 "相消干涉", 从而出现热光反关联的现象.

最后强调, 正是基于汉布里·布朗 – 特威斯实验与格劳伯量子相干理论, 现代量子光学才得以蓬勃发展, 并迅速在应用中取得巨大成功. 例如, 贝尔不等式的检验实验, 以及 "鬼成像" 实验, 其中的关键步骤就是对纠缠光子对进行符合探测, 这得益于汉布里·布朗 – 特威斯实验的方法. 并且, 需要指出的是, 量子纠缠特性也可以用格劳伯高阶相干度来描述. 在这些讨论中, 人们形象地引入了双 (多) 光子的有效波函数[①], 光子高阶关联现象被解释为多光子干涉. 不过这里的光子波函数不具有光场态的内涵. 这些工作无不表明二者的重要性.

---

① ZHOU D L, ZHANG P, SUN C P. Understanding the destruction of nth-order quantum coherence in terms of multipath interference [J]. Physical Review A, 2002, 66: 012112.

参 考 文 献

[1] NUSSENZVEIG H M. Introduction to quantum optics [M]. New York: Gordon and Breach Science Publishers, 1973.
[2] SARGENT III M, SCULLY M O, LAMB W E JR. Laser physics [M]. Reading: Addison-Wesley, 1974.
[3] 朱如曾, 封开印. 激光物理[M]. 北京: 国防工业出版社, 1975.

索　　引

爱因斯坦关系, 66, 71, 73, 74, 88
爱因斯坦系数, 44, 47
暗态, 131, 132

傍轴近似, 4, 5, 9
饱和效应, 113, 154
贝克－豪斯多夫定理, 19
泵浦, 64, 87, 112, 115, 124, 142
泊松分布, 21, 149
布朗运动, 64, 82
布雷特－维格纳共振截面, 92

超辐射, 47, 49, 56, 57, 59, 124, 126, 128—130
超辐射相变, 59
磁共振, 44

单光子干涉, 175, 176
电磁诱导透明, 108, 130, 131
电偶极矩, 40, 163
多普勒展宽, 88, 168

厄米－高斯模, 6
二阶相干度, 169—173, 176

法诺假设, 70, 72, 75, 77
反转阈值, 93
非均匀展宽, 88, 108, 109, 115, 117, 120, 124, 129, 130, 136
符合计数率, 162, 166, 175, 177
福克尔－普朗克方程, 65, 67, 68, 79, 154—156
福克态, 14, 16, 17, 51, 52, 54, 55, 57, 61, 152, 170

高斯光束, 4, 5, 7—9, 11
高斯脉冲, 104
孤立子, 116, 119, 121, 123
光子反聚束, 170, 171
光子聚束, 170, 171
规范变换, 38

哈密顿方程, 15
亥姆霍兹方程, 2, 3
汉布里·布朗－特威斯实验, 160, 172—178
耗散－涨落关系, 64, 71
横模间距, 86
回波, 129, 130, 136, 137, 139

J–C 模型, 57, 58
卷积定理, 28
绝热近似, 142, 143
均匀展宽, 88, 112, 117, 129, 130

开式系统, 64, 80

索　引

扩散项, 68, 69, 73

拉盖尔－高斯模, 7
朗之万方程, 64, 65, 68, 70, 73
连续波激光器, 86, 90

马尔可夫过程, 68
马尔可夫近似, 65, 70, 72, 77
迈克耳孙星体干涉仪, 172, 173
麦克斯韦方程, 2, 14, 36, 109, 133, 134, 160
面积定理, 115—118
模宽, 86
模牵引, 93, 96, 102, 103

能量均分定理, 66
能量密度, 47

耦合因子, 99

拍频振荡, 94
泡利主方程, 146
漂移项, 68, 69, 73, 79
普朗克分布, 21

腔量子电动力学, 57
全纯函数, 25—27

热池, 44, 64—66, 69—83, 87, 142, 143
热导方程, 4
热平衡态, 21, 22, 28, 29, 62, 70, 78, 109—111, 156, 166, 169

时间－频率的不确定关系, 104

时间关联函数, 88
时空关联函数, 90
双光子干涉, 175, 176
速率方程, 86, 91, 92, 94, 111
锁模, 93, 98—105

调幅信号, 101
调频信号, 101
退谐因子, 99, 102

威克定理, 65

细致平衡, 147, 148
线性模牵引系数, 96
线性响应, 64, 65
线性增益系数, 96, 97
相干态, 14, 18, 19—33, 52, 54, 55, 61, 62, 78, 81, 146, 149, 150, 154—156, 160, 169, 171
相互作用表象, 18, 19, 41, 44, 52, 53, 76, 131, 143, 163, 164
旋转波近似, 41, 44, 57, 87, 131, 163

压缩态, 31—33
杨盘, 50, 51
杨图, 50
一阶关联函数, 161, 162, 167, 169
一阶相干度, 161, 162, 167, 168
诱导辐射, 44, 47, 76, 79
宇称, 40
约化密度矩阵, 76, 77, 142, 143

真空拉比劈裂, 58
真空拉比振荡, 59

-182-

索　引

正则动量, 14, 21, 82
置换群, 48
转换概率, 68
缀饰态, 58
准模, 3
自发辐射, 43, 49, 58, 59, 76, 79, 86, 90, 124, 126
自发吸收, 76
自诱导透明, 116, 119, 120, 123
纵模间距, 9, 86
最小不确定态, 23